# Porcheries !

*La porciculture intempestive au Québec*

Crédit photo : esperamos films

Sous la direction de
Denise Proulx et Lucie Sauvé

Avec la collaboration spéciale de Véronique Bouchard
et Louise Vandelac

# Porcheries !

*La porciculture intempestive au Québec*

Un projet de la Chaire de recherche du Canada
en éducation relative à l'environnement,
Université du Québec à Montréal

Coordination de la production : Valérie Lefebvre-Faucher
Direction artistique : Julie Mongeau
Révision : Véronique Pepin
Typographie et mise en pages : Andréa Joseph [PageXpress]
Illustration de la couverture : Frédéric Back
Droits de reproduction : Atelier Frédéric Back, www.fredericback.com
Correction d'épreuves : Jaël Mongeau, Julie Mongeau et Serge Mongeau



LES ÉDITIONS ÉCOSOCIÉTÉ
C.P. 32052, comptoir Saint-André
Montréal (Québec) H2L 4Y5
Dépôt légal : 3e trimestre 2007
ISBN 978-2-923165-32-5

Depuis les débuts, les Éditions Écosociété ont tenu à imprimer sur du papier contenant des pourcentages de fibres recyclées et post-consommation, variables selon la disponibilité du marché. En 2004, nous avons pris le virage du papier certifié Éco-Logo – 100 % fibres post-consommation entièrement traité sans chlore. De plus, afin de maximiser l'utilisation du papier, nos mises en pages ne comportent plus de pages blanches entre les chapitres.

**Catalogage avant publication de Bibliothèque et Archives nationales du Québec et Bibliothèque et Archives nationales du Canada**

Vedette principale au titre :

Porcheries ! : la porciculture intempestive au Québec

Comprend des réf. bibliogr.

ISBN 978-2-923165-32-5

**1. Porcs - Élevage - Québec (Province). 2. Porcs - Industrie - Québec (Province). 3. Industries agricoles - Québec (Province). I. Proulx, Denise, 1953- . II. Sauvé, Lucie, 1946- .**

**SF396.C3P67 2007 636.4'009714 C2007-941708-6**

---

Nous remercions le Conseil des Arts du Canada de l'aide accordée à notre programme de publication. Nous reconnaissons l'aide financière du gouvernement du Canada par l'entremise du Programme d'aide au développement de l'industrie de l'édition (PADIE) pour nos activités d'édition.

Nous remercions le gouvernement du Québec de son soutien par l'entremise du Programme de crédits d'impôt pour l'édition de livres (gestion SODEC), et la SODEC pour son soutien financier.

# Table des matières

Avant-propos .................... 8

Introduction .................... 12

Première partie
**Un portrait de la situation porcine au Québec**
*Denise Proulx*

Chapitre 1 : **Portrait politique** .................... 23
Chapitre 2 : **Portrait économique** .................... 49
Chapitre 3 : **Portrait agronomique** .................... 67
Chapitre 4 : **Portrait environnemental** .................... 81
Chapitre 5 : **Portrait santé publique** .................... 106
Chapitre 6 : **Portrait social** .................... 127
Chapitre 7 : **Portrait culturel** .................... 151

Deuxième partie
**Regards croisés sur la question porcine**

Chapitre 8 : **De dérive en dérive**
*L'évolution récente de la production du porc au Québec*
Paul-Louis Martin .................... 165

Chapitre 9 : **L'industrie porcine a tourné le dos à l'agriculture**
Maxime Laplante .................... 172

Chapitre 10 : **Développement des productions animales au Québec :**
*La santé publique « mise de côté »*
Benoît Gingras .................... 178

## TROISIÈME PARTIE
## Luttes locales et laboratoire démocratique

CHAPITRE 11 : **Une porcherie industrielle à Richelieu : une bataille perdue, mille citoyens retrouvés**
Johanne Dion ........ 189

CHAPITRE 12 : **Implantation d'une porcherie à Sainte-Angèle-de-Monnoir : À un cheveu d'une fracture du tissu social en milieu rural**
Jacques Duchesne ........ 199

CHAPITRE 13 : **Saint-Cyprien-de-Napierville : une problématique de cohabitation de l'espace rural**
Jean-Pierre Brouillard en collaboration avec Pierre Courure et Sylviane Soulaine-Couture ........ 215

CHAPITRE 14 : **Pas de cohabitation sociale sans consensus social**
*L'expérience citoyenne de la MRC de Kamouraska*
Roméo Bouchard ........ 223

## QUATRIÈME PARTIE
## À la recherche de solutions : De méprises en dérives

CHAPITRE 15 : **La réglementation agroenvironnementale ou comment notre gouvernement entend limiter les impacts environnementaux négatifs de l'agriculture**
Véronique Bouchard ........ 235

CHAPITRE 16 : **Transformer le porc en « vache à lait » au risque de tuer « la poule aux œufs d'or ».** *Du porc transgénique… à la viande de porc sans porc*
Louise Vandelac, Simon Beaudoin ........ 254

CHAPITRE 17 : **L'éthanol par maïs-grain : une solution problématique**
Kim Cornelissen ........ 277

CINQUIÈME PARTIE

## Face à l'impensable, des alternatives constructives

CHAPITRE 18 : **La production sur litière : une piste de solution incontournable à la crise actuelle de l'industrie porcine**
Véronique Bouchard ........ 285

CHAPITRE 19 : **L'agriculture, phénomène social**
*D'hier à demain en compagnie de Léon Gérin*
Jacques Dufresne ........ 310

CHAPITRE 20 : **Apprendre dans l'action sociale : vers une écocitoyenneté**
Lucie Sauvé ........ 320

POSTFACE : **Lulu et les dinosaures**
Hugo Latulippe ........ 338

ANNEXE 1 :
**Notes biographiques des auteurs** ........ 347

ANNEXE 2 :
**Liste des acronymes** ........ 351

ANNEXE 3 :
**Liste de fermes qui produisent du porc biologique au Québec** ........ 353

# Avant-propos

*Par le biais de la production porcine, c'est un regard critique sur l'ensemble des activités agricoles que la société porte actuellement. Oser la remise en question, oser revoir nos façons d'intervenir dans la pratique agricole, oser repenser les modèles de production, voilà une manifestation de grande maturité.*

Ordre des agronomes du Québec, 2003

Cet ouvrage présente une page de l'histoire de l'agriculture au Québec, de notre agri-culture ou culture du rapport à la terre, à la ruralité, aux animaux, aux voisins, à l'alimentation, à la vie... Il examine le cas de la production porcine actuelle, sous divers angles, comme une illustration des dysfonctions de l'agriculture industrielle qui entraîne de graves impacts environnementaux, sanitaires et sociaux, sans garantir aux agriculteurs des revenus stables et équitables, ni des conditions de vie satisfaisantes.

On y constate entre autres que, dans une perspective de santé environnementale, tout est relié : la santé des écosystèmes, celle des bêtes et celle des humains. On note aussi à quel point la vision du développement social qu'adoptent nos dirigeants – sans jamais vraiment la clarifier ni la justifier – influence les décisions stratégiques de l'État ; et celles-ci, comme par un effet domino, déterminent toutes les lois, tous les programmes, tous les « verrous », tout ce qui est permis ou possible, et aussi tout ce qui ne l'est pas. Cette étude de cas implique l'analyse des jeux de pouvoir, des jeux de coulisses, dont sortent gagnants ceux qui ont les moyens et les appuis financiers pour jouer dur ! On y constate enfin toute l'importance de l'engagement citoyen, courageux et solidaire.

Ce livre est inspiré par notre immersion en milieu agricole, où nous résidons depuis plus de 30 ans, par choix de vie, par amour du rapport à la terre, l'une au pays des pommes, l'autre au pays des cultures céréalières. Il résulte de nos expériences citoyennes, des questions, réflexions et luttes partagées avec d'autres membres de nos communautés rurales. Il résulte aussi de nos recherches en milieu universitaire sur la question des liens entre agriculture, société et environnement. Dans cet ouvrage, il nous est apparu essentiel d'offrir également une place de choix à la parole de leaders d'organisations citoyennes et aux acteurs-clés qui se sont engagés dans la « lutte porcine » et, plus globalement, dans la revendication d'un virage agricole majeur. Leurs témoignages, à la fois divers et convergents, montrent que la persévérance, l'enracinement dans le milieu et l'engagement social sont des valeurs fécondes, à promouvoir. Toutes ces positions en faveur d'une agriculture saine, écologique et solidaire, mettent en évidence le renforcement d'une citoyenneté de plus en plus consciente, informée, critique et responsable.

Cet ouvrage est dédié aux citoyens aux prises avec l'expansion de porcheries industrielles dans leur région. Nous avons voulu rassembler ici l'information nécessaire pour entreprendre une démarche plus éclairée, et mener une lutte pertinente et efficace. L'expérience montre en effet à quel point il est difficile et laborieux, pour les groupes de citoyens, de trouver réponses à leurs questions et de légitimer leurs inquiétudes et leurs revendications, surtout dans l'urgence et en l'absence de ressources.

Dans la perspective de stimuler la discussion critique et le débat, et d'allier la résistance à la créativité, nous souhaitons également partager le résultat de nos recherches et réflexions avec les environnementalistes, les élus des trois paliers de gouvernement, les professionnels des ministères et de la fonction publique appelés à œuvrer dans le domaine porcin, les employés municipaux, les responsables du domaine de la santé, ceux de l'agriculture, les chercheurs universitaires, les producteurs porcins et autres agriculteurs, les différents acteurs de la chaîne de production, de transformation et distribution alimentaire, et enfin, les consommateurs, puisqu'ils font partie intégrante à la fois du problème et de sa solution. Nous reconnaissons toutefois que ce livre comporte des limites et qu'il ne peut être considéré comme un ouvrage « clos » sur une problématique si complexe, sans cesse en évolution.

Tous les auteurs qui ont contribué à cette œuvre collective sont conscients des risques que comporte la prise de parole à propos d'une question si hautement politisée et contrôlée par des grands et petits pouvoirs, occultes ou non. Tous ceux qui ont déjà reçu des mises en demeure ou des lettres de blâme ou autres mesures d'intimidation, notamment de la part de l'Union des producteurs agricoles, de la Fédération des producteurs de porcs du Québec ou encore des avocats de certains promoteurs, le savent pertinemment. C'est au nom de la liberté d'expression, et dans l'espoir de participer aux changements qui s'imposent, que chacun accepte à nouveau de partager ses idées, à sa façon et avec la couleur de ses mots, en appuyant ses propos sur une démarche rigoureuse de validation de l'information et de réflexion critique. Nous remercions bien chaleureusement tous ces collaborateurs qui ont témoigné de leur expérience citoyenne avec authenticité et sensibilité.

Nous remercions en particulier Louise Vandelac, chercheuse au CINBIOSE (Centre de recherche interdisciplinaire sur la biologie, la santé, la société et l'environnement) de l'Université du Québec à Montréal, dont l'engagement professionnel et personnel en matière d'environnement entraîne et supporte un mouvement de résistance au Québec à l'égard entre autres des décisions politiques mal éclairées, à courte vue, qui entravent la recherche collective de solutions aux questions relatives à l'eau et à l'agriculture. Louise Vandelac a insufflé son enthousiasme à ce projet de livre dès le départ et a accompagné de près l'élaboration de la première partie de cet ouvrage.

Nos remerciements s'adressent également à Véronique Bouchard, chercheuse en sciences agronomiques, pour le patient travail de révision du manuscrit, ses conseils judicieux, son souci de faire la « part des choses » et les nuances qu'elle nous a sans cesse incitées à apporter. Son amour de l'agriculture, sa grande sensibilité au milieu agricole et son apport en références pertinentes ont permis d'enrichir et de moduler l'argumentation des différents chapitres.

Nous remercions enfin les professionnelles qui nous ont accompagnées dans la mise en forme de cet ouvrage : Francine Panneton pour la vérification des références bibliographiques, Caroline

MacLeay pour la révision linguistique et Marlaine Grenier pour la préparation du manuscrit.

DENISE PROULX
LUCIE SAUVÉ
Montréal
15 août 2007

# Introduction

*Aucun « producteur agricole » n'a jamais eu envie de contaminer les rivières et les nappes phréatiques. Aucun d'entre eux n'a jamais eu envie de se mettre tous les voisins à dos en faisant de l'élevage. Mais il est évident que le régime québécois les pousse à le faire.*

Hugo Latulippe[1]

Le « régime québécois » en matière d'agriculture impose un « moule » à la production porcine : celui de l'élevage industriel, des usines à viande destinée en grande partie à l'exportation et dont les flots de lisier engorgent nos campagnes. Il marginalise toute autre façon de faire et bâillonne les revendications citoyennes pour une agriculture responsable.

Ce régime correspond à l'ensemble des lois, règlements et programmes qui consacrent et encadrent le « droit de produire » en territoire agricole. Un droit certes légitime au départ, qui vise à assurer aux agriculteurs la primauté de l'exercice de leur métier dans leur milieu. Il est aujourd'hui malheureusement récupéré à des fins économiques qui n'ont plus rien d'« agricoles », et il s'exerce dans un contexte national et international soumis aux diktats de la mondialisation. Ici, le droit de produire n'offre que l'apparence d'une certaine liberté : il est contraint par un jeu de pouvoir dont bien peu d'agriculteurs et de citoyens sortent gagnants.

1. *Bacon, Le livre*, Montréal, L'Effet pourpre, 2003, p. 129.

Lancé en septembre 2001, le film *Bacon* de Hugo Latulippe a largement contribué à attirer l'attention du public sur le problème de la production porcine industrielle au Québec, et à mettre en évidence ses dérives politiques et économiques. Ce documentaire, axé sur les études de cas des villages de Saint-Germain-de-Kamouraska et de Sainte-Croix-de-Lotbinière, a montré la pertinence et le courage des luttes citoyennes contre un mode de développement rural insoutenable, qui porte atteinte à l'intégrité du milieu de vie et à la santé des populations. *Bacon, Le livre – Scénario et Carnets de résistance* présente et commente la trame du film, démasquant à travers les dialogues et les silences l'incompétence, la langue de bois et les conflits d'intérêts des promoteurs de l'industrie porcine et de leurs complices au sein de l'appareil politique québécois. Dans son « Épilogue doux-amer », l'auteur constate le douloureux échec des citoyens de Kamouraska et de Lotbinière qui s'étaient opposés à l'implantation de porcheries. Mais il exprime un certain espoir dans le moratoire sur le développement de l'industrie porcine et la consultation publique mis en place en 2002 par le gouvernement du Québec, sous la pression d'un nombre grandissant de groupes d'opposants, dont plusieurs avaient rejoint alors la Coalition citoyenne santé et environnement.

Or, quelques années après le dépôt du rapport du Bureau des audiences publiques sur l'environnement (BAPE)[2], au terme de la vaste consultation itinérante sur le « développement durable de la production porcine » au Québec, qui a entendu plus de 9 000 témoignages et reçu près de 400 mémoires, qu'en est-il de la situation porcine dans nos régions ? Que s'est-il passé au lendemain de la levée totale du moratoire en décembre 2005 (levée que les commissaires du BAPE recommandaient de retarder) ? Au bilan, la plupart des recommandations du rapport n'ont pas été suivies ou ont été interprétées en faveur de l'industrie porcine. Pire, la « crise » du porc s'est amplifiée.

Le scénario de *Bacon* n'a cessé de se répéter : Richelieu, Saint-Cyprien-de-Napierville, Sainte-Angèle-de-Monnoir, Saint-Jean-sur-

2. Bureau d'audiences publiques sur l'environnement, *L'inscription de la production porcine dans le développement durable. Rapport d'enquête et d'audience publique*, Québec, Bureau d'audiences publiques sur l'environnement, 2003.

Richelieu, Roxton Falls, Elgin, la vallée de la rivière Châteauguay, Sainte-Aurélie-de-Beauce, Saint-Honoré-de-Chicoutimi, Mont-Brun en Abitibi, etc. En août 2003, 91 conflits sociaux locaux et régionaux liés à l'industrie porcine étaient dénombrés. D'autres se sont ajoutés, puisque la levée du moratoire a réactivé des projets restés en attente d'approbation. Les tensions sociales se sont avivées dans les régions du Québec affectées par l'implantation de porcheries.

Par ailleurs, l'économie du porc est en déroute. D'un côté, des pertes énormes résultent de l'épidémie du circovirus responsable de la mort de centaines de milliers de porcelets. De l'autre, la hausse du dollar canadien limite les avantages concurrentiels des exportateurs sur les marchés internationaux, et cela, dans un contexte de compétition accrue en raison de la forte industrialisation de la production aux États-Unis et des faibles coûts de production dans des pays en émergence, comme le Brésil et la Roumanie.

La crise de l'industrie porcine se manifeste désormais à tous les niveaux de la chaîne de production, des cultures de maïs dont les prix sont en constante fluctuation jusqu'aux abattoirs, ces maillons stratégiques de l'économie du porc. Serait-ce la conséquence d'une vision à court terme des actionnaires et des gestionnaires, qui n'ont pris en compte ni les externalités environnementales et sociales, ni les contraintes de l'évolution rapide des marchés ? N'est-ce pas également l'absence d'une approche lucide et globale du problème qui a entraîné de nombreux conflits, dont celui qui a envenimé les relations entre les travailleurs et la direction chez Olymel, cette entreprise majeure d'abattage et de transformation du porc au Québec ?

Il est urgent de cibler les problèmes structurels – de nature politico-économique – de la production porcine et de reconnaître l'importance du principe de précaution à l'égard d'un mode d'élevage qui a contribué à contaminer une bonne partie du réseau hydrographique du Québec, et qui pose des risques pour la santé humaine. Malheureusement, le gouvernement du Québec s'est laissé influencer par le puissant lobby de l'Union des producteurs agricoles (UPA) et des *businessmen* de l'agriculture, et il a acccepté leur diagnostic : outre l'insuffisance du support financier de l'État (pourtant déjà très imposant), les principaux problèmes de l'industrie porcine seraient l'opposition des « citadins » installés en milieu agricole et le spectre des exigences environnementales jugées outrancières. La cible des interventions est donc celle de la « cohabitation sociale harmonieuse » : pour cela, on envisage de mieux informer les « citadins » (ces néoruraux qui « ne comprennent pas » l'agriculture contemporaine) et d'accroître l'effort d'innovation technologique (subventionné par l'État) visant à minimiser les impacts de la production porcine. Sans l'entrave de l'opposition citoyenne ainsi maîtrisée, il deviendra enfin possible de poursuivre le développement de l'industrie porcine québécoise et de la rendre concurrente sur les marchés mondiaux.

C'est à cette logique que répondent entre autres la Loi 54 (gérée par le ministère des Affaires municipales et des Régions du Québec – MAMR) et le Règlement sur les exploitations agricoles (REA) du ministère québécois du Développement durable, de l'Environnement et des Parcs (MDDEP), en fonction duquel sont émis les permis d'exploitation des entreprises porcines. La Loi 54 impose aux municipalités de recevoir sur leur territoire tout projet d'établissement porcin ayant obtenu un certificat d'autorisation du MDDEP à la suite d'une évaluation environnementale limitée, essentiellement basée sur un calcul approximatif du déversement de phosphore dans les cours d'eau et la capacité de charge de ces derniers. Les municipalités perdent ainsi leur droit de décision relatif à l'occupation du territoire et au mode de développement local et régional. Leur seul recours a trait à l'ajustement de quelques mesures de mitigation des impacts. Les citoyens sont conviés à une séance de « consultation publique », expression vidée de sens dans la langue de bois, qui n'a d'autre fin que d'informer les résidants de l'implantation imminente d'une porcherie dont le projet est déjà autorisé, et de les inviter à discuter de certaines modalités d'atténuation des inconvénients.

Il n'est pas étonnant qu'une telle atteinte à la démocratie et à la gouvernance municipale, un tel mépris du citoyen, un tel traitement environnemental à courte vue, une telle collusion des instances gouvernementales avec le lobby du porc aient exacerbé les tensions au sein des collectivités, avivé l'inquiétude et soulevé l'indignation et la colère d'un nombre grandissant de citoyens et de groupes de la société civile. L'Union des consommateurs du Québec, l'Union des municipalités du Québec, l'Association des municipalités du Québec, l'Association médicale du Canada, l'Union des citoyens du Québec, Nature-Québec, Greenpeace-Québec, le Regroupement national des Conseils régionaux de l'environnement, la Coalition citoyenne santé et environnement, l'Association québécoise de lutte contre les pluies acides, Eau Secours!, Fondation Rivières, La FAPEL, Les Ami-Es de la Terre de l'Estrie, Les Ami-Es de la Terre de Québec, Le Sierra Club-Québec, l'Union paysanne, la Coalition rurale du Haut-Saint-Laurent, l'Alliance Commun'Eau'Terre, la communauté mohawk de Kahnawake, le Front Vert Montréal, le Comité richelois pour une meilleure qualité de vie, l'Association pour la sauvegarde de la rivière Saint-François, le projet RESCOUSSE de Laprairie, le Comité de citoyens STOPPP de Pintendre/Lévis, RESPIRES de Sainte-Croix-de-Lotbinière, l'Autre monde rural de Sorel, et des dizaines d'autres dans chacune des régions du Québec, se sont mobilisés contre l'industrie porcine. Ils réclament que soient résolus les problèmes environnementaux et sociosanitaires causés par les établissements en place, et que cesse le développement de cette filière. Les sommes faramineuses – et sans cesse croissantes – injectées (à perte, à même les fonds publics) pour soutenir celle-ci devront plutôt être investies dans l'opérationalisation d'un virage agricole vers des pratiques écologiques, et dans des projets de diversification des économies régionales en vue d'un développement rural intégré.

Malgré l'importance de cette pression citoyenne, le cas des porcheries industrielles demeure encore et toujours une question vive, attisée par le déni et la fuite en avant de l'État, à l'écoute des « barons du porc », principalement les intégrateurs et les grandes coopératives, soutenus par l'UPA. Depuis 20 ans, ces derniers ont détourné à leur avantage l'appui des gouvernements aux fermes porcines familiales, et ont obtenu qu'en dehors de leur propre visée de développement économique, toute autre considération environnementale, sociale, culturelle et de santé publique passe au second plan. Ils tolèrent mal que les citoyens soient en désaccord avec les règles du jeu qu'ils ont définies et que la pression publique gruge, lentement mais sûrement, l'appui politique qui supporte leur projet économique.

Au premier rang, ce sont les agriculteurs eux-mêmes qui sont victimes de cette situation. Ils se retrouvent aliénés à un système de production qui les enfonce dans l'endettement et cause la détresse psychologique chez plus de 60 % d'entre eux. En souffrent également les résidants des régions affectées dont la qualité de vie s'est dégradée et dont la richesse individuelle (valeur immobilière) et collective (détérioration de l'économie communautaire, du patrimoine et du potentiel biorégional) subit le contrecoup de l'invasion porcine. Que dire enfin du détournement de fonds publics imposé à l'ensemble des contribuables québécois, dont les taxes servent à promouvoir un développement industriel insoutenable qui n'enrichit que quelques maillons de la chaîne de production, dont les intégrateurs, les transformateurs et les exportateurs ? C'est ainsi toute la société québécoise qui subit à son insu la détérioration constante des écosystèmes agricoles et aquatiques ; elle devient complice d'un mode d'élevage qui traite les animaux comme une simple marchandise, qui banalise les risques sanitaires réels en adoptant des normes d'innocuité « tolérables » de la nourriture ainsi produite, et qui entrave le projet collectif d'une souveraineté alimentaire.

Devant une telle situation, nous estimons que le problème des porcheries industrielles nécessite un traitement d'urgence. Le support sans cesse accru de l'État à l'élevage industriel du porc a mis le couvercle sur une pression qui, tôt ou tard, fera sauter la marmite. L'industrie porcine est la « métaphore » parfaite (selon l'expression de Hugo Latulippe[3]), ou encore une véritable caricature du dysfonctionnement de l'agriculture intensive contemporaine, celle d'ici comme celle d'ailleurs, dans le contexte d'une économie néolibérale. Il s'agit donc non seulement d'une question vive, mais aussi d'une question motrice : se pencher sur les tensions sociales qu'engendre le développement de ce type d'activité permet d'enclencher une réflexion plus globale sur le rapport à la terre, à la vie, aux animaux, et de contribuer à la réflexion sur la démocratie, l'équité sociale et l'économie solidaire, en lien avec les questions agricoles et la reconstruction de nos communautés rurales.

Pour faire le point sur la situation actuelle et dans le but de nourrir le débat sur la question, cet ouvrage offre en première partie un panorama global de la production porcine industrielle, à travers une série de portraits abordant les aspects politiques, économiques, agronomiques, environnementaux, sanitaires, sociaux et culturels de la problématique. Les aspects centraux de cet exposé sont confirmés en deuxième partie par les regards croisés de trois acteurs

3. *Bacon, Le livre*, Montréal, L'Effet pourpre, 2003, p.18.

qui ont vécu de très près la « crise porcine » : un maire, un agriculteur et un médecin du secteur de la santé publique. La troisième partie de l'ouvrage offre de saisissants témoignages des luttes citoyennes dans différentes localités et régions du Québec, et montre comment ces dernières sont devenues, malgré l'adversité des pouvoirs en place et les échecs à court et moyen terme, de véritables laboratoires de démocratie participative et d'apprentissage collectif. À travers leurs démarches de résistance, plusieurs groupes de citoyens définissent un nouveau rapport à la nature, à l'agriculture, au développement régional et au pouvoir politique. En quatrième partie, quatre auteurs montrent que les solutions envisagées jusqu'ici par le gouvernement pour résoudre une crise dont on n'a pas compris (ou pas voulu comprendre) le caractère structurel, entraînent de graves méprises et des dérives. La dimension éthique du recours à la technologie du vivant dans la production porcine fait ici l'objet d'un chapitre spécifique, qui ouvre sur la question centrale de notre rapport à la vie. Enfin, en cinquième partie sont esquissées des solutions à long terme, qui visent des changements majeurs tant en ce qui a trait au mode de production porcine (l'élevage sur litière) qu'à la transformation des valeurs à la base de nos relations à la terre et aux autres. Le dernier chapitre met en évidence l'importance de l'engagement collectif comme creuset d'apprentissage et de développement social. Enfin, Hugo Latulippe termine l'ouvrage en offrant à travers ses propos une caisse de résonance à la voix de trop d'acteurs non entendus ou réprimés : l'industrie porcine menace l'avenir de notre pays, de notre patrimoine et notre identité profonde. Parce qu'on « aime ce pays et ses habitants, d'amour », dit-il, il faut changer de cap, de toute urgence.

Cet essai est rédigé au moment où se termine le conflit de travail à l'abattoir d'Olymel à Vallée-Jonction. Après plusieurs semaines de chassé-croisé, de forte mobilisation syndicale, de menaces de fermeture d'usine par l'entreprise, les employés sont retournés au travail désenchantés, contraints d'accepter une baisse de salaire. Il est illusoire de croire qu'une telle blessure, qu'une telle déchirure au sein de la communauté affectée, imposée par une vision productiviste de l'agriculture, puisse engendrer l'harmonie sociale en milieu rural. On ne fait que reporter à plus tard l'éclatement d'une tension non résolue.

Ce livre est également produit pendant que se tiennent les travaux de la Commission itinérante sur l'avenir de l'agriculture et l'agroalimentaire québécois[4]. Dans un tel contexte, nous souhaitons participer à l'échange d'information, à la réflexion, à la recherche de solutions. Cet ouvrage vise à contribuer à l'effort collectif de reconstruction de notre rapport à la terre, à l'alimentation, à la vie. La cohabitation écologique et sociale dans nos campagnes est nécessaire pour habiter le pays, pleinement, en toute solidarité. Et cette question n'est certes pas étrangère à la construction sans cesse renouvelée d'une identité collective qui trouve et reprend racine dans nos terroirs.

4. www.caaaq.gouv.qc.ca.

Première partie

# Un portrait de la situation porcine au Québec

*Denise Proulx*

## Chapitre premier

# Portrait politique

## *Une p'tite loi, une p'tite subvention, beaucoup de dégradation*

Pour bien comprendre les conflits qui opposent les producteurs de porcs et leur voisinage, il faut saisir comment les gouvernements ont participé, depuis plus d'un siècle, au développement de cette production animale, et comment les choix politiques des 30 dernières années ont soutenu son développement à l'échelle industrielle.

Rappelons d'abord que, depuis le milieu du XIXe siècle, la mise en place de politiques sociales et économiques a été motivée par le désir d'accroître les revenus des fermes et de consolider le marché d'exportation qui s'est rapidement développé entre le Québec, le Canada et les États-Unis, depuis la colonisation de l'Amérique du Nord par la France et l'Angleterre. Le lent passage de l'agriculture paysanne et de subsistance vers une agriculture dite moderne s'est par la suite accéléré pour rejoindre la cadence des pays industrialisés.

Dans ce chapitre, nous suivrons le découpage historique suivant, selon les périodes législatives et réglementaires qui nous semblent être parmi les plus marquantes: de la colonisation à 1950, une implication gouvernementale forcée; de 1950 à 1970, vers une modernisation de l'agriculture et son adaptation aux principes de la Révolution verte; de 1970 à 1981, le renforcement de la protection du territoire agricole et la concentration des entreprises; de 1981 à 1995, la politique « Nourrir le Québec »; de 1995 à 2004, la politique de « Conquête des marchés » et, enfin, de 2004 à 2010, vers une agriculture durable.

Il est important de mentionner d'entrée de jeu que, malgré les discours en faveur de la croissance économique du secteur agricole, les politiques, lois et règlements agricoles ont plutôt accentué la perte des fermes de type familial non productivistes dans tous les secteurs de production. Celui de la production porcine est actuellement le plus affecté[1]. Ces mêmes politiques, lois et règlements ont également eu un impact important sur les ressources naturelles, entraînant au fil des années des conséquences notables sur la diversité biologique, particulièrement par la contamination de l'eau, la dégradation des sols, la détérioration des habitats fauniques et humains et la perte d'un couvert forestier stabilisateur des sols et des écoulements d'eau de surface.

Ce portrait présentera l'évolution des politiques publiques en agriculture, et dans le secteur porcin en particulier. Il tentera notamment de cerner les facteurs à l'origine du profond fossé qui s'est creusé entre les exploitants de fermes porcines et leurs communautés. Actuellement, les conflits de cohabitation socio-écologiques sont sans doute les plus visibles et les plus préoccupants de tous les défis auxquels fait face l'agriculture industrielle. À l'été 2006, les problèmes sanitaires liés à la pollution par les cyanobactéries de 71 lacs du Québec[2] ont forcé les gouvernements à accélérer l'annonce de mesures en faveur d'une agriculture basée sur les principes du développement durable. Une Commission sur l'avenir de l'agriculture et de l'agroalimentaire québécois a également été créée afin de permettre à tous les acteurs de la société d'exprimer leurs attentes et leurs besoins en matière d'agriculture durable.

---

1. Morin, K. et Richard, L., *Portrait de l'établissement et du retrait de l'agriculture au Québec*. Ste-Foy: Centre de référence en agriculture et en agroalimentaire du Québec, 2004. http://www.craaq.qc.ca/index.cfm?p=32&l=fr&IdDoc=1469 (15 septembre 2006).
2. Pour obtenir une mise à jour du nombre de lacs affectés par les cyanobactéries, se référer au site du ministère du Développement durable, de l'Environnement et des Parcs. http://www.mddep.gouv.qc.ca/eau/eco_aqua /cyanobacteries/index.htm.

## De la colonisation à la modernisation (1950) : les gouvernements forcés d'agir

Après la Conquête de 1760, c'est en occupant la terre que les colons de la Nouvelle-France ont résisté aux contraintes imposées par le conquérant anglo-saxon. Les familles de 12 enfants étaient la norme et, rapidement, les anciennes seigneuries établies sous le Régime français ont manqué de terres à offrir à cette nouvelle génération de Canadiens. À partir de 1830, les Anglais ont refusé toutes les demandes légitimes des Canadiens français pour occuper de nouveaux territoires et défricher de nouveaux sols. On a alors assisté à une émigration massive vers les États-Unis et, dans une bien moindre mesure, vers l'Ouest canadien. L'hémorragie s'est poursuivie jusqu'en 1910.

> En 1900, les États du Maine, du New Hampshire, du Vermont, du Massachusetts, du Rhodes Island et du Connecticut comptaient 508 362 Canadiens français. Si on ajoute les autres francophones dans les États du Centre-Ouest et du Centre-Sud, il faut parler de 1,2 million de colons canadiens-français qui ont pris la route des États-Unis[3].

Pour freiner l'exode, le gouvernement du Québec (nommé le Bas-Canada) a alors développé un plan de colonisation. Selon ce que raconte Firmin Létourneau dans son ouvrage sur l'histoire de l'agriculture au Canada français, au milieu du XIXe siècle, le gouvernement du Québec confiait à un chef de colonie, un prêtre, la direction des opérations pour défricher de nouveaux secteurs agricoles. Ce prêtre devait assumer l'ouverture de routes et la construction des premiers établissements ; il recevait à cet effet une somme de 1 000 livres puisées à même le fonds d'emprunt municipal du Canada, remboursable sur 25 ans. Il s'agit du premier soutien financier à l'agriculture. Les coûts étaient payés à moitié par le gouvernement du Bas-Canada et le reste était à la charge des paysans. Il va sans dire que la pauvreté des colons et leur incapacité à verser cette somme d'argent pour s'établir a représenté un frein majeur à la colonisation.

C'est à 1852 que remontent les bases du ministère de l'Agriculture du Québec, avec la création par le gouvernement d'un Bureau

---

3. Voir Létourneau, Firmin, *Histoire de l'agriculture*, 1968.

d'agriculture. Il faudra néanmoins dix ans avant que ne soit nommé un ministre de l'Agriculture responsable de ce bureau, M. François Évanturel.

En parallèle, le gouvernement fédéral (nommé à cette époque gouvernement de l'Union) a confié en 1850 à Jean-Charles Taché, citoyen de Kamouraska et député de Rimouski, la présidence d'un Comité parlementaire pour s'enquérir de l'état de l'agriculture au Bas-Canada. Ses recommandations auraient été en quelque sorte les premiers jalons pour le développement de l'élevage intensif au Québec. En effet, selon Firmin Létourneau, le député Taché recommandait de regrouper les éleveurs et de favoriser l'importation des races de porcs Tamworth et Yorkshire de l'Angleterre et des États-Unis.

Enfin, c'est en 1869 que la province du Québec sanctionnait l'Acte de création du *Département de l'agriculture et des travaux publics*[4]. Mais ce sera avec l'arrivée en 1888 du curé Antoine Labelle, sous-commissaire au département de l'Agriculture et de la Colonisation, que le véritable travail de défrichement de nouvelles terres sera entrepris par les colons, avec le soutien de l'État. En 1895, des éleveurs de porcs participent à la fondation de la Société générale des éleveurs d'animaux de race du Québec. En 1903, il existait 557 cercles d'élevage qui regroupaient 50 420 membres à travers le Québec. Le commerce des meilleurs truies et verrats se faisait au cours d'expositions agricoles où les producteurs de porcs étaient encouragés à faire parader leurs plus belles bêtes. Des concours de qualité accompagnés de récompenses financières soutenaient les éleveurs dans leur recherche de qualité.[5]

Les sociétés d'agriculture et des écoles d'agriculture (comme celle créée par les moines Trappistes de l'Abbaye cistercienne d'Oka) pratiquaient alors des expériences de croisement de races pour l'amélioration des troupeaux. Mais, sans soutien financier

---

4. Pour lire la petite histoire du développement de l'agriculture au Québec, il faut se référer aux travaux du géographe Yvon Pesant. Voir une série de documents intitulés « La petite histoire de l'agriculture » sur le site suivant : www.mapaq.gouv.qc.ca.
5. Mémoire présenté par la Société des éleveurs de porcs du Québec lors des audiences publiques de la CAAAQ, tenues à Lachute, région des Laurentides, le mardi 5 juin 2007. Voir www.caaaq.gouv.qc.ca.

adéquat, la science agronomique canadienne peinait à rejoindre celles, déjà bien avancées, des États-Unis, de l'Angleterre et de l'Australie. Il faudra attendre que le gouvernement fédéral adopte en 1911 la *Loi de l'enseignement agricole*, laquelle l'autorise à verser annuellement aux provinces un million de dollars pour organiser cet enseignement et faire en sorte que la recherche agronomique prenne son essor. Le Québec a dès lors reçu 250 000 $ par année jusqu'en 1921. En soutien au développement de la science en agriculture, le gouvernement du Canada adopta également en 1927 la Loi sur le crédit agricole et créa la Commission du prêt agricole canadien dont les opérations débutèrent en 1929. Les emprunts que pouvaient contracter les éleveurs étaient directement reliés à l'amélioration des troupeaux et à la construction d'installations modernes d'élevage.

En 1934, le premier ministre québécois, le libéral Louis-Alexandre Taschereau, interpellé par l'Union des cultivateurs catholiques (l'ancêtre de l'Union des producteurs agricoles) a tenté en vain de faire adopter une loi québécoise du prêt agricole, mais la proposition deviendra un enjeu électoral. Il ne réussit qu'à faire voter une loi générale sur les produits agricoles qui reprenait les règlements et les normes d'Ottawa en matière de production et d'exportation pour le commerce interprovincial et international. C'est finalement en 1936, sous le gouvernement de l'Union nationale de Maurice Duplessis, que les députés votèrent la Loi du crédit agricole du Québec et que fut créé l'Office du crédit agricole du Québec.

Entre cette période et 1950, une série de mesures ont été ajoutées pour aider les agriculteurs à prendre de l'expansion, consentant des amendements et des annexes aux lois fédérale et provinciale sur le crédit agricole, susceptibles de favoriser l'achat d'équipements aratoires mécanisés et d'animaux de race.

Pendant que les gouvernements mettaient en place des législations pour soutenir l'expansion des élevages, les écoles d'agriculture se développaient dans la plupart des grandes régions agricoles. Une dizaine d'écoles ont ainsi vu le jour au Québec, majoritairement sous la gouverne du clergé, chacune développant une spécialisation tout en travaillant à enseigner les rudiments de base pour devenir un bon cultivateur. Elles ont soutenu la création de cercles de jeunes agriculteurs (catholiques et francophones) qui se sont adonnés à des projets d'élevage mixte, principalement de vaches laitières et de porcs. Ce sont ces institutions qui ont inspiré la création de la première Faculté d'agriculture de l'Université Laval, et qui ont été remplacées plus tard par des écoles d'agriculture régionale et les instituts de technologie agricole de La Pocatière et de Saint-Hyacinthe. Ces premières écoles d'agriculture ont aussi initié la mise en place de stations de recherche financées par les gouvernements.

Enfin, en 1937, l'industrie porcine canadienne obtenait la création d'un système national uniforme d'évaluation, le *Programme national d'évaluation génétique du porc*, permettant aux producteurs d'évaluer la qualité génétique de leurs animaux reproducteurs. Ce programme, financé par le gouvernement fédéral, a connu depuis une expansion multipartite et s'est associé à diverses autres organisations d'amélioration des troupeaux. Il a été privatisé en 1995 et il s'appelle maintenant le Centre canadien pour l'amélioration des porcs, inc. La branche québécoise de ce programme fédéral est le Centre de développement du porc du Québec, inc. (CDPQ). Depuis 1992, le CDPQ reçoit un soutien financier du MAPAQ et d'Agriculture Canada, en plus de bénéficier de partenariats avec la Financière agricole du Québec, la Financière agricole du Canada, l'Ordre des agronomes du Québec, les principaux centres de recherche agronomique du Québec et du Canada à travers des programmes d'évaluation génétique et vétérinaire de santé porcine.

## 1950-1970 : La modernisation de l'agriculture

À la fin de la Seconde Guerre mondiale, les entreprises agricoles québécoises possédaient suffisamment d'outils pour assurer le développement de l'ensemble des productions végétales et animales. Cette période se caractérise par la consolidation de moyennes et de grandes industries agroalimentaires privées (par exemple, la laiterie J. J. Joubert limitée, spécialisée dans la transformation et la distribution du lait, acquise par Borden en 1930 et qui poursuit son expansion à travers la province). Pour assurer leur rentabilité, les coopératives agricoles comptaient alors sur la modernisation des procédés de fabrication du beurre et du fromage et de mise en conserves de fruits et légumes, de même que sur l'expansion de couvoirs, d'abattoirs régionaux et de raffineries de sucre. Au début des années 1950, le Québec est pour ainsi dire autosuffisant et les agriculteurs gagnent bien leur vie. La production de porcs est encore majoritairement complémentaire à la production laitière d'une ferme, laquelle est privilégiée par les soutiens financiers des deux paliers de gouvernement fédéral et provincial.

En 1955, le gouvernement du Québec planifie un virage agricole en s'appuyant sur les travaux de la Commission royale d'enquête pour l'orientation de l'agriculture au Québec.

> Les conclusions se résument ainsi : favoriser l'industrialisation, la commercialisation accrue des produits et la réduction du nombre de fermes familiales. Mais ce sont les contraintes sanitaires qui ont marqué le point tournant de cette période. Car en complément des lobbys des multinationales de la chimie et des semences qui disaient que les rendements seraient encore meilleurs avec l'introduction de leurs produits, il y avait celui de la santé publique du Québec qui se plaignait que les produits alimentaires, surtout le lait et les viandes, occasionnaient plusieurs problèmes sanitaires[6].

En 1956, une loi crée l'Office des marchés agricoles du Québec et vise notamment à « orienter la production agricole de façon à trouver de nouveaux débouchés et à améliorer les débouchés existants pour les produits agricoles du Québec[7] » C'est à travers l'Office des marchés agricoles que les coopératives et les professionnels de l'agriculture font passer leur idée que les élevages intensifs participent à une mise en marché ordonnée et moderne.

Sous l'égide de l'Office des marchés agricoles, les éleveurs se joignent à des organisations sœurs au Canada pour la commercialisation de leurs produits. Ils sont encouragés à s'arrimer aux réglementations canadiennes et à sortir de l'isolement québécois. D'autant plus que la recherche du côté canadien offre de beaux espoirs. À titre d'exemple, en production porcine, la station de recherche d'Agriculture Canada de Lacombe en Alberta enregistre en 1957 un brevet pour la création d'une race de porc nommée Lacombe, comme première race de bétail créée au Canada, à la

---

6. Voir Ferron, Entrevue préparatoire réalisée pour un scénario de documentaire intitulé *Pour une nouvelle culture de l'agriculture*, 2002.
7. Létourneau, F., *op. cit.*, p. 325.

suite d'un croisement hybride des races Landrace, Berkshire et Chester White.[8]

En 1963, la *Loi des marchés agricoles du Québec* subit une refonte : l'Office des marchés agricoles devient la Régie des marchés agricoles du Québec. La Régie est dotée de pouvoirs élargis de surveillance, de coordination et d'amélioration de la mise en marché des produits agricoles. Des objectifs précis d'augmentation des revenus des agriculteurs sont fixés : le gouvernement et ses professionnels de l'agriculture souhaitent les rendre aptes à acheter des engrais chimiques et des semences certifiées, de la machinerie agricole et des animaux de race pure. La nouvelle génération d'agriculteurs est encouragée à se regrouper pour consolider et contrôler leur mise en marché.

En 1967, le cadre défini pour l'établissement de la mise en marché collective et de la gestion de l'offre en production laitière met fin à la cohabitation animale, vaches et porcs. La spécialisation est obligatoire pour avoir accès aux programmes de soutien technique et financier des ministères fédéral et provincial de l'agriculture. Les universités et les instituts de technologie agricole accentuent les recherches portant soit sur les élevages laitiers, soit sur les élevages porcins. Les maisons d'enseignement se mettent à la gestion et à l'économie agricole et introduisent les mathématiques dans leur enseignement. Pierre Ferron, agronome, ex-professionnel du MAPAQ et membre du Comité du développement durable de l'Ordre des agronomes du Québec de 1991 à 1996, qualifie cette période de « délire mathématique » qui a orienté l'avenir de l'agriculture.

> Dans la seconde partie des années 1960, on ne parlait plus de biologie aux étudiants, mais de chiffres, que de chiffres. Ils devaient calculer les rendements avec des formules mathématiques. Le mot d'ordre était devenu le progrès et ce progrès passait par la spécialisation des élevages et les expériences génétiques[9].

---

8. Blair, R. « Élevage porcin », Fondation Historica du Canada, *L'encyclopédie canadienne*, 8 août 2006. http://www.thecanadianencyclopedia.com/index.cfm?PgNm=TCE&Params=f1SEC851701.
9. Ferron, *op. cit.*

## De 1970 à 1981 : Création de la porcherie moderne

Au début des années 1970, dans la foulée de l'affirmation nationale, l'éleveur québécois veut montrer qu'il est capable de suivre les tendances technologiques nord-américaines en matière de production porcine. Une nouvelle génération d'agronomes fraîchement diplômés encourage ainsi le modèle du producteur de porc techniquement compétent, responsable et maître de ses choix, qui assume la totalité des risques du marché. La spécialisation est la seule voie considérée comme rentable et digne de survivre[10]. On assiste à une période d'installation sur des sites hors sol[11] grâce à des contrats à forfaits dans certaines régions.

Au milieu des années 1970, les professionnels du ministère de l'Agriculture, des Pêcheries et de l'Alimentation s'intéressent aux suivis informatiques, techniques et génétiques, et créent le Programme d'amélioration des troupeaux porcins du Québec (PATPQ), devenu depuis le Centre d'amélioration génétique porcin du Québec. Une seconde entreprise créée en 1977, le Centre d'insémination du porc du Québec (CIPQ), aujourd'hui propriété à 100 % de la Société générale de financement du Québec (SGF) – Groupe agroalimentaire, sert à la mise en marché du sperme de porcs auprès des fermes d'élevage. La SGF – Groupe agroalimentaire détient également 18 % des parts d'Olymel[12], une division de la Coopérative fédérée du Québec (63 % des actions), celle-là même qui réclamait dans les années 1950 une utilisation du crédit agricole pour développer l'industrie agroalimentaire.

Les professionnels du ministère de l'Agriculture accompagnent également les producteurs porcins dans l'installation de bâtiments

10. Fillion, R. « Des années d'adaptation et de modernisation dans la façon de produire », *Porc Québec*, Janvier 2006, p. 102 à 105.
11. Élevage hors sol (*Indoor Livestock Production*) : Mode d'élevage pratiqué par une entreprise spécialisée dans la production animale mais ne détenant aucun droit sur des terres situées à proximité des bâtiments dans lesquels ont lieu ses élevages, ne pouvant par conséquent y épandre des déjections animales qui en proviennent ou encore produire de la nourriture pour ses animaux ; http://www.caaq.org/appellation-biologique/normes-biologiques/definitions-terminologie.asp.
12. Société Générale de Financement du Québec (SGF). *Principaux investissements agroalimentaire*, 2006. http://www.sgfqc.com/fr/portefeuille-investissements/groupes/agroalimentaire/presentation.htm.

modernes et de technologies d'élevage qui permettraient de diminuer les maladies et les pertes de bétail. Mais la modernisation des exploitations ne touche pas tous les aspects de l'élevage porcin. Les fermes québécoises n'ont pas d'infrastructure pour entreposer les grains et le foin, et n'ont pas de système de classification des productions ni de système de contrôle de la pollution par le lisier. Dès son arrivée comme ministre de l'Agriculture, des Pêcheries et de l'Alimentation en 1976, Jean Garon met en place une structure pour compléter la modernisation des élevages, ce qui conduira à la création de la Régie des grains et à une classification de leur qualité. De plus, en 1978, les gouvernements du Québec et du Canada s'entendent pour financer à part égale, avec les producteurs (à raison d'un tiers pour chacune des parties), le programme de l'Assurance stabilisation des revenus agricoles (ASRA) pour les porcelets.

Dans la foulée de cette mise à niveau de la société québécoise avec les autres pays industrialisés, le gouvernement du Québec modifie, en décembre 1978, la Loi sur la qualité de l'environnement et introduit la norme azote comme outil d'évaluation de la pollution des eaux. Les entreprises agricoles doivent obtenir un certificat d'autorisation du ministère de l'Environnement pour effectuer des épandages de fumier. À cette époque, les lisiers de porcs sont peu entreposés et les déjections animales sont épandues à l'année, sans date limite en automne, provoquant souvent un lessivage important avec les fortes pluies pré-hivernales. Également, à la fonte des neiges au printemps, le ruissellement d'azote et de phosphore pollue grandement les eaux de surface. Les professionnels de l'environnement et les citoyens constatent une rapide détérioration des cours d'eau et une aggravation des problèmes d'eutrophisation des lacs et des rivières. Le ministère de l'Environnement introduit alors des normes spécifiques aux élevages de porcs, dans le cadre d'une première Loi portant restrictions relatives à la production porcine, laquelle subira de multiples amendements au cours des années subséquentes.

## De 1981 à 1995 : Nourrir le Québec

À son arrivée au ministère de l'Agriculture, Jean Garon amenait une vision de la souveraineté alimentaire québécoise. Il souhaitait développer plusieurs productions et cultures (maraîchère, aquaculture, semiculture) pour nourrir les Québécois, et ensuite vendre les surplus à l'exportation. De là vient sa politique « Nourrir le Québec ». Il met alors en place des programmes de développement et de consolidation des secteurs en émergence comme celui du porc.

Toutefois, en 1981, malgré le soutien de l'État pour la modernisation des entreprises, la situation se détériore dans la production porcine. À peine fonctionnel, le programme ASRA doit soutenir plusieurs producteurs porcins aux prises avec des pertes financières majeures à la suite de l'épidémie de pleuropneumonie à Haemophilus, une maladie qui décime plusieurs élevages.

À cette époque, également, à la suite d'interventions répétées de la part de citoyens, de groupes environnementaux et du ministère de l'Environnement du Québec, trois règlements spécifiques au secteur agricole sont adoptés, avec des dispositions axées principalement sur la protection des eaux et la gestion des déjections animales. Ainsi, en juin 1981, la norme d'épandage du Règlement sur la prévention de la pollution des eaux par les établissements de production animale (réformée en novembre 2004), appelée communément la norme N (azote) est adoptée par le ministère de l'Environnement. Un moratoire est imposé sur tous les élevages en gestion liquide dans les bassins des rivières l'Assomption, Chaudière et Yamaska, lequel se prolongera jusqu'en 1984.

Toujours en 1981, l'Office du crédit agricole (OCA) instaure un premier crédit spécial, bon pour cinq ans, pour compenser le prix de vente de la carcasse de porc, qui a radicalement chuté. L'année suivante, en raison des taux d'intérêt faramineux (en 1982, les taux d'intérêt ont grimpé à plus de 20 %), l'OCA met à la disposition des producteurs un second crédit.

Le ministère des Affaires municipales (MAM) est interpellé dans le dossier porcin par le biais de la Loi sur l'urbanisme et l'aménagement du territoire, qui détermine pour les municipalités et, plus tard, pour les MRC (Municipalités régionales de comté) des critères d'analyse et d'évaluation des normes d'épandage. C'est ainsi qu'à partir de 1979, répondant à la pression citoyenne et aux appels répétés des élus municipaux, le MAM a investi plus de 7 milliards de dollars dans les programmes d'assainissement des eaux, afin de subventionner les travaux d'infrastructure de stations d'épuration des eaux usées municipales et industrielles, et des usines de filtration des eaux. Certes, le milieu agricole n'était pas le seul responsable de la détérioration de la qualité des eaux municipales, mais il y contribuait largement. Le problème est d'ailleurs encore persistant, malgré l'installation d'infrastructures municipales dispendieuses.

La relance de la production porcine en 1987 ne durera que deux ans, puisque les exploitations connaissent de nouvelles difficultés alors qu'une autre maladie mystérieuse vient à nouveau frapper les élevages. Préoccupé par les impacts socio-écologiques de ces maladies animales et des risques qu'ils présentent en matière de santé publique, le ministère de la Santé et des services sociaux (MSSS) mandate une équipe de professionnels pour suivre ce dossier.

En 1990, pour tenter de faire évoluer le concept « Nourrir le Québec » et pour endiguer les problèmes récurrents de la production porcine, le ministre libéral de l'Agriculture, des Pêches et de l'Alimentation (MAPAQ), Michel Pagé, crée une table filière en production porcine, regroupant des producteurs de porcs, des institutions financières, des maisons d'enseignement, des établissements de recherche, des représentants de l'industrie de la transformation et du conditionnement des aliments, des représentants de la distribution, de la restauration et de la commercialisation, des représentants des divers gouvernements et des syndicats de travailleurs d'usines de transformation. Deux ans plus tard, en 1992, le MAPAQ soutient avec cette même table filière la création d'un premier Sommet de l'Agriculture québécoise et place les jalons de la politique de la conquête des marchés internationaux, ceci malgré les problèmes structurels internes non résolus.

En mai 1995, les unions municipales, l'UPA et les quatre ministères concernés signent une entente qui fixe les juridictions de chacun : la gestion des odeurs et de la cohabitation sociale harmonieuse sera confiée aux municipalités à travers les lois du ministère des Affaires municipales (incluant aujourd'hui les régions, MAMR), la protection de l'eau et des sols sera sous la responsabilité du ministère de l'Environnement et de la Faune (actuellement, le MDDEP), le soutien financier et technique pour l'intégration des nouvelles normes agro-environnementales au ministère de l'Agriculture (MAPAQ). Enfin, des études sur les impacts socio-sanitaires seront menées par le ministère de la Santé et des services sociaux (MSSS) par l'intermédiaire de chacune des Directions de santé publique du Québec (DSP).

## 1995-2004 : À la conquête des marchés internationaux

En 1995, alors que les pays à forte activité commerciale, dont le Canada, décident de la création de l'Organisation mondiale du commerce qui prendra le relais du GATT (Accord général sur les tarifs douaniers et le commerce), les agriculteurs québécois tentent de se positionner en prévision de l'ouverture des marchés agricoles. L'Union des producteurs agricoles du Québec, présidée par Laurent Pellerin, lui-même producteur de porcs et la Fédération des producteurs de porcs du Québec proposent d'adopter ce virage stratégique misant sur l'exportation. Cette stratégie d'affaires est d'autant plus privilégiée que l'industrie porcine n'est pas encadrée par les règles de la gestion de l'offre et ne subit pas le régime des quotas. La FPPQ veut aussi redorer l'image des producteurs au sein des communautés. Car les problèmes environnementaux et sociaux liés à la production porcine se sont accentués et celle-ci a mauvaise presse.

Il faut également préciser que la division des responsabilités ministérielles soulève des tensions entre les ministères. D'une part, le MAPAQ soutient la prédominance du droit de produire des agriculteurs en milieu agricole et leur stratégie de conquête des marchés internationaux. D'autre part, le ministère de l'Environnement et de la Faune de l'époque prend le leadership de la création d'une Table de concertation pour définir un projet de Règlement sur la réduction de la pollution d'origine agricole. L'objectif du ministère de l'Environnement est de faire avancer un projet de politique de protection des eaux souterraines et de recueillir des appuis pour le soutien d'une Proposition d'orientations gouvernementales relatives à la gestion des odeurs, du bruit et des poussières en milieu agricole, qui doit être déposée lors de l'adoption du projet de Loi 23, en juin 1996. Cette nouvelle Loi 23 modifiera la Loi sur l'aménagement et l'urbanisme, sous responsabilité du MAM. Elle confiera aux MRC et non aux municipalités

> le devoir de déterminer les orientations d'aménagement et les affectations du sol appropriées pour assurer dans la zone agricole faisant partie de son territoire, l'utilisation prioritaire du sol à des fins d'activités agricoles et, dans ce cadre, la coexistence harmonieuse des utilisations agricoles et non agricoles. De plus, la prise de décision au niveau de la MRC permettra d'éviter les disparités intermunicipales qui pourraient s'avérer

> problématiques et inéquitables pour les entreprises agricoles situées sur son territoire[13].

En novembre 1996, l'industrie porcine tient un Forum québécois sur la question environnementale et adopte son propre plan d'intervention, selon ce que les producteurs jugent bon pour assurer le développement de leurs élevages. La Fédération des producteurs de porcs du Québec (FPPQ) met sur pied un mécanisme d'encadrement technique visant à adopter de nouvelles pratiques de gestion des lisiers. Le consensus obtenu parmi les éleveurs de porcs permet à la Fédération de faire pression sur l'État québécois afin qu'il augmente son soutien financier en faveur du virage environnemental et de la conquête des marchés pour les entreprises les plus aptes à la réaliser, notamment la Coopérative Fédérée et sa filiale de transformation de la viande, Olymel, ainsi que les entreprises d'intégration privées.

À travers ces démarches, la FPPQ veut amoindrir les exigences du ministère de l'Environnement et les initiatives municipales jugées trop restrictives en matière de gestion des odeurs. Mais le gouvernement québécois, dirigé alors par le premier ministre Lucien Bouchard, obsédé par le déficit zéro, répond en pratiquant d'importantes coupures financières aux versements des sommes d'argent destinées au programme d'assurance stabilisation des revenus agricoles (ASRA), sur lequel se rabattent plusieurs exploitations porcines d'envergure (dont les intégrateurs) pour équilibrer leurs revenus et maintenir leur développement. Lucien Bouchard annonce la tenue d'une Conférence sur l'agriculture et l'agroalimentaire du Québec en mars 1998. Cette Conférence des décideurs publics est présidée par le premier ministre Lucien Bouchard lui-même. Elle devait faire le point sur l'état de l'agriculture et définir des orientations pour l'avenir.

Refusant cette décision, la Fédération des producteurs de porcs lance une offensive : 1500 producteurs de porcs s'installent bruyamment aux portes de la Conférence des décideurs publics. Ils profitent

---

13. Ordre des agronomes du Québec. *Commentaires sur la proposition de principes généraux relatifs à la gestion des odeurs, du bruit et des poussières en milieu agricole.* Montréal, Commission de l'agriculture, des pêcheries et de l'alimentation, 1997. http://www.oaq.qc.ca/memoires/le-10-avril-1997.htm#Commentaires.

de l'attention des médias pour accuser le gouvernement de les laisser tomber financièrement[14]. Et, ils obtiennent ce qu'ils veulent, soit des avances de fonds de l'ASRA pour résoudre à court terme les problèmes structurels de l'industrie porcine et la garantie qu'ils pourront doubler leurs exportations entre 1998 et 2005.

En septembre de la même année, insatisfaits des sommes versées par l'ASRA, les producteurs de porcs retournent manifester et bloquent l'autoroute Jean-Lesage. Des négociations leur permettent de gagner l'annulation de la compression appliquée dans le cadre du déficit zéro en 1997. Mieux encore, l'accord de principe prévoit l'élargissement du programme de consolidation des entreprises administrées par le MAPAQ, et la mise en place de nouveaux critères d'admissibilité pour accéder au régime d'assurance stabilisation du revenu agricole (ASRA). Enfin, les dirigeants du milieu syndical agricole obtiennent que le fonds d'indemnisation soit administré indépendamment du MAPAQ, ce qui conduira à sa prise en charge par la Financière agricole, elle-même présidée par Laurent Pellerin, le président de l'UPA du Québec[15].

Par ailleurs, d'autres interventions législatives sont adoptées en matière de protection et d'aménagement du territoire. Le gouvernement a décidé d'adapter les programmes de soutien aux entreprises pour que cette aide financière tienne compte du respect des normes environnementales. Mais dans les faits, le gouvernement cède du terrain aux exploitants agricoles. En effet, le 18 mars 1998, une directive relative à la protection contre la pollution de l'air provenant des établissements de production animale, principalement de production porcine, est remplacée par la Directive relative à la détermination des distances séparatrices relatives à la gestion des odeurs en milieu agricole. Cette nouvelle directive vient diminuer de façon importante les distances minimales entre une porcherie et des activités non agricoles, telles que définies par la Loi 23 lors de

14. Beaubien, M. *Des centaines de producteurs de porcs poussent un cri d'alarme au gouvernement Bouchard*. Fédération des producteurs de porcs du Québec, 1998. http://www.leporcduquebec.com/fppq/presse-2.php (3 août 2006).

15. Beaubien, M. *Crise porcine : règlement à l'horizon*, Fédération des producteurs de porcs du Québec, 1998. http://www.leporcduquebec.com/fppq/presse-2.php (3 août 2006).

son adoption en 1996. Par exemple, une nouvelle porcherie de 200 unités animales peut être localisée à 456 mètres d'un immeuble comme une auberge ou un camping alors que l'ancienne directive obligeait à une distance d'au moins 600 mètres.

Plusieurs citoyens contestent ces nouvelles normes de distances séparatrices. Dans la foulée de ces pressions, le gouvernement accorde au MAPAQ des budgets pour financer plusieurs mesures d'accompagnement des agriculteurs, comprenant des initiatives destinées à l'amélioration des connaissances. Des professionnels sont chargés de faire un inventaire de la dégradation des sols et un portrait agroenvironnemental régional. Le MAPAQ se charge de la gestion de programmes d'assistance financière aux entreprises agricoles (PAAGF, PAIA, Prime-Vert[16]). Pour faciliter la mise aux normes réglementaires environnementales, des activités de sensibilisation, de formation et de transfert technologique sont offertes aux agriculteurs. Une aide financière et technique est apportée pour l'adoption de « bonnes pratiques » (notamment pour l'installation de fosses en béton pour l'entreposage du lisier et des fumiers, pour la création de clubs conseils et pour l'élaboration de stratégies phytosanitaires), dont plusieurs s'appliquant à l'échelle des bassins versants agricoles, en association avec le programme multipartite du Plan d'action Saint-Laurent Vision 2000 (incluant un soutien financier du gouvernement fédéral). À ces mesures d'accompagnement s'ajoutent des investissements en recherche et développement, par le soutien financier à divers programmes en agroenvironnement. Ces activités sont menées autant au sein du MAPAQ que du ministère de l'Environnement, également au Centre de recherche sur le porc (CRPQ) et au Centre de référence en agriculture et agroalimentaire du Québec (CRAAQ).

---

16. PAAGF : Programme d'aide à l'amélioration de la gestion des fumiers.
PAIA : Programme d'aide à l'investissement en agroenvironnement.
Prime-Vert : Programme qui soutient les bonnes pratiques agricoles, en finançant notamment les fosses pour le stockage du lisier, la technique de gestion des surplus, le matériel d'épandage des fumiers, les services conseils en agroenvironnement, l'aménagement de haies brise-vent, des mesures contre l'érosion, la gestion des puits, la lutte contre les insectes ravageurs, la stratégie phytosanitaire.

En octobre 2000, le rapport de consultation sur certains problèmes d'application du régime de protection des activités agricoles en zone agricole, connu sous le nom de Rapport Brière, recommande l'adoption par les MRC de règlements de contrôle intérimaire (RCI) pour généraliser l'application de la directive sur les distances séparatrices et rendre inopérantes les réglementations municipales qui vont au-delà de cette dernière. Il condamne également l'utilisation du règlement sur les plans d'implantation et d'intégration architecturale (PIIA) pour encadrer le développement des porcheries au sein des plans d'aménagement du territoire préparés par les MRC et les municipalités.

Malgré tous ces programmes et à cause de ces mesures, la tension perdure (ou s'est même avivée) dans les campagnes où il existe un fort développement de l'industrie porcine. La pression ne vient pas uniquement des citoyens. Des études menées par des Directions de santé publique montrent que les questions de santé environnementale liées à cette industrie demeurent inquiétantes[17].

En février 2001, la Fédération des producteurs de porcs signe une entente avec le gouvernement du Québec en matière d'écoconditionnalité. Ainsi, toute aide financière du MAPAQ allait dorénavant être associée à la démonstration que l'exploitant porcin détient un plan agroenvironnemental de fertilisation et qu'il s'engage à utiliser des rampes d'épandage au sol. En contrepartie, le gouvernement accepta de modifier le calcul des rejets de phosphore par bassin versant et instaura le calcul ferme par ferme, tout en fournissant les conditions financières adéquates (par des modifications au programme Prime-Vert) pour faciliter l'application du principe d'écoconditionnalité[18]. Il faut se rappeler que l'Union des producteurs agricoles a obtenu en juin 2001 la Loi 184, laquelle garantit le droit de produire, assurant ainsi la prédominance de toute

17. Voir Gingras, B., Leclerc, J.-M., Bolduc, D. G., Chevalier, P., Laferrière, M. et Fortin, S. H. *Les risques à la santé publique associés aux activités de production animale*, 2000. Rapport scientifique du Comité de santé environnementale pour le ministère de la Santé et des Services sociaux. http://www.inspq.qc.ca/publications/environnement/doc/RAPP-Risques-prod-anim.pdf (26 août 2006).
18. Beaubien, M. *La production porcine québécoise à l'heure de l'écoconditionnalité*, Fédération des producteurs de porcs du Québec, 2001. http://www.leporcduquebec.com/fppq/presse-2.php (3 août 2006).

exploitation à caractère agricole sur tout autre type d'exploitation économique et sur toute autre revendication sociale de la part des habitants d'un territoire agricole. Cette Loi 184, adoptée par le gouvernement du Québec, transfère aux MRC le pouvoir de zonage municipal en zone agricole. Malgré ces ententes qui leur sont favorables, les producteurs de porcs dénoncent encore avec véhémence les interventions du ministère de l'Environnement qui a imposé de nouveaux critères au *Règlement sur la réduction de la pollution d'origine agricole*.

En décembre 2001, le gouvernement publie à nouveau des directives qui doivent guider les municipalités et les MRC dans leur réglementation municipale, parmi lesquelles la directive des distances séparatrices entre les établissements porcins et les habitations avoisinantes qui impose des règles pour amoindrir les effets négatifs des odeurs (et que l'UPA juge toujours abusive). Le gouvernement confirme ainsi l'esprit de la Loi 184 et décrète que la zone agricole est réservée à l'agriculture. En conséquence, les autres activités communautaires, commerciales et récréatives doivent se soumettre aux exigences de la Loi 184 et de la Commission de protection du territoire agricole.

Mais c'est partie remise pour les opposants à l'expansion des porcheries. Le 8 juin 2002, le gouvernement du Québec dépose, à la suggestion du ministère de l'Environnement, la *Loi portant restrictions relatives à l'élevage de porcs*, visant surtout à calmer les longues et patientes batailles organisées par des groupes de citoyens. Cette loi décrète un moratoire de 24 mois sur tout nouveau projet de construction ou d'agrandissement d'une production porcine à l'échelle du Québec. La FPPQ qualifie de non rationnelles plusieurs mesures du nouveau *Règlement sur les exploitations agricoles* (REA) qui l'accompagne.

En complément du moratoire, le BAPE se voit mandaté par le gouvernement pour tenir des consultations publiques en vue d'établir le cadre du développement durable de la production porcine, en tenant compte à la fois des aspects économiques, sociaux, sanitaires et environnementaux de cette production.

Par contre, toujours en juin 2002, alors que les médias s'intéressent aux conséquences de l'imposition du moratoire sur la production porcine, le gouvernement assouplit sa position et amoindrit finalement son *Règlement sur les exploitations agricoles* (REA). En effet, ce nouveau REA modifie la distance d'épandage en bordure des cours d'eau et la fait passer de 30 mètres à 3 mètres, ce qui va à l'encontre de tous les efforts de protection des berges et des cours d'eau et de tous les efforts de réduction des impacts majeurs de la pollution diffuse[19] ! De plus, le gouvernement adopte la Loi 106 par laquelle il accorde deux nouveaux pouvoirs aux municipalités : elles peuvent établir un nombre maximal d'animaux pour une activité dans une zone et autoriser au cas par cas une activité dans une zone où, à priori, elle est interdite par leur règlement de zonage. Ce pouvoir peut aussi être exercé par la MRC dans le cadre d'un *Règlement de contrôle intérimaire* (RCI). C'est la voie que recommande de suivre la Fédération des municipalités du Québec.

De fait, la MRC peut donner un avis de motion en vue de l'adoption d'un *Règlement de contrôle intérimaire* sur le contingentement des usages. Cet avis de motion aura pour conséquence de créer un gel d'une durée de quatre mois, de sorte qu'aucun plan de construction ne pourra être approuvé ni aucun permis ou certificat accordé pour l'exécution des travaux ou l'utilisation d'un immeuble à vocation agricole. La Loi 106 impose toutefois aux municipalités l'application de la directive sur les distances séparatrices à partir de juin 2003.

Le 15 septembre 2003, la Commission du BAPE sur le développement durable de la production porcine au Québec dépose son rapport au ministre de l'Environnement, qui le rend public le 30 octobre 2003. La Commission a tenu 132 séances de consultation publique, lu 400 mémoires, rencontré 9 100 personnes venues assister aux audiences et réalisé trois missions à l'étranger. À la suite de ces travaux, les commissaires ont formulé 14 constats, 54 avis et présenté 58 recommandations au gouvernement du Québec. La présidente, Louise Boucher, souligne notamment :

> La Commission estime que certaines de ses recommandations nécessitent que le gouvernement s'y attarde rapidement et elle croit qu'il serait périlleux, sur le plan social, de lever le moratoire, même à l'extérieur des zones d'activités limitées, tant que des gestes concrets ne seront pas posés. Pour la Commission, il est impératif de changer le cadre de décision relatif à la production porcine pour régler les énormes tensions sévissant dans le

---

19. Voir à ce sujet le chapitre 15 de cet ouvrage.

> milieu rural et ainsi éviter la crise sociale. À ce propos, la Commission recommande, notamment, deux mesures qui devraient être mises en place rapidement et qui apparaissent indispensables. Ainsi, dans le cas où un projet de production porcine n'est pas assujetti à la procédure d'évaluation et d'examen des impacts sur l'environnement prévue dans la Loi sur la qualité de l'environnement, la Commission recommande que celui-ci soit soumis à un processus d'analyse des répercussions environnementales et sociales faisant appel à la participation du public. Un tel processus pourrait être appliqué à tous les projets de production porcine nécessitant l'obtention d'un certificat d'autorisation de la part du ministère de l'Environnement. La Commission recommande également de limiter aux pratiques agricoles normales, la protection contre les poursuites civiles accordées aux producteurs agricoles en ce qui concerne les odeurs, les poussières et les bruits inhérents aux activités agricoles. Par ailleurs, la Commission est d'avis que le gouvernement doit permettre à la MRC de jouer pleinement son rôle quant au développement et à la planification des activités agricoles sur son territoire[20].

Il faudra plus de six mois pour que le gouvernement dévoile son plan d'action pour le développement durable de la production porcine au Québec. Ce plan, annoncé le 13 mai 2004, prévoit des actions qui impliquent directement les municipalités. D'une part, l'Assemblée nationale adopte la Loi 54, qui comporte trois mesures précises soit: l'instauration d'un mécanisme de consultation publique obligatoire à l'échelle locale; la possibilité, pour une municipalité, de rattacher certaines conditions à la délivrance du permis de construction d'un établissement d'élevage porcin, afin de limiter les inconvénients d'odeurs associés à cette installation et à en favoriser l'insertion dans le milieu; la possibilité, pour le milieu municipal, de contingenter les élevages porcins en zone agricole. Cette loi, sous la responsabilité du ministère des Affaires municipales et des Régions (MAMR), est sanctionnée le 1er novembre 2004.

Dans les faits, la Loi 54 ne donne aucun pouvoir décisionnel à une municipalité, laquelle est tenue d'accepter sur son territoire

20. Boucher, L., Beauchamp, A., Dumais, M. et Marquis, A. *L'inscription de la production porcine dans le développement durable. Rapport 179*, Québec, Bureau d'audiences publiques sur l'environnement, 2003.

tout projet d'établissement porcin qui a reçu un certificat d'autorisation du MDDEP. Par ailleurs, en concordance avec la Loi 54, le 14 février 2005, le gouvernement modifie ses orientations en aménagement relatives à la protection du territoire et des activités agricoles. Ces modifications visent à donner plus de souplesse au milieu municipal dans l'aménagement de la zone agricole; le gouvernement veut aussi l'outiller afin qu'il soit en mesure de gérer les problèmes de cohabitation sociale qui émergent avec le développement des nouveaux élevages porcins. Une série de directives obligent le producteur de porcs qui demande un certificat d'autorisation au ministère de l'Environnement (MDDEP) à fournir préalablement des informations auxquelles les municipalités n'avaient pas accès auparavant. Ces documents doivent être dorénavant entérinés, non plus par un professionnel du MAPAQ, mais par un agronome membre de l'Ordre des agronomes du Québec. Cependant, les professionnels du MAPAQ peuvent agir comme conseillers techniques.

À la suite de la délivrance d'un certificat d'autorisation pour l'ouverture ou l'agrandissement d'une porcherie, les municipalités doivent tenir, comme l'exige la Loi 54, des assemblées publiques de consultation avant de définir les cinq mesures de mitigation[21] dont elles peuvent se prévaloir pour le développement d'une exploitation porcine sur leur territoire. Loin de régler le problème de l'acceptabilité sociale, ces soirées de consultation sont en réalité des soirées d'information qui ne tiennent aucunement compte des questions et des suggestions de la population avoisinante et qui banalisent d'importantes problématiques sociales, environnementales et économiques.

## Des MRC et des municipalités audacieuses

Nous avons observé que les municipalités et les municipalités régionales de comté (MRC) ne sont pas toutes d'accord avec cette approche législative. Nous pourrions les diviser en deux catégories: celles qui soutiennent le développement de l'industrie porcine et celles qui tentent de limiter au maximum son développement sur

21. Recouvrement de la structure d'entreposage du lisier, incorporation du lisier dans le sol, instauration de distances séparatrices entre une porcherie et la zone habitée, installation d'une haie brise-odeur, usage d'équipements destinés à économiser l'eau.

leur territoire, quitte à présenter au MAMR des résolutions qui dépassent le cadre légal actuel.

C'est ainsi qu'aux élections municipales de novembre 2005, des citoyens militant contre les porcheries se sont fait élire un peu partout au Québec, notamment dans les municipalités de Richelieu, Saint-Cyprien-de-Napierville et Saint-Charles-sur-Richelieu. Depuis, ces municipalités ont adopté ou tenté d'adopter des réglementations contraignantes dans le cadre de la limite des pouvoirs qui leur sont dévolus par la Loi sur l'urbanisme et l'aménagement du territoire.

Par ailleurs, des élus et des citoyens ont décidé d'agir contre l'expansion des porcheries en les encadrant au sein du schéma d'aménagement de leur municipalité régionale de comté. Mais la Loi sur l'aménagement et l'urbanisme dit que le schéma d'aménagement d'un territoire doit être conforme aux règlements et aux lois sous la responsabilité du MAMR. Il ne peut aller au-delà de ces directives, à défaut de quoi il est rejeté. C'est ce qui s'est passé dans toutes les MRC qui ont adopté un schéma d'aménagement qui allait au-delà des normes concernant les distances séparatrices et l'aménagement d'exploitations agricoles à caractère industriel.

Sans un schéma d'aménagement entériné, les élus sont limités à l'adoption d'un Règlement de contrôle intérimaire (RCI) qui sert, comme son nom l'indique, à réglementer pour une période limitée (en attendant l'adoption du schéma d'aménagement du territoire) un usage du territoire. C'est donc en demandant l'adoption d'un RCI que les opposants tentent de contrôler pour au moins quelques mois l'expansion des porcheries. Le RCI évite le flou juridique.

Dans certaines régions du Québec, des expériences de négociations ont donné lieu à l'adoption de RCI qui ont fait consensus social, puisque les élus ont pris en compte l'intégralité de la vie économique et les attentes sociales de leur territoire. Par exemple, à la MRC de Témiscouata dans le Bas-Saint-Laurent, 18 maires contre 2 ont adopté le 8 mai 2006 un RCI qui veut préserver la vocation touristique et les grands lacs de son territoire:

> Les attendus font état de la responsabilité de la MRC de gérer les odeurs, de protéger le territoire caractérisé par de grands lacs, des terres en pente et une vocation de tourisme de plein air de plus en plus marquée et de ne pas compromettre les investissements et les efforts qu'elle s'apprête à consacrer à la restau-

ration des cours d'eau et des lacs. Bien que la responsabilité de la qualité de l'eau et la capacité de support relèvent du ministère de l'Environnement, de l'agronome responsable du PAEF, la MRC veut ainsi éviter une prolifération désordonnée de porcheries et de conflits de cohabitation et assurer une bonne gestion de son territoire et de ses bassins hydrographiques[22].

La résolution de la MRC a été refusée par le MAMR qui demande qu'on lui apporte des modifications pour la rendre conforme à la législation québécoise, ce à quoi les élus s'opposent :

> Nous allons défendre notre RCI jusqu'au bout et nous nous préparons à une série de négociations avec le MAMR. Nous comprenons que le règlement du ministère de l'Environnement (MDDEP) n'est pas adéquat et ne prend pas en compte les besoins de protection de l'environnement et de la paix sociale sur notre territoire. Nous avons une géographie qui présente des collines avec pentes de plus de 9 % et nous gérons 10 bassins hydrographiques. Il est de notre responsabilité d'avoir une vision globale de notre territoire[23].

Dans la MRC de Kamouraska, à la suite d'une chaude bataille d'une année et demie entre les citoyens et les producteurs porcins, soutenus par l'UPA, le RCI définit que tout nouvel élevage porcin doit être établi sur litière[24]. Le règlement a également été rejeté par le ministère des Affaires municipales et des régions. Un deuxième RCI, issu d'un compromis, a été déposé au MAMR et est en attente d'approbation.

Dans quelques autres cas, des municipalités jugent que la seule mesure de protection véritable contre les effets négatifs de l'expansion des porcheries se situe sur le plan de la réglementation municipale, dans le cadre de leur juridiction – qui doit évidemment être elle-même conforme aux réglementations adoptées par la MRC. C'est en croyant en ce pouvoir législatif que la municipalité de Saint-Charles-sur-Richelieu a adopté trois règlements restrictifs pour toute nouvelle installation et tout nouvel agrandissement

---

22. Règlement de la MRC de Témiscouata intitulé : RCI-0306 relatif à la gestion des élevages à forte charge d'odeurs en milieu agricole sur le territoire de la MRC de Témiscouata.
23. *Ibid.*
24. Voir les chapitres 11 et 18 de cet ouvrage.

d'élevage d'animaux à forte charge d'odeur. Ces règlements couvrent un très large éventail de conditions. Par exemple, pour obtenir un permis de construction, la municipalité impose au promoteur l'obligation de faire accepter les plans par un architecte, la réalisation d'un plan topographique du territoire, la présentation d'un dossier comprenant des photos aériennes de localisation du projet, une analyse de l'état initial du site et de son environnement et la préparation d'une étude par un ingénieur attestant la conformité des installations de traitement des eaux usées proposées. De plus, les règlements exigent une série de documents pour connaître la force des vents, des ententes pour les épandages sécuritaires du lisier et la garantie de l'existence d'une police d'assurance en responsabilité environnementale.

Les citoyens d'autres municipalités, comme celle de Saint-Marc-sur-Richelieu, ont tenté (jusqu'ici en vain) de convaincre le maire (agriculteur) et le conseil (composé également en partie d'agriculteurs) de suivre l'exemple de Saint-Charles, dont la réglementation a été jugée légale au terme d'une étude juridique. Dans ce dossier, on observe aisément que les choix municipaux sont tributaires des pouvoirs en place et des intérêts qu'ils servent.

## 2005-2010: vers une agriculture durable

Il n'est pas exagéré de dire que les éleveurs de porcs du Québec, aux prises avec une crise structurelle récurrente, perçoivent toutes ces contraintes réglementaires, adoptées dans un esprit de protection de l'environnement et de la santé publique, comme des entraves à la survie économique de leur entreprise. C'est pourquoi ils sont généralement braqués contre les initiatives municipales et citoyennes.

Sans nier la nécessité d'adopter des pratiques d'élevage plus écologiques, la Fédération des producteurs de porcs et certains producteurs en particulier, souhaitent faire accepter leurs propres définitions d'une agriculture durable, de préférence à celles qui sont véhiculées par les différents ministères impliqués dans le dossier, tant au gouvernement du Québec que du Canada, ou par des groupes de citoyens, d'autant plus que la définition du développement durable n'est pas au même diapason dans tous les ministères.

Comparons, à titre d'exemple, quelques définitions d'une production porcine et agricole durable. Pour la Fédération des producteurs de porcs du Québec, l'aspect économique est prioritaire:

> ...une agriculture viable économiquement, respectueuse de l'environnement et acceptée socialement [...] la définition du développement durable proposée par cette Consultation publique débute par les termes « processus continu d'amélioration ». La Fédération y croit et est prête à y contribuer positivement, dans la mesure où le principe ici commenté de l'efficacité économique est réellement pris en compte dans l'élaboration des politiques et des programmes gouvernementaux[25].

La FPPQ émet des réserves lorsque le développement durable met en valeur le principe de précaution, pourtant pièce maîtresse de ce concept :

> La Fédération demande au gouvernement d'être prudent dans la mise en application du principe de précaution, tout en étant en accord avec le principe d'absence de certitude scientifique. En effet, la Fédération craint que le concept de précaution ne soit utilisé de façon exagérée pour répondre aux préoccupations des citoyens et des communautés en regard des risques sur la santé et l'environnement [...] Dans ce contexte, la Fédération souhaite que le gouvernement préconise plutôt le concept de la gestion du risque[26]...

Du côté du MAPAQ, le développement durable, tel que défini dans les stratégies et les priorités d'action 2005-2008, met sur un même pied le développement économique et régional, la sécurité des aliments et la santé animale, la protection de l'environnement et la cohabitation harmonieuse, les relations fédérales-provinciales et commerciales, la modernisation et la qualité des services. Pour y parvenir, le ministère s'est fixé des objectifs chiffrés et datés. Dans l'axe qui nous intéresse, soit la cohabitation sociale harmonieuse et la protection de l'environnement, nous observons que le MAPAQ entend accompagner les exploitations pour que 60 % d'entre elles se conforment à la réglementation agroenvironnementale d'ici 2010. De plus, un soutien sera apporté pour la réduction à la source

---

25. Fédération des producteurs de porcs du Québec. *Miser sur le développement durable: pour une meilleure qualité de vie.* Saint-Georges-de-Beauce, Mémoire présenté par la Fédération des producteurs de porcs du Québec dans le cadre de la consultation publique: Plan de développement durable du Québec, 2005, p. 3.
26. *Ibid.*, p. 4.

de la pollution diffuse et le stockage du lisier (objectif de rejoindre 87 % des exploitants agricoles globaux). En matière de protection de la qualité des eaux de surface et souterraines, aucune modification n'est prévue toutefois à l'analyse ferme par ferme. Le MAPAQ entend investir dans le soutien de la recherche et du développement d'outils de traitement du lisier et de la valorisation des sous-produits.

De son côté, le ministère de l'Environnement mise sur les *Orientations gouvernementales sur le développement durable de la production porcine* adoptées en 2004 pour atteindre ses objectifs de développement durable. Il s'appuie, entre autres, sur les changements exigés par l'application de la Politique de l'eau au Québec, pour amener les exploitants de fermes porcines à s'inscrire dans une perspective de développement durable.

> Parmi les conditions favorisant l'ajustement des politiques agricoles aux impératifs de développement durable, quelques éléments clés apparaissent se démarquer plus particulièrement. D'abord, il s'avère primordial de développer une vision intégrée de l'ensemble des politiques agissant sur le secteur agricole, et ce, afin d'assurer que chacune des pièces constituant la politique agricole n'engendre pas des effets qui pourraient aller à l'encontre de l'une des trois dimensions du développement durable. Puis, comme l'a illustré la Commission du BAPE avec les 58 recommandations de son rapport, une stratégie de développement durable en agriculture repose nécessairement sur une diversité de moyens et d'interventions agissant tant sur les dimensions économique, qu'environnementale et sociale. Enfin, une expression forte de leadership public et institutionnel en faveur de la primauté du développement durable représente un facteur important afin de mobiliser les acteurs et de susciter leur adhésion aux changements requis pour relever ce nouveau défi[27].

---

27. Boutin, D. *Réconcilier le soutien à l'agriculture et la protection de l'environnement : tendances et perspectives.* Communication présentée au 67e Congrès de l'Ordre des agronomes du Québec Vers une politique agricole visionnaire. http://www.mddep.gouv.qc.ca/milieu_agri/agricole/publi/tendance-perspect.pdf (11 juin 2004).

Le défi ne fait que commencer. Avec la mise en œuvre de la Loi 118, chaque ministère et organisme gouvernemental devra analyser, définir et développer un plan de mise en œuvre du développement durable dans son mode de fonctionnement. Il sera ensuite nécessaire d'arrimer ces plans d'action les uns aux autres.

Enfin, en février 2007, le gouvernement lançait à nouveau sur les routes du Québec une Commission pour l'avenir de l'agriculture et de l'agroalimentaire québécois. D'une part, des citoyens engagés contre l'expansion de la production porcine industrielle ainsi que des groupes sociaux et environnementaux ont fait valoir leurs définitions d'une agriculture durable (ou responsable). D'autre part, l'Union des producteurs agricoles a défendu ses acquis et demandé davantage de soutien législatif et financier pour affronter l'effondrement des prix à la suite de l'ouverture des marchés commandée par l'Organisation mondiale du commerce. Il sera assurément intéressant de voir comment les gouvernements du Québec et du Canada introduiront ces propositions et tiendront compte de ces tensions dans les législations futures.

### UN ENJEU DE DÉMOCRATIE

*Johanne Dion et Holly Dressel*
Sierra Club Québec – Groupe Hog

Il nous semble évident que notre société est mal équipée pour permettre aux citoyens de résoudre leurs conflits avec les producteurs industriels de porcs. Cela tient à deux causes: le manque d'autonomie des municipalités et la difficulté d'accès aux tribunaux.

D'abord, trop de décisions sont prises à Québec. Et, pourtant, le développement durable requiert que tous les paliers de gouvernement (tous ceux qui taxent les citoyens) soient autonomes quant à leur capacité de gérer leurs champs de compétence. Les municipalités sont responsables, entre autres, de leur territoire et des activités sur celui-ci. Il y a une leçon de démocratie qui semble échapper à nos élus.

Également, les lois environnementales offrent aux citoyens très peu de recours devant les tribunaux en ce qui concerne les atteintes à la santé publique, dont celles qui affectent leurs

Il serait temps d'instaurer un cours de citoyenneté 101 manquant à notre programme scolaire. Ainsi, tous auraient une formation de base sur la façon dont les lois sont élaborées et dont les tribunaux opèrent. L'action citoyenne correspond essentiellement à un exercice de démocratie.

La mondialisation a entraîné une perte de souveraineté des États et les corporations derrière les fermes industrielles ont eu le beau jeu pour museler les élus municipaux en se servant d'une réglementation provinciale complexe, hostile aux changements. À preuve, les fermes industrielles ont obtenu récemment du gouvernement du Québec un moratoire sur toute nouvelle réglementation environnementale affectant le secteur agricole jusqu'en 2010.

C'est tout le contraire en Europe. Dès la fin des années 1990, les États européens ont adopté des politiques sévères visant la réduction de la taille des fermes porcines industrielles. Par ailleurs, huit États américains ont déjà banni ou fortement découragé les méga-porcheries. Ces États américains ont dû avoir recours à tout un arsenal de lois avant de parvenir à décourager les fermes industrielles. Par exemple, la Floride a dû adopter une réglementation très restrictive sur les cages d'animaux. La Caroline du Nord, quant à elle, a réagi quand la menace de contamination des nappes phréatiques est devenue trop alarmante. Plus près de nous, le Manitoba, cherchant à protéger les eaux du lac Winnipeg, vient de décréter à son tour un moratoire sur les méga-porcheries. Le Québec devrait certainement suivre ces exemples.

## Chapitre 2

# Portrait économique

*De plus en plus cher,*
*de plus en plus précaire !*

Selon l'Organisation de coopération et de développement économiques (OCDE), « le porc représente près de 40 % de la consommation de viande dans le monde et se caractérise, en tant qu'animal d'élevage, par un excellent rendement par rapport aux aliments qu'il ingère[1]. » L'OCDE estime que la production de porcs devrait augmenter de 20 % d'ici 2020 pour répondre à la demande des consommateurs. Cette hausse de la production se réalisera principalement dans les pays dits émergeants, à savoir le Brésil, le Chili, le Mexique, la Chine et quelques pays d'Europe Centrale, dont la Pologne.

Pas étonnant qu'au moment d'esquisser ce portrait, plusieurs producteurs du Québec envisagent l'avenir avec passablement moins d'optimisme. L'économie du porc est en crise au Québec pour une énième fois en 25 ans. À l'automne 2006, le prix payé aux

---

1. Organisation de coopération et de développement économiques. *Agriculture, échanges et environnement : le secteur porcin.* http://www.oecd.org/document/31/0,2340,fr_2649_33791_17254303_1_1_1_1,00.html (24 septembre 2006).

producteurs québécois était en constante diminution en comparaison avec le prix offert aux producteurs de l'Ontario et des États-Unis. Cette situation étouffe particulièrement les éleveurs indépendants propriétaires de fermes familiales. Ces derniers sont pris dans un engrenage financier dont les paramètres sont déterminés par les gros joueurs du marché qu'on a l'habitude de regrouper sous l'appellation d'intégrateurs.

Prenons quelques lignes pour définir ce qu'est un intégrateur. En fait, il existe très peu d'intégrateurs au sens absolu du mot, c'est-à-dire d'entrepreneurs qui contrôlent toute la chaîne de production, de la semence à l'assiette. Cette définition stricte est l'apanage des multinationales comme l'américaine Smithfield Foods[2], l'une sinon la plus imposante des entreprises du monde dans le domaine du porc. Les intégrateurs québécois sont différents, car ils ne sont pas propriétaires de supermarchés ni, pour ainsi dire, producteurs de semences. Par contre, leur philosophie de travail et du profit est la même.

Nous diviserons néanmoins les intégrateurs québécois en deux catégories : les intégrateurs complets et les intégrateurs partiels. L'entreprise familiale privée Les Fermes F. Ménard constitue ce que nous pourrions appeler un intégrateur complet, car l'entreprise détient à la fois des meuneries, des fermes d'élevage, l'abattoir Agromex, qui fait de la découpe et aussi de la transformation ; F. Ménard est aussi propriétaire de La Boucherie 235, qui produit plus de 22 saveurs de saucisses. Il en est de même pour Aliments

2. Durant l'année fiscale 2006, Smithfield Foods a déclaré des recettes fiscales de 11 milliards de dollars. Les fermes de l'entreprise ont élevé 14 millions de porcs, ce qui représente 13 % du marché national des États-Unis. Par contre, les abattoirs Smithfield reçoivent 27 millions de porcs qui sont ensuite transformés et vendus dans les supermarchés appartenant à l'entreprise, sous une multitude de noms de marques différents. L'entreprise détient aussi des fermes porcines en Roumanie, en Pologne, en France et est partenaire d'entreprises au Portugal, au Benelux, au Brésil, au Mexique, en Espagne et en Chine. Des investissements sont actuellement engagés pour atteindre une production annuelle de 3,6 millions de porcs en Roumanie et 2 millions de porcs en Pologne, d'ici cinq ans. L'entreprise produit aussi 2 millions de bœufs par année aux États-Unis. Il s'agit du plus important producteur de poulets en Pologne. Pour plus de détails : www.smithfieldfoods.com.

Breton Canada Inc., une autre entreprise familiale qui se présente comme un chef de file de l'industrie agroalimentaire spécialisé dans les productions avicole et porcine, l'abattage et la transformation de viande de porc, la charcuterie et les mets préparés, la génétique porcine et l'alimentation animale. L'entreprise est propriétaire de fermes porcines dans le Bas-Saint-Laurent et d'un centre de distribution de charcuteries et de mets préparés à Saint-Bernard de Kamouraska. Aliments Breton est propriétaire des entreprises Génétiporc (spécialisée dans la sélection, la production et la commercialisation de sujets reproducteurs pour l'industrie porcine), Les viandes duBreton (un important producteur et transformateur de porc sans antibiotiques en Amérique du Nord) et les Spécialités Prodal qui vendent plus de 200 charcuteries et mets préparés sous les marques duBreton, Paysan et Tradition 44. L'entreprise prétend élever du porc biologique, mais les méthodes d'élevage utilisées ne sont pas nécessairement approuvées par les organismes de certification biologique.

Groupe Robitaille fonctionne aussi en intégration verticale. L'entreprise détient des terres en Montérégie pour la production de maïs et de soya qui est ensuite vendue aux Meuneries Robitaille qui, elles, alimentent en moulée les Fermes d'élevage Robitaille (porcs et poulets) et les producteurs porcins indépendants qui fonctionnent selon un cahier de charge défini par Les Aliments Lucyporc, qui s'occupe principalement de l'abattage et de la découpe de la viande[3].

De son côté, Olymel, une société en commandite dont les principaux bailleurs de fonds sont la Coopérative fédérée du Québec, la Société générale de financement du Québec, ainsi que de nombreuses sociétés à numéro, n'est pas considérée comme une entreprise d'intégration au sens strict du terme puisqu'elle n'est pas propriétaire des porcs qu'elle abat. Par contre, Olymel commercialise les animaux pour faire fonctionner ses abattoirs : elle détient des salles

3. Maple Leaf Foods a déjà été un actionnaire important de Aliments Lucyporc, mais la multinationale annonçait à la fin de 2006 son retrait des abattoirs pour se concentrer sur la transformation. Elle détenait aussi des fermes d'élevage et des meuneries au Québec commercialisées sous le nom de Shur-Gain. Cette filiale a été vendue à la fin du mois de mai 2007 à la multinationale néerlandaise Nutreco Holding N.V. Par la suite, la division animale de Nutreco Holding N.V., connue sous le nom de la filiale Euribrid, a été vendue en juin 2007 à la multinationale Groupe Hendrix Genetics.

de découpe et de transformation des viandes, de la machinerie, des entrepôts frigorifiques, des immeubles et des centres de distribution. Les porcs lui sont fournis principalement par un réseau de coopératives régionales (par exemple, les coops Purdel, Dynaco, Nutrinor, Coop agricole de la Seigneurie, Comax, La Société coop agricole des Bois-Francs) qui agissent de façon exclusive et qui sont toutes affiliées à la Coopérative fédérée qui, elle aussi, est propriétaire de meuneries et de fermes d'élevage en plus d'être gestionnaire d'un cahier des charges de production que les fermes sous contrats ont l'obligation de suivre (Porc-Coop). Il faut aussi compter que les coopératives régionales en mènent large dans les régions et par l'intermédiaire des producteurs-sociétaires, elles détiennent des terres, des meuneries, des centres d'insémination, des fermes d'élevage et des abattoirs. En ce sens, Olymel/Coop Fédérée est aussi un intégrateur complet.

Par ailleurs, d'autres grandes entreprises familiales agissent comme des intégrateurs, même si elles ne contrôlent que partiellement la filière de production. Nous pourrions également inclure dans les rangs des intégrateurs partiels les Fermes Côté-Paquette (meuneries-élevages). Également, l'entreprise Agri-Marché, détenue par la famille Brochu, fournit des moulées, offre un service d'expertise en génétique et de production de semences animales, et détient des fermes d'élevage de porcs, tout en passant des ententes avec des éleveurs (associée à Olymel pour l'abattage des porcs). Aliments Asta, dans le Bas-Saint-Laurent, fait de l'abattage et de la découpe de viandes de porc, mais pas d'élevage. En fait, plusieurs entreprises se spécialisent dans une étape de la production, soit la production de semences animales par insémination artificielle, soit la fourniture de moulées, soit l'abattage, soit la transformation. Certaines n'ont pas pu résister aux difficultés de l'industrie. Par exemple, Le Regroupement coopératif Qualiporc (propriétaire d'un abattoir et associé à une entreprise de vente de viande de porcs pour l'exportation – Viandes Tradeco) s'est placé au printemps 2007 sous la protection de la Loi sur les faillites, laissant aux 116 investisseurs associés une dette lourde à porter et une grande frustration quant au soutien qu'ils auraient dû obtenir de la part de la Fédération des producteurs de porcs et de l'Union des producteurs agricoles.

Ces intégrateurs québécois sont les premiers à profiter de l'assurance stabilisation des revenus agricoles (ASRA). Ils soutiennent que le taux de change du dollar canadien, combiné à la baisse des abattages qui a suivi le moratoire en 2002 (terminé pour plusieurs producteurs depuis l'automne 2004) et à la baisse de production due à la maladie des porcelets (syndrome du dépérissement post-sevrage) sont les principales causes de la chute des prix du porc[4]. Certains observateurs du marché prétendent plutôt que les prix seraient plus bas au Québec notamment à cause des compensations versées par le programme d'assurance stabilisation des revenus agricoles (ASRA).

Selon nous, les problèmes de l'industrie porcine, tous interreliés, sont à la fois plus amples, plus complexes et plus diversifiés que le laissent croire les raisons habituellement évoquées : ils résulteraient d'abord d'une offre supérieure à la demande. Il se produirait trop de porcs au Québec par rapport à la capacité d'équilibrer le nombre de bêtes abattues et leur vente à un prix compétitif sur les marchés intérieurs et étrangers.

Par ailleurs, depuis quelques années, la viande de porc canadien ne se démarque plus sur les marchés internationaux. Tous les éleveurs du Québec, du Canada, des États-Unis et des pays en émergence utilisent les mêmes souches génétiques animales et approximativement les mêmes recettes de moulée, si bien que le porc canadien requiert le même temps de croissance que le porc américain, et que sa viande a le même goût ; il n'y a donc plus de produit québécois spécifique à offrir sur les marchés d'exportation, ce qui est reconnu par la Table filière porcine du Québec.

Autre élément déstabilisant : la Coopérative fédérée du Québec a tenté avec peu de succès de se donner de nouveaux outils financiers pour maintenir ses parts de marché vis-à-vis des multinationales américaines, dont Smithfield Foods, qui, contrôlant toutes les étapes de production et de mise en marché, peut transférer divers coûts à des filiales. C'est ainsi que la pression sur les bénéfices s'accroît et, au moment d'écrire ces lignes, des dizaines de producteurs, indépendants et associés, ne savent pas comment la Coopérative fédérée évitera de les entraîner dans ses déboires financiers. Des rumeurs venant du milieu agricole laissent entendre qu'un plan de redressement est en cours et que celui-ci inclut des investissements

---

4. Boutin, M. « Le porc québécois est malade », *La Terre de Chez Nous*, vol. 77, n° 38, 2006, page 7.

majeurs dans des pays du sud, comme au Brésil et en Argentine. Pire, le soutien apporté pour éviter la perte de contrôle des investissements d'Olymel et de la Coopérative fédérée du Québec a lancé au Québec un message biaisé auprès des investisseurs quant à la capacité d'abattage du nombre de têtes. Ceci a fait un tort considérable aux petites entreprises (coop et privées), plus connectées à leur milieu régional, qui, elles, avaient des ambitions de niche prometteuses. Le cas de la Coopérative Qualiporc est probablement le plus frappant.

Enfin, les producteurs québécois ont sous-estimé la capacité des pays comme le Chili, le Brésil, la Chine, et surtout les États-Unis d'accaparer non seulement leurs marchés d'exportation traditionnels mais aussi leur marché intérieur. Car, loi du marché oblige, les grandes entreprises de distribution agroalimentaires et leurs supermarchés choisissent le meilleur prix (peu importe que ce soit un prix de dumping) comme premier critère, avant de considérer l'origine du produit à placer dans les comptoirs réfrigérés.

En conséquence de l'accumulation de toutes ces difficultés, la production porcine initialement développée dans les années 1970 par des producteurs locaux qui étaient fiers de leurs fermes familiales est en train de transformer les agriculteurs en simples ouvriers dépendant de décisions économiques qui leur échappent, puisqu'elles ont été prises par les gouvernements et des multinationales aux niveaux national et international ; même les intégrateurs québécois peinent à contrôler leur place dans le vaste marché mondial.

Parce que l'industrie porcine est considérée comme un secteur de production phare du Québec, des questions majeures se posent. En quoi la chute des revenus et la perte de l'autonomie des fermes familiales dans ce secteur agricole pourraient-elles déterminer l'avenir de l'agriculture au Québec ? Comment cette dégringolade financière de la production porcine industrielle met-elle en danger la sécurité et la souveraineté alimentaires des Québécois ?

Dans ce portrait, nous tenterons de comprendre le complexe écheveau économique de la production porcine au Québec et les causes de sa quasi faillite actuelle. Nous devons prendre en compte le fait que la situation économique de l'industrie porcine connaît une constante évolution. Ainsi, personne ne peut prédire les impacts négatifs ou positifs résultant du bras de fer qui s'est joué entre Olymel et ses travailleurs syndiqués de la Beauce en 2007. Il est donc essentiel de prendre en considération que certaines données statistiques présentées dans ce portrait peuvent être déjà caduques au moment de leur publication. Nous invitons donc le lecteur à consulter les sites Internet de la Financière agricole du Québec, de Financement agricole Canada et de la Table filière du porc du Québec, de même que celui de groupes de citoyens, dont celui de la Coalition citoyenne Santé et Environnement[5] pour obtenir des données économiques actualisées.

## Un porc pour chaque Québécois

Une enquête portant sur la structure financière des fermes porcines réalisée par Statistique Canada[6] a permis d'apprendre qu'au 1er janvier 2006, les éleveurs canadiens dénombraient 14,5 millions de porcs dans leurs fermes, soit 1,2 % de moins qu'à la même période en 2005 et 2,8 % de moins qu'à l'automne 2004 (les évaluations statistiques sont réalisées à chaque trimestre). Au Québec, toujours en janvier 2006, les fermes porcines abritaient 4,2 millions de porcs, se classant du même coup au premier rang des provinces productrices pour le trimestre, devant l'Ontario qui en comptait 3,6 millions et le Manitoba, 2,9 millions. Si, en 2005, le nombre de porcs a diminué durant les derniers trimestres, la cause est largement attribuée à l'épidémie de circovirus (syndrome de dépérissement postsevrage) qui a tué des milliers de porcelets. Il faut toutefois observer que le nombre total de porcs a augmenté globalement depuis le 1er janvier 2000, alors que les producteurs de porcs québécois élevaient en moyenne 3,9 millions de têtes par trimestre. Selon les données de Statistique Canada, le moratoire imposé à la production porcine en juin 2002 et qui s'est prolongé jusqu'en décembre 2005, n'a pas diminué le cheptel : celui-ci a atteint un sommet de 4,4 millions de porcs au 1er octobre 2002, avant de redescendre à une moyenne de 4,3 millions de têtes par trimestre en 2003, pour finalement se stabiliser autour de ce volume dans les années subséquentes.

Selon des données compilées par des groupes de citoyens comme la Coalition citoyenne Santé et Environnement et confirmées par la

5. Voir références en fin de volume.
6. Statistique Canada. *Statistiques de porcs*. Coll. « No 23-010-XIF », nº 5, Ottawa, Gouvernement du Canada, Division de l'agriculture, 2006.

Table filière porcine du Québec, on a noté une augmentation du nombre de porcs abattus, s'élevant à 7 752 388 en 2004. Le cheptel actuel se serait stabilisé autour de 7,2 millions de porcs abattus, desquels environ 60 % le sont par les abattoirs appartenant à Olymel.

Ce calcul ne tient pas compte du nombre de porcs vivants exportés, nombre qui aurait été en hausse en 2005 et 2006[7]. Selon l'agence de promotion des exportations de l'industrie du porc, Canada Porc International, il s'est vendu 772 594 tonnes de porcs frais/réfrigérés/congelés en 2005. On estime qu'au moins 60 % des porcs engraissés au Québec[8] sont destinés à l'exportation dans plus de 130 pays, dont les États-Unis, notre principal partenaire commercial en matière agroalimentaire. Les exploitants québécois vendent aussi des carcasses non transformées au Japon, en Chine et au Mexique[9].

D'autre part, toujours selon Statistique Canada, au 31 décembre 2004, le Canada comptait 5 425 exploitations porcines; la valeur nette de chacune d'entre elles se chiffrait en moyenne à 1 188 847 $, alors que les revenus nets moyens annuels étaient de 79 616 $. Au Québec, 1 580 exploitations (certaines pouvant compter plusieurs établissements) valaient en moyenne 1 564 175 $ et rapportaient des revenus nets de 67 006 $. Ces revenus étaient en hausse comparés à ceux de l'an 2002, soit en moyenne 48 686 $ pour chacune des 1 690 fermes d'alors.

En 2006, selon les données de la Fédération des producteurs de porcs du Québec (FPPQ), le Québec comptait quelque 3 000 fermes porcines. Chaque établissement regroupait en moyenne 2 000 porcs par trimestre et les plus grandes superficies peuvent accueillir jusqu'à 8 000 têtes à la fois. Cette production se concentre dans

---

7. Signalons que cette donnée est approximative car les entreprises ne sont pas tenues de la rendre publique.
8. Ce pourcentage est stable depuis quelques années et se retrouve dans plusieurs documents de la Table filière du porc du Québec et dans les médias, sans qu'il nous soit néanmoins possible de vérifier la méthodologie utilisée pour le calcul, celle-ci n'étant pas présentée.
9. Préfontaine, S. « Les défis de l'agriculture de demain », Communication présentée lors du colloque *L'entrepreneur gestionnaire : choix d'aujourd'hui, agriculture de demain*, organisé par le Centre de référence en agriculture et agroalimentaire du Québec, Drummondville, 24 novembre 2005. http://www.agrireseau.qc.ca.

trois régions administratives qui accueillent 77 % du cheptel porcin, soit Chaudière-Appalaches, Montérégie et Lanaudière.

Globalement, au cours de la dernière décennie, les revenus de l'industrie porcine ont connu une augmentation substantielle, notamment à cause de l'évolution des modes de production et de l'introduction des technologies au sein des exploitations. Des études menées par le MAPAQ ont montré que la rentabilité des entreprises passait par la gestion des déjections sous forme liquide, une pratique qui a été adoptée par 98 % des producteurs porcins.

## Le porc : fleuron de la balance commerciale québécoise

Comme nous l'avons déjà vu dans le portrait politique, avant les années 1960, 40 % des porcs étaient produits sur des fermes multifonctionnelles où cohabitaient une diversité d'animaux destinés à nourrir la famille et la région immédiate.

Dans la décennie qui a suivi, les agriculteurs ont été encouragés à se spécialiser par les ministères de l'Agriculture du Canada et du Québec, et par des multinationales commercialisant des intrants chimiques, des semences certifiées et des équipements aratoires perfectionnés. Ainsi, à partir des années 1970, la production porcine s'est professionnalisée. De 1974 à 1981, la production est passée de 2 à 4 millions de porcs, pour se stabiliser autour de 7 500 000 porcs en 2003, soit près du quart de la production canadienne qui était alors évaluée à 30 millions de porcs par année. Cette hausse spectaculaire a été soutenue par une stratégie de conquête des marchés développée par les producteurs porcins, l'UPA ainsi que par les gouvernements du Québec et du Canada.

Il faut se remémorer le contexte. En 1988, le Québec était un fervent promoteur de l'Accord de libre-échange nord-américain (ALENA) et a applaudi la signature du traité avec les États-Unis. Au début des années 1990, le Québec a suivi la vague « économique » qui déferlait alors sur l'Occident. En 1995, l'Organisation mondiale du commerce prenait le relais du GATT, lequel concluait un cycle de huit années de négociations avec le Cycle de l'Uruguay en introduisant de nouvelles règles de commerce en matière d'agriculture. Les pays, dont le Canada, ont eu à ouvrir leurs frontières à certaines denrées agricoles en provenance de l'étranger.

Voyant venir cette libéralisation des marchés, les grands producteurs de porcs québécois (les intégrateurs complets), la Coopérative fédérée du Québec et l'Union des producteurs agricoles du Québec ont habilement convaincu le gouvernement du Québec, dès 1992, de leur apporter le soutien nécessaire pour développer l'exportation de leurs élevages en affirmant, lors du Sommet « La conquête des marchés », qu'ils étaient prêts à relever le défi. La logique économique était simple : puisque les productions laitières et avicoles (œufs, poulets, dindons et autres volailles) étaient développées et protégées en fonction de la gestion de l'offre et de la demande[10], la production porcine, extérieure à ce modèle équilibré, pouvait le mieux profiter de ces ambitions d'exportation.

Selon plusieurs agroéconomistes, la petitesse de la population et l'étendue du territoire, ajoutées au climat qui ralentit des productions agricoles plusieurs mois par année, constituaient des facteurs négatifs pour assurer aux Québécois un niveau de vie aussi élevé qu'ailleurs en Occident. Les exportations ont donc été considérées comme essentielles pour assurer les ressources économiques nécessaires afin d'importer les denrées, les biens et les services pour la production desquels nous étions moins efficients. La production de porcs, qui était bien répartie régionalement et qui était capable d'augmenter rapidement ses cheptels et son rythme d'abattage, est ainsi apparue comme l'un des cinq secteurs disposant d'une balance commerciale positive.

Il est vrai que cette balance commerciale (qui stagnait entre 1990 et 1997) a connu une progression constante après la Conférence sur l'agriculture et l'agroalimentaire québécois de 1998, au cours de laquelle le gouvernement de Lucien Bouchard a fixé l'objectif de doubler les exportations agroalimentaires entre 1998 et 2005.

L'industrie porcine québécoise a profité de cette ouverture pour augmenter sa compétitivité et a obtenu le soutien financier et législatif pour hausser sa production. Tant et si bien qu'en 2005, sa valeur marchande était évaluée à 3,1 milliards de dollars. Sa valeur d'exportation, toujours au niveau du Québec, représentait 890 millions de dollars et s'élevait même à 1,654 milliards de dollars en considérant les ventes à l'Union Européenne des 25. Cette somme a fait de la production porcine le premier secteur en matière d'exportations de produits bioalimentaires au Canada. Sur un total net de 3,729 milliards de dollars en exportation, le porc et ses produits

---

10. Voir le chapitre 15 de cet ouvrage.

dérivés comptaient pour 1,035 milliard de dollars canadiens en 2004, grâce à une production de 7 200 000 porcs[11]. Une analyse pointue de ces bénéfices d'exportation, menée par la Coopérative fédérée et présentée dans son mémoire à la Commission sur le développement durable de la production porcine du BAPE en 2003, lui permet d'ailleurs d'affirmer que cette production est la seule susceptible d'assurer une stabilité économique au Québec :

> Comme nous pouvons douter que les consommateurs québécois ne cesseront pas de consommer des vins d'importation et du café, ou encore de consommer des légumes hors saison, il faut se rendre à l'évidence que le Québec n'a d'autres choix que de produire un excédent commercial de 800 millions de dollars dans tous les autres secteurs (à l'exception du porc). Cela ne saurait être une mince tâche. À l'exclusion du porc et du cacao, il y a huit autres secteurs qui exportent pour plus de 100 millions de dollars (fruits et légumes, boissons, aliments divers, produits laitiers, produits céréaliers, bœuf, produits marins et produits de l'érable). L'effort de tous ces secteurs nous a permis de couper de moitié ce déficit structurel, mais nous avons été incapables, depuis 1997, de le réduire davantage.
>
> La récente décision de l'Organisation mondiale du commerce (OMC) dans le dossier du lait à l'exportation opposant le Canada aux États-Unis et à la Nouvelle-Zélande a pour effet de rendre le défi encore plus difficile. En effet, le secteur laitier enregistrait une balance commerciale positive de près de 100 millions de dollars en 2001. La décision de l'OMC aura pour effet de réduire à sa plus simple expression les exportations de ce secteur névralgique au cours des prochaines années. Non seulement la balance commerciale agroalimentaire québécoise perdra cet excédent, mais le Québec devra continuer d'importer les 120 millions de dollars de produits laitiers, tel qu'il a été convenu lors du Cycle de l'Uruguay. Avec cette nouvelle donnée, le déficit structurel atteindra presque le milliard de dollars. Ceux et celles qui contestent la légitimité des exportations de viandes de porc doivent nous dire comment le Québec devra s'y prendre pour payer sa facture d'épicerie internationale[12].

---

11. Statistique Canada. Statistiques de porcs. Coll. « No 23-010-XIF », n° 5. Ottawa, Gouvernement du Canada, Division de l'agriculture, 2006.
12. Coopérative Fédérée du Québec. *Mémoire de la Coopérative fédérée du*

Évidemment, cette analyse de la Coopérative fédérée ne tient aucunement compte des coûts relatifs aux problèmes socio-environnementaux et à leurs impacts dans d'autres secteurs comme ceux du tourisme et des soins de la santé. Elle ne tient pas compte non plus des importantes subventions nécessaires à la production porcine.

Par ailleurs, même si l'on considère la croissance des bénéfices du secteur porcin, on ne peut taire pour autant l'importante disparité des revenus entre les producteurs porcins, non seulement au Québec et au Canada, mais également dans la plupart des pays industrialisés. En effet, les fermes familiales et indépendantes ne profitent pas de ce contexte financier et leur décroissance se poursuit depuis plusieurs années. Un rapport de l'OCDE[13] portant sur le revenu des familles vivant de l'agriculture en général constatait ce qui suit:

> Les mesures de soutien à l'agriculture n'ont pas permis d'établir l'équité recherchée dans la répartition du revenu agricole et elles bénéficient davantage aux entreprises agricoles les plus grandes, et souvent les plus prospères, qui n'ont pas besoin d'être soutenues. Au Canada, le revenu net moyen des entreprises agricoles se situant parmi les 25 % des exploitations de plus grande taille serait de trois fois supérieur à celui de l'ensemble des entreprises agricoles[14].

Ces disparités économiques sont connues depuis plusieurs années. En 2003, l'une des recommandations du rapport déposé par le BAPE à la suite de la Consultation publique sur le développement durable de la production porcine au Québec proposait que

> tout programme de soutien du revenu des agriculteurs cible des personnes qui travaillent dans une ferme familiale ou à

---

*Québec*. Mémoire présenté lors de la consultation publique sur le développement durable de la production porcine au Québec, Drummondville, BAPE, 28 novembre 2002.

13. Organisation de coopération et de développement économiques. *Agriculture, échanges et environnement: le secteur porcin*, Paris, OCDE, 2003.
14. Boutin, D. *Réconcilier le soutien à l'agriculture et la protection de l'environnement: tendances et perspectives*. Communication présentée au 67e Congrès de l'Ordre des agronomes du Québec Vers une politique agricole visionnaire, 11 juin 2004. http://www.mddep.gouv.qc.ca/milieu_agri/agricole/publi/tendance-perspect.pdf.

dimension humaine, c'est-à-dire une entreprise qui nécessite le travail d'au plus quatre personnes ; ne soit accessible qu'aux personnes physiques, même dans le cas de personnes qui exercent des activités en agriculture par l'intermédiaire d'une personne morale[15].

Paradoxalement, les arguments présentés par l'Union des producteurs agricoles (UPA) ont pour effet de contribuer au maintien de certains privilèges économiques. De plus, l'UPA ne semblerait pas prendre en considération que le mode de fonctionnement qu'elle préconise élimine un nombre sans cesse grandissant de fermes familiales indépendantes.

## Subventions à la surproduction ?

Actuellement, l'industrie québécoise du porc doit composer avec les aléas du marché tant pour les prix de vente des carcasses que ceux des céréales, qui constituent la base de l'alimentation porcine.

Et la situation demeure des plus incertaines pour l'avenir. Les perspectives agricoles des 10 prochaines années, selon une autre étude de l'OCDE[16], auront une influence déterminante sur les revenus nets de l'industrie porcine au Québec. Parmi les facteurs évoqués par l'OCDE, soulignons les suivants : une plus faible croissance de la population québécoise, une hausse de la production agricole mondiale dans les pays émergeants comparativement à la décennie précédente, une augmentation des échanges mondiaux de céréales, un accroissement de la productivité des pays en développement, tels la Chine et le Brésil, et une concurrence plus grande à moyen terme sur les marchés mondiaux des produits de base. S'ajoutent à cela la difficulté à contrôler certaines maladies qui s'attaquent au bétail et qui ralentissent la croissance des échanges de viandes et, enfin, les changements structurels en cours dans le secteur agroalimentaire, sans oublier l'intégration verticale de la production (initiée par les intégrateurs) qui continuera à faire des ravages chez les éleveurs indépendants.

---

15. BAPE, recommandations 26 et 27, 2003, p. 154.
16. Organisation de coopération et de développement économiques. *Agriculture, échanges et environnement : le secteur porcin*. http://www.oecd.org/document/31/0,2340,fr_2649_33791_17254303_1_1_1_1,00.html (24 septembre 2006).

En avril 2006, les producteurs de porcs ont obtenu un paiement anticipé de 42 millions de dollars, correspondant à une partie de la première avance de compensation de l'année 2006 de l'ASRA, normalement prévue pour juillet. La situation étant loin d'être réglée, une autre avance de fonds a été versée à la fin septembre 2006 pour soutenir les producteurs de porcs aux prises avec des pertes importantes dues au circovirus[17]. Cette décision résulte d'un accord entre La Financière agricole du Québec et la Fédération des producteurs de porcs du Québec (FPPQ) qui gèrent le Programme régulier d'assurance-stabilisation des revenus agricoles (ASRA). Par contre, la grogne court parmi les petits producteurs porcins. Des producteurs de porcs indépendants déplorent que La Financière ne réponde pas adéquatement à leurs besoins, même si elle a distribué des avances totales de près de 42 millions de dollars dans les mois précédents. De son côté, le ministre de l'Agriculture de l'époque, Yvon Vallières, a souhaité « donner de l'oxygène » aux producteurs de porcs qui sont aux prises avec le syndrome de dépérissement en postsevrage en mettant en place un programme d'assurance-maladie à long terme basé sur le modèle de l'assurance-récolte.

Au bilan, selon une analyse réalisée par Gilles Tardif de la Coalition citoyenne Santé et Environnement (à partir des données disponibles sur le site de la Financière agricole du Québec), ce secteur de production a reçu un soutien financier de 4 milliards de dollars au cours des huit dernières années de la part des gouvernements du Québec et du Canada à travers divers programmes conjoints dont l'ASRA. Gilles Tardif souligne l'ampleur disproportionnée, en comparaison avec les autres types de productions, de l'aide financière accordée aux producteurs de porc. Par exemple, durant l'année 2003-2004, du 1er avril au 31 mars, les producteurs ont encaissé 16,58 $ par porc à l'engraissement à titre de compensation par le programme ASRA. Pour la production du porcelet durant la même année, c'est 228,46 $ par truie et 12,00 $ par porc. Il est important ici de préciser que ces sommes sont versées au propriétaire des animaux (et non à l'éleveur sous contrat qui s'en occupe).

Gilles Tardif rappelle qu'à ce soutien financier, il faut ajouter les compensations pour la production de céréales et celle du maïs à

17. Larivière, T. « La pression monte chez les producteurs », *La Terre de Chez Nous*, vol. 77, nº 33, 2006, p. 5.

grain. Uniquement pour le maïs, l'aide financière aurait déjà atteint 293,62 $ pour chaque hectare, soit 40,78 $ la tonne. Toujours pour la période 2003-2004, Gilles Tardif ajoute à ce bilan que les producteurs ont encaissé 48,50 $ en aide directe pour chaque porc élevé. Il a observé en décortiquant les chiffres de La Financière agricole, que, tous les ans, les différents programmes versent des subsides, tant pour les bonnes que pour les mauvaises années, c'est-à-dire même si le prix du porc est à la hausse. « La Fédération des producteurs de porcs (FPPQ) répondra que les agriculteurs payent des cotisations dans ces différents programmes équivalant au tiers des remboursements. C'est exact. Il n'en demeure pas moins que l'aide financière est fournie aux deux tiers par les gouvernements du Québec et du Canada[18] », analyse-t-il.

En appui à ses analyses, Gilles Tardif précise que la cotisation provenant du producteur en 2002-2003 était de 45 cents, alors que la compensation était de 20,17 $. Il observe également qu'en 2003-2004, elle s'élevait à 3,00 $ par porc, alors que la compensation qu'il encaissait était de 16,58 $.

L'aide financière à l'industrie porcine ne se limite pas au cheptel et à la production de céréales. Il faut mentionner que les producteurs de porcs, comme tous les autres producteurs agricoles, reçoivent également un remboursement partiel de leurs taxes foncières, de la TPS/TVQ, des frais pour les consultations des vétérinaires et des agronomes et une aide financière pour l'amélioration de leurs techniques de production à travers des programmes agro-environnementaux soutenus par les ministères concernés. Enfin, à toutes ces sommes s'ajoutent les investissements de la Soquia (SGF) dans les installations d'Olymel Flamingo (18 % des parts au sein de la Coopérative fédérée du Québec). La SGF est également propriétaire à 100 % du Centre d'insémination porcine du Québec qui fournit les semences de porcs aux producteurs[19].

Pas étonnant que ce gouffre financier commence à faire sourciller des économistes de l'Institut économique de Montréal (IEDM) qui

18. Notes d'allocution présentée lors du Colloque « Agriculture, Société et Environnement – vers une harmonisation écologique et sociale : le cas des porcheries industrielles au Québec », tenu le 17 février 2006, UQAM.
19. Société générale de financement du Québec, 2006.

réclamaient en mars 2007 que le gouvernement cesse d'augmenter l'aide publique à l'industrie porcine. L'Institut suggère, en contrepartie, d'encourager l'industrie à se réorganiser. « Cette réforme est nécessaire compte tenu des coûts élevés et récurrents pour les contribuables de l'aide distribuée et des défaillances des modèles d'assistance utilisés », a déclaré Eric Grenon, économiste, qui dispose notamment d'une maîtrise en économie rurale de l'Université Laval. Ce dernier critique sévèrement l'assurance stabilisation des revenus agricoles (ASRA) qui, à son avis, « nuit à la recherche de la productivité et de l'efficience. » L'IEDM propose également de réformer la réglementation, notamment environnementale, et la capacité d'abattage. L'ASRA est présentée comme un mécanisme qui isole les producteurs des réalités du marché et l'IEDM suggère à la Commission sur l'agriculture et l'agroalimentaire québécois de s'interroger sur le bien-fondé d'un tel programme d'assurance[20].

## Les grands gagnants : les intégrateurs !

Les sommes d'argent « investies » dans l'industrie porcine profitent principalement à une dizaine de meuneries et de coopératives qui produisent ou qui font produire du porc selon différentes formes de contrats. D'après Gilles Tardif, ce sont les entreprises d'intégration qui récoltent la majorité des sommes de l'ASRA et des autres soutiens gouvernementaux. En effet, 40 % du nombre de porcs est produit par 7 % des entreprises qui reçoivent 50 % de l'aide financière.

Nous verrons au chapitre présentant le portrait social de l'industrie porcine que ces subventions savamment exploitées par la Coopérative fédérée et par les autres intégrateurs du Québec risquent à moyen terme de faire subir aux communautés régionales un coût passablement plus élevé que celui du soutien à la production.

---

20. Larivière, T. « À Bon Porc », *La Terre de Chez Nous*, vol. 78, nº 9, 2007, p. 22.

## LES FAMEUSES RETOMBÉES ÉCONOMIQUES DE L'INDUSTRIE PORCINE

*Véronique Bouchard*

La diminution du nombre de fermes et leur concentration accrue sur le territoire québécois continuent à creuser le fossé entre le milieu rural et le monde agricole. Si les défenseurs de l'industrie porcine vantent les retombées économiques de leur production, il semble cependant qu'au niveau local, leurs entreprises aient un impact beaucoup moins positif et qu'elles perturbent le milieu social. Selon Denis Boutin, les petites et moyennes entreprises contribuent davantage à l'économie locale et ce, peu importe le type de production[21]. En effet, plus la taille d'une entreprise augmente, plus celle-ci aura tendance à s'approvisionner en intrants de façon centralisée, au détriment de l'économie locale. Cette tendance s'accentue évidemment dans le cas d'une production sous intégration. Il n'est pas rare que l'investisseur ne réside pas dans la même municipalité que son exploitation porcine.

Ces caractéristiques structurelles des entreprises porcines se reflètent également sur le plan de la collaboration sociale. En effet, les exploitants de grandes entreprises porcines s'impliqueraient moins dans leur milieu comparativement aux producteurs agricoles des autres secteurs. Dans les autres secteurs de production cependant, la dimension des fermes ne paraît pas influencer le degré d'implication sociale. Ces effets de la production porcine pourraient être attribuables au niveau d'intégration élevé de ce secteur (40 % des entreprises porcines). Un rapport du BAPE reconnaît d'ailleurs que « si le processus d'intégration s'accentue, ce qui est vraisemblable si rien n'est fait pour contrer l'intégration, l'impact social de la production porcine ira également en grandissant[22]. »

Si l'agriculture a traditionnellement joué un rôle important de structuration du milieu rural, cette contribution sociale et économique au niveau local s'est progressivement atténuée. Plusieurs

21. Boutin, *op. cit.*, 1999.
22. BAPE, *op. cit.*, 2003.

régions vivent des conflits sociaux car l'expansion de l'industrie porcine provoque un effet de déstructuration du milieu rural.

Tout comme pour le secteur de la production, le phénomène de concentration des activités d'abattage et de transformation s'inscrit dans cette même logique productiviste et entraîne les mêmes effets pervers sur les économies locales. Si le secteur porcin a contribué à la création de nombreux emplois en phase de croissance rapide, plusieurs de ces emplois sont actuellement perdus et menacés. La filière porcine d'Olymel, en raison des contraintes de compétitivité internationale, a choisi d'investir dans des installations d'abattage de plus grande envergure à Red Deer en Alberta. À Red Deer, les salaires sont beaucoup plus bas (20,36 $ comparativement à 28,43 $ à Vallée-Jonction, au Québec) et le taux de roulement s'élève au-dessus de 100 %; l'entreprise s'apprête à employer 400 personnes en provenance des Philippines, du Vietnam, de l'Ukraine, de Trinité et de la République dominicaine, parce qu'il y a un manque criant de main-d'œuvre locale. « Dans l'industrie, on chuchote qu'aux États-Unis, on a trouvé une solution encore plus économe : les ouvriers étrangers, des Mexicains par exemple, contribueraient à faire rouler les abattoirs sans nécessairement avoir un permis de travail en poche[23]. »

Au moment d'écrire ces lignes, Olymel laisse toujours planer qu'elle pourrait transférer des activités vers l'Alberta dans une usine où la rémunération et les conditions de travail offertes peinent à attirer même les travailleurs étrangers. Elle a ainsi obtenu des travailleurs de Vallée-Jonction qu'ils se serrent la ceinture pour sauver la filière porcine au Québec. Cette logique de mono-industrie, tout comme la logique de mono-culture et de mono-élevage, apporte certes des résultats à court terme (emplois, retombées économiques ou rendements, gain de poids), mais elle amène également des effets néfastes à long terme en favorisant l'intégration, la déstructuration de communautés rurales, la précarité et la perte d'emplois. Il faut également tenir compte des coûts de l'épuisement des sols, de la perte de biodiversité, des atteintes au bien-être animal, des risques d'épizooties, etc.

23. Mercure, *op. cit.*, 2007.

# CHAPITRE 3

# Portrait agronomique

## *Un porc hautement technologique*

DEPUIS LA FIN DE LA SECONDE GUERRE MONDIALE, les sciences agronomiques ainsi que les entreprises de l'agrobusiness ont guidé les pratiques de « bonne gestion » sur une ferme. Elles jouissent d'un enviable statut d'autorité auprès des agriculteurs et elles continuent à occuper « un rôle central dans la vision de l'agriculture[1] », tout particulièrement dans le développement de l'élevage porcin.

Dans le but de maximiser le rendement général des fermes, les sciences agronomiques ont promu la fertilisation des sols; elles ont contribué à l'accroissement de la diversité des semences et des produits de synthèse (commercialisés à grande échelle à partir des années 1950). Cette gestion agricole a servi à mieux protéger les cultures contre les prédateurs et a permis l'augmentation du tonnage des récoltes. Les sciences agronomiques sont aussi au cœur des processus de sélection et « d'amélioration » génétique des plantes et des animaux. En production porcine, elles offrent, selon

1. Richardson, Mary. « À la recherche des savoirs perdus? Expérience, innovation et savoirs incorporés chez les agriculteurs biologiques au Québec », *Journal VertigO*, vol. 6, nº 1, juin 2005.

plusieurs experts et exploitants, des outils susceptibles d'assurer la vigueur des porcs et une résistance accrue aux maladies[2].

Il ne peut donc y avoir de portrait de la production porcine sans que l'on s'attarde aux apports de la science agronomique, tout au long de la chaîne de la production, en partant de l'alimentation (améliorée entre autres par la sélection de semences génétiquement modifiées, l'ajout de certains produits pharmaceutiques et composés bioactifs), en passant par les techniques et les pratiques susceptibles de hausser le rendement des élevages, jusqu'à l'amélioration de certaines caractéristiques génétiques, voire la création de races plus performantes. L'amélioration des pratiques et le développement technoscientifique se poursuivent notamment avec le concours de plusieurs programmes de recherche dans les universités et les centres de recherche para-gouvernementaux.

Si la techno-science agronomique offre des avantages certains à court et moyen termes en matière d'accroissement de la production, diverses questions se posent, notamment sur le traitement fait aux animaux et sur les conséquences à long terme d'un tel mode de production « assistée ».

## Des exemples de recherches en sciences agronomiques

En matière de gestion animale, des chercheurs de l'Université Laval[3] travaillent pour améliorer les méthodes de saillie, l'allaitement des porcelets, leur immunité contre les maladies virales et la pesée des truies et des carcasses à l'abattage. En fait, les producteurs porcins comptent sur l'hyper-performance des truies et l'introduction dans les lignées de critères de sélection pour en faire des ultra-animaux (résistants aux maladies) qui arrivent à maturité pour la vente sur les marchés en un temps amélioré (50 jours plus tôt qu'il y a 20 ans). En outre, comme nous le verrons plus loin (et plus spécifiquement au chapitre 16), de nombreuses études portent également sur le porc transgénique afin, entre autres, d'utiliser les animaux

---

2. Roch, G. « Agriculture 2008 : production porcine: le porc, plus de productivité et hyperprofilicité », *Le Bulletin des agriculteurs*, vol. 81, n° 9, p. 95-102, 108-109.
3. Mercier, Julie. « L'innovation pour contrer les bas prix du porc », *La Terre de chez nous*, vol 78, n° 22, 29 juin 2007, p. 29.

comme bioréacteurs, de réduire la teneur en phosphore des lisiers ou d'accroître la productivité des élevages[4].

Le travail des généticiens s'oriente ainsi vers la cartographie du génome porcin afin d'identifier des séquences de gènes qui assurent la production d'un animal performant, uniforme dans la taille et le goût, fournisseur des coupes de viandes maigres et ayant une bonne conservation[5].

Des recherches sont aussi menées afin d'améliorer la nourriture des animaux et de faire en sorte que les déjections soient moins dommageables pour l'environnement. Le porc transgénique hypophosphorique, créé en 2001 par des chercheurs de l'Université Guelph en Ontario, suscite de grands espoirs chez plusieurs producteurs industriels aux prises avec des problèmes de pollution des cours d'eau[6]. D'autres recherches ont pour visées d'améliorer la génétique des semences de maïs et de leur assurer une résistance accrue aux maladies et aux insectes, en plus d'augmenter les qualités nutritives du grain. De telles études scientifiques sont considérées comme essentielles pour que l'industrie canadienne du porc prenne et conserve sa place sur les marchés internationaux[7].

Considérant la diversité et la complexité de toutes ces recherches, ce portrait agronomique, bien que rigoureux, ne peut couvrir tous les aspects des développements techno-scientifiques en matière de production porcine. Il faudrait effectuer en effet un travail titanesque de suivi dans les multiples centres de recherches agronomiques universitaires et privés pour présenter un portrait exhaustif des avancées dans ce domaine. Nous présenterons pour l'instant un panorama global des types de recherches associés à l'élevage porcin industriel.

---

4. Beaudoin, S. *Les animaux transgéniques, compatibles avec une agriculture durable ? Le cas du porc transgénique hypophosphorique*. Montréal, Université du Québec à Montréal, mémoire de maîtrise en sciences de l'environnement, en cours de dépôt.
5. University of Guelph. *Guelph Transgenic Pig Research program*, Ontario, University of Guelph, 2006. http://www.uoguelph.ca/enviropig (14 août 2006).
6. Beaudoin, S. *Des porcs transgéniques pourraient se retrouver très bientôt dans votre assiette*. Première version d'une série d'articles scientifiques et de vulgarisation, Montréal, Université du Québec à Montréal, 2006.
7. Joncas, H. « La loi du cochon », *Commerce*, 107, 2006, p. 59.

## Quatre périodes d'avancées technologiques

Les avancées en matière d'élevage porcin peuvent être présentées selon quatre périodes distinctes. Une première période a débuté à la fin du XIXe siècle, alors que les élevages de porcs étaient complémentaires à la production laitière. Les écoles d'agriculture à travers le Québec et le Canada ont privilégié les races porcines étrangères et ont délaissé les élevages traditionnels obtenus de croisements locaux. Des recherches ont également porté à l'époque sur la meilleure nourriture à fournir aux bêtes et sur de nouvelles méthodes de confinement[8].

Une seconde période de recherches agronomiques a été associée à des expériences universitaires plutôt qu'à des observations empiriques. Ces recherches ont eu des impacts déterminants au cours des années 1970. Cette période a été caractérisée par la mise en place d'une expertise technique de haut niveau, accompagnée d'une concertation des principaux intervenants de la filière porcine pour le développement d'outils fiables et durables (investissements privés et publics, schémas génétiques, contrats forfaitaires). Pendant cette période, le ministère de l'Agriculture, des Pêches et de l'Alimentation du Québec (MAPAQ) a assumé un leadership scientifique de premier niveau et a assuré un soutien financier accru à l'industrie porcine[9].

Toutefois, l'introduction des nouvelles technologies n'a pu contrer l'apparition de problèmes liés à des maladies qui ont décimé les troupeaux au fur et à mesure que la méthode de production encourageait le confinement et le volume croissant des élevages. De plus, la pollution des cours d'eau et des nappes phréatiques occasionnée par l'épandage de surplus de lisier a suscité de l'inquiétude en raison de l'ampleur de ses conséquences. Au début de la décennie 1980, la tension était vive entre les professionnels des secteurs de l'environnement, ceux de la santé publique et ceux de l'agriculture, puisque leurs études de terrain opposaient les avantages aux désavantages de l'industrialisation de l'élevage porcin.

---

8. Létourneau, F., *op. cit.*
9. C'est dans les années 1970 que le MAPAQ a créé des équipes de professionnels pour la mise en place des premiers suivis informatiques techniques et génétiques, comme dans le cadre du Programme d'amélioration des troupeaux porcins du Québec (PATPQ).

Une troisième période, de 1993 à 2000, correspond à une accélération de la spécialisation industrielle du secteur. Elle a conduit à l'instauration d'un mode de production sur trois sites différents: des bâtiments réservés à la naissance des porcelets, d'autres pour la croissance des porcs et d'autres encore pour leur « finition » (atteinte du poids recherché par le marché) avant l'abattage. On a également adopté le concept sanitaire du « tout plein tout vide »: entre la sortie d'une cohorte d'animaux et l'entrée dans le bâtiment d'un nouveau groupe de bêtes, on instaure une période d'attente de 10 jours (durée habituelle). Les producteurs de porcs du Québec ont été encouragés à miser sur ce mode de production dans l'espoir de contrer le développement de pathologies, notamment le syndrome de dépérissement en postsevrage (SDPS).

Cette période marque également l'aboutissement de la recherche et de la commercialisation de plusieurs technologies: raclette (système de nettoyage des déjections semblable à un râteau) pour évacuer les lisiers rapidement; construction de fosses à lisier avec toiture pour atténuer les odeurs et éviter le remplissage par l'eau de pluie; développement des systèmes de traitement du lisier; développement d'équipements réducteurs des volumes d'eau, etc[10].

Enfin, en ce début du XXIe siècle, on peut observer l'émergence d'une quatrième période de recherches. Les chercheurs de la filière porcine sont conscients qu'ils ne peuvent plus focaliser uniquement sur les questions d'amélioration génétique et de croissance de la production. Ils sont interpellés pour résoudre les problèmes environnementaux et pour atténuer les autres impacts négatifs de la production porcine afin de favoriser son acceptabilité sociale. Cela constitue pour les professionnels de la recherche un immense défi: ils doivent créer à cet effet des équipes de travail multisectorielles, incluant des chercheurs en sciences sociales.

## La sélection génétique

La sélection génétique est actuellement une voie fortement attrayante pour plusieurs chercheurs en porciculture. Au Canada, nous pourrions classer ces recherches en deux catégories: la

---

10. Fillion, R. « Des années d'adaptation et de modernisation dans la façon de produire », *Porc Québec*, Janvier 2006, 102-105.

sélection animale et la sélection végétale destinée à l'alimentation des porcs.

En matière de sélection animale, par exemple, l'Université Guelph et le ministère de l'Agriculture de l'Ontario, de même que Agriculture et Agro-alimentaire Canada soutiennent le *Guelph Transgenic Pig Research Program.* Ce programme est présenté comme « la solution aux problèmes environnementaux[11] » générés par l'industrialisation des élevages. Des chercheurs de l'Université Guelph perfectionnent leurs connaissances de la transgénèse et ont déjà développé une nouvelle race de porcs Yorkshire, laquelle a rapidement été brevetée sous le nom de Enviropig. D'autres recherches ont permis de modifier la digestion des porcs en combinant un gène bactérien qui produit une enzyme capable de réduire la forme connue de phosphore qui se trouve dans l'estomac du porc avec un gène de souris qui peut interagir dans la bouche de l'animal. Cette combinaison génétique a été inoculée dans le gène d'un embryon de porc qui a ensuite été implanté dans l'utérus d'une truie. Cette technologie aurait permis à ce porc transformé génétiquement de produire un lisier contenant 75 % moins de phosphore que celui des porcs d'élevages traditionnels[12].

En parallèle, les recherches de l'Institut des nutraceutiques et des aliments fonctionnels de l'Université Laval de Québec ont montré que l'introduction de certains aliments fonctionnels[13] dans la nourriture des porcs était susceptible de rendre cette viande riche en oméga-3 et donc, bonne pour la santé humaine[14]. De nombreuses autres recherches ont aussi été menées par le Centre pour le développement du porc du Québec, le Centre d'insémination du porc

---

11. University of Guelph. *Guelph Transgenic Pig Research program*, Ontario, University of Guelph. http://www.uoguelph.ca/enviropig (14 août 2006).
12. Broydo Vestel, L. "The Next Pig Thing", *Mother Jones*, 2001. www.motherjones.com/news/feature/2001/10/enviropig.html (27 juillet 2006).
13. Un aliment fonctionnel a tout de l'apparence d'un aliment conventionnel et il fait partie de l'alimentation normale, mais des recherches scientifiques ont démontré qu'il procurait, au-delà des fonctions nutritionnelles de base, des bienfaits physiologiques et qu'il réduisait le risque de maladies chroniques. Tiré de : www.agrojob.com/dictionnaire.
14. Bérubé, S. « Du porc québécois aux omégas 3 », *La Presse*, 13 avril 2006, p. A1.

du Québec, le Groupe de recherche sur les maladies infectieuses du porc et la Chaire de recherche en salubrité des aliments[15], qui soutiennent le développement de races pures hautement productives.

## Une alimentation à saveur technologique

L'alimentation des animaux est un pilier de la performance des fermes d'élevage. D'où l'intérêt pour la sélection végétale. Plusieurs exploitants porcins produisent les céréales qui entrent dans les recettes de base de la moulée avec laquelle ils nourrissent leurs troupeaux[16]. Un nombre sans cesse croissant de ces exploitants utilisent des semences de maïs, de soya et de canola génétiquement modifiées pour ensemencer leurs champs, qui ont préalablement été fertilisés par du lisier sorti des bâtiments. Ils mélangent aussi à ces moulées des probiotiques[17], des levures et des fructo-oligosaccharides, qui favorisent la colonisation de l'intestin du porc par des bactéries dites non pathogènes, lesquelles contribueraient à l'amélioration des performances de production. Par exemple, l'introduction des oméga-3 dans la moulée augmenterait l'immunité des porcs et leur assurerait une résistance accrue aux maladies. Ces nouveaux ingrédients tendent à remplacer les antibiotiques qui sont encore largement utilisés comme facteurs de croissance traditionnels, mais qui attirent des critiques notamment sur l'effet négatif de leurs résidus dans l'eau et les sols.

---

15. Letellier, A. « Chaire de recherche en salubrité des aliments », *Groupe de recherche sur les maladies infectieuses du porc (GREMIP)*, 6, 2006, p. 1-4. http://www.medvet.umontreal.ca/infoGen/pdf/GREMIP_200203.pdf.
16. Selon des données tirées du site Internet www.ogm.gouv.gc.ca et de l'Organisation mondiale de la santé, au Québec, 31 % des cultures de maïs sont faites à partir de semences transgéniques, comme 29 % des cultures de soya et 75 % des cultures de canola. La ration de porc est composée de 70 % de maïs, de 15 à 20 % de soya et de 5 % de tourteau de canola.
17. Probiotique : Désigne les bactéries utiles à l'organisme, par opposition aux antibiotiques. Il s'agit d'une « bonne » bactérie que l'on retrouve notamment dans les flores intestinale et vaginale. Les plus connues sont les lactobacilles et les bifidobactéries qui permettent, en se multipliant dans l'intestin, de réduire par simple compétition la population bactérienne potentiellement pathogène. http://www.agrojob.com/dictionnaire/definition-Probiotique-2526.htm.

Les éleveurs utilisent également les immunoglobulines spécifiques pour prévenir l'apparition de problèmes intestinaux chez le porc. Ajoutées à la moulée, elles joueraient un rôle déterminant pour éviter que la viande ne contienne des germes demeurés en latence et qui pourraient se développer avec la chaleur. Enfin, des arômes sont aussi mélangées aux moulées afin d'en rehausser l'odeur et le goût et susciter un désir de manger chez les animaux[18].

L'industrie du porc interpelle ainsi avec insistance le milieu scientifique pour qu'il participe aux avancées dans ce domaine. Par exemple, un certain nombre de recherches de la Faculté de médecine vétérinaire de l'Université de Montréal portent sur de nouvelles technologies susceptibles de hausser la sécurité sanitaire des élevages[19]. Également, des chercheurs ont développé une expertise concernant l'adoption de pratiques d'abattage (dont la mise à jeun et le temps d'attente avant l'abattage) présentant des effets positifs sur l'innocuité du « produit fini » avant sa commercialisation. En réalité, en l'absence de recherches rigoureuses et indépendantes sur les effets cumulatifs à moyen et à long terme de la consommation par les animaux de ces aliments modifiés et autres composés alimentaires, il est difficile de savoir si la viande de porc ne présente absolument aucun danger pour les humains.

Des recherches portent par ailleurs sur les équipements de distribution afin de limiter le gaspillage de la nourriture et de l'eau (dont les trémies sèches ou abreuvoirs et les bols économiseurs) : il s'agit de servir au porc les quantités dont il a besoin tout en minimisant le volume de rejets dans l'environnement. Ces technologies, associées à une saine gestion de l'entreprise porcine, auraient une influence positive sur la rentabilité des élevages[20].

---

18. Voir : Distribution Claude Lévesque : http://www.dcli.ca.
19. Voir les publications sur le site de la Faculté de médecine vétérinaire, recherche et développement, Université de Montréal, Saint-Hyacinthe. http://www.medvet.umontreal.ca/RetD/UnitesRecherche.html.
20. Fillion, R. *Impératifs et faits importants reliés à la modernisation des bâtiments porcins depuis 30 ans*, mémoire déposé lors de la consultation publique sur le développement durable de la production porcine au Québec, Bureau d'audiences publiques sur l'environnement, 28 novembre 2002. http://www.bape.gouv.qc.ca/sections/mandats/prod-porcine/documents/PROD3.pdf (18 août 2006).

Enfin, il est apparu que la gestion efficace des troupeaux ne pouvait être complète sans un progrès technologique concernant les équipements de ferme et l'aménagement des bâtiments, des stalles et des outils de confinement des animaux, de même qu'en matière d'amélioration de la performance et de la productivité à toutes les étapes de la chaîne de production[21].

## Protection et bien-être des animaux

Les consommateurs commencent à prendre conscience de l'importance de la dimension technologique de l'élevage porcin et nombreux en éprouvent un certain malaise. Parmi leurs attentes, on retrouve sans contredit la production de viande dans le respect du bien-être animal. Les choix d'élevage qui minimiseront le stress des animaux gagnent donc en popularité.

Depuis le début des années 2000, des lignes directrices relatives au confinement des animaux d'élevage et aux méthodes de vérification ont été implantées aux États-Unis à la suite de pressions exercées par de grandes chaînes de restauration comme McDonald et Burger King. Ces multinationales veulent garantir à leurs clients que les normes en matière de bien-être des animaux sont respectées.

La firme Burger King a énoncé ses propres normes qu'elle a largement publicisées dans toutes ses chaînes de restaurants à l'échelle internationale. En plus de surveiller la manipulation des porcs dans les abattoirs, la firme Burger King Corporation a également annoncé qu'elle encouragerait et soutiendrait le développement de la recherche scientifique sur la question du logement des truies gestantes en cages. Pour ne pas être en reste, la chaîne de restauration rapide Wendy's a développé son propre programme « assurance-qualité » en matière de bien-être animal, lequel rencontre les standards des chaînes concurrentes, mais dépasse les exigences gouvernementales envers les élevages. Depuis, la tendance gagne du terrain un peu partout en Occident et, maintenant, certaines des chaînes de détaillants alimentaires exigent que les élevages et les abattages soient aussi peu cruels que possible. Il s'agit certes d'initiatives corporatives correspondant à des stratégies de marketing. Par contre,

21. *Ibid.*, p. 22.

peu d'études permettent de vérifier l'application rigoureuse de ces normes.

Malgré ces pressions de la part de l'industrie de la restauration rapide, les gouvernements des États-Unis et du Canada tardent à modifier leur législation en faveur d'un meilleur bien-être des animaux. En ce sens, ils sont en retard sur plusieurs pays d'Europe qui ont déjà adopté des législations concrètes à cet effet.

En fait, c'est la Grande-Bretagne qui a ouvert le bal en 1999 en interdisant les cages pour les truies gestantes et a introduit une série de directives concernant les élevages, le transport et l'abattage des animaux élevés de manière industrielle. L'Union européenne a suivi six mois plus tard, en accordant jusqu'à 2012 pour interdire totalement l'usage des cages pour la gestation des truies dans tous les pays membres. Depuis 2005, la France s'est mise à niveau : des directives ont été émises pour introduire une éthique dans les élevages et le transport des animaux[22].

David Fraser, professeur et titulaire d'une chaire de recherche industrielle en bien-être animal à l'Université de la Colombie-Britannique, prévient les exploitants de fermes porcines du Canada que pour demeurer compétitif par rapport à l'Europe et aux États-Unis, ils doivent rapidement adopter de nouvelles méthodes d'élevage et des normes de confinement qui soient conformes aux exigences commerciales internationales[23]. Il craint « qu'à long terme, l'industrie canadienne [puisse] se trouver isolée, alors que l'application de normes de bien-être sera requise par la loi en Europe, et que ces normes seront respectées par la majorité des fournisseurs aux États-Unis. »

Le professeur Fraser entrevoit que les consommateurs, les électeurs et les partenaires commerciaux du Canada pourraient exercer des pressions auprès des gouvernements (fédéral et provinciaux) s'ils ne donnent pas l'assurance que des normes

22. Arrêté du 7 février 2005 fixant les règles techniques auxquelles doivent satisfaire les élevages de bovins, de volailles et/ou de gibiers à plumes et de porcs soumis à autorisation au titre du livre V du code de l'environnement.

23. Fraser, D. « Le bien-être des animaux dans un monde aux attentes nouvelles : le Canada est-il prêt ? » *Actes du 22e Colloque sur la production porcine*, Saint-Hyacinthe, Centre de référence en agriculture et agroalimentaire du Québec, 2001.

semblables à celles déjà en vigueur en Europe seront adoptées et respectées.

Observons toutefois qu'au-delà des améliorations recommandées en ce qui a trait au confinement en bâtiment, il conviendrait d'assurer aux animaux un accès à l'extérieur, à la lumière naturelle et à l'air libre. Faut-il rappeler que ces conditions sont inscrites au cahier des charges de la production porcine biologique. Nous serions donc en mesure de nous questionner sur les gains (encore bien limités) en faveur de la qualité de vie des animaux.

Au Québec, une étude portant sur la souffrance des porcs[24] a été soumise à la Consultation publique sur le développement durable de la production porcine, en 2003. Cette étude présente un tableau comparatif des législations de divers pays, dont l'Union européenne et les États-Unis, et montre schématiquement les avantages et les inconvénients des diverses pratiques d'élevage controversées ; elle dresse également un portrait de la situation québécoise en cette matière. Selon cette étude, le Québec suivrait plusieurs normes avantageuses, dont celles qui encadrent les programmes « assurance-qualité », avec un volet « bien-être », déjà adoptées par le Canada. Ces normes sont les suivantes : une assurance du bien-être de l'animal par une alimentation adéquate, un logement confortable, un environnement sain, des soins appropriés, des besoins comportementaux comblés et une réduction du stress et de la souffrance. À ce sujet, le gouvernement du Québec a fait quelques recommandations et les a incluses dans ses attentes en matière de production porcine. Bien que jugées acceptables par l'industrie porcine, ces exigences en matière de production laissent néanmoins plusieurs citoyens inquiets quant à leur véritable portée.

En effet, peut-on parler de bien-être d'un animal lorsqu'un porcelet reçoit une injection de fer et d'antibiotiques le lendemain de sa naissance, lorsqu'il est édenté, équeuté, castré, lorsque la fécondité d'une truie est provoquée à peine trois jours après sa mise bas et que la bête est inséminée artificiellement pour qu'elle

24. Bergeron, R. *Portrait mondial de la législation en matière de bien-être des animaux et recommandations pour le maintien de la compétitivité de l'industrie porcine québécoise. Rapport final*, mémoire déposé lors de la consultation publique sur le développement durable de la production porcine au Québec, BAPE, 28 novembre 2002.

puisse produire un nombre maximum de porcelets dans une année[25] ?

## La valorisation énergétique du lisier

Nous ne pourrions conclure ce portrait agronomique sans aborder le fait que des équipes agronomiques universitaires américaines s'associent à des entreprises privées afin de maximiser la transformation du lisier et des autres fumiers riches en méthane pour produire de nouvelles sources d'énergie[26]. Pour sa part, le gouvernement du Canada annonçait en mars 2007 que le programme Initiative des marchés de biocarburants pour les producteurs (IMBP) serait bonifié et se verrait attribuer une somme globale de 20 millions de dollars pour soutenir les producteurs agricoles dans la création de nouveaux débouchés commerciaux en matière de biocarburants.

Ainsi, la production porcine actuelle est associée à une intense activité de recherches agronomiques dans les milieux universitaires et autres centres de recherche. Elle est soutenue à l'arrière-plan par toute une « industrie » de la recherche de pointe (et des entreprises privées qui ont avantage à améliorer la génétique et la gestion mécanique des élevages). Celle-ci répond à la demande de l'industrie agro-alimentaire et ne remet pas en question l'intensification de la production. Elle prend pour acquis que les problèmes qui émergent de la porciculture intensive pourront se résoudre un à un par le développement de la science et de la technologie. Une telle vision de la production porcine néglige les effets collatéraux des dysfonctions de ce système de production, que nous avons largement documentés dans les autres portraits. Peut-on croire que, si la science agronomique s'intéressait avec autant d'investissements à soutenir une production animale biologique et respectueuse de la nature, nous en serions plus gagnants ?

---

25. Larivière, Victor. « Une journée dans la vie de... la Ferme porcine Audesse », *L'utili-Terre*, mars 2007, p. 30-42.
26. Wilson, K. "Booming cattle industry attracts business", *Portales News – Tribune*, 2 novembre 2006, section Actualités.

### UNE BOÎTE DE PANDORE

*Véronique Bouchard*

En 1998, quelque 75 % des puits qui présentaient des concentrations supérieures à 5 mg/L de nitrates étaient situés à proximité d'une culture du maïs, selon une étude réalisée par Danielle Gaudreau et Marlène Mercier, toutes deux chercheuses à la Direction de la santé publique de la Montérégie[27]. Or, l'ingestion de nitrates constitue un risque lié au phénomène de méthémoglobinémie, qui est le résultat de l'oxydation du fer de l'hémoglobine, forme sous laquelle cette protéine ne pourra fixer l'oxygène nécessaire aux cellules. Les nourrissons de moins de 3 mois, les femmes enceintes ainsi que les personnes déficientes génétiquement en enzymes impliquées dans la réaction réversible méthémoglobine oxyhémoglobine sont plus vulnérables à la formation de méthémoglobine (syndrome du bébé bleu). La méthémoglobinémie n'est pas le seul risque associé à la présence de nitrates dans l'eau. L'ingestion de nitrates/nitrites via la formation de nitrosamines et de nitrosamides s'est avérée cancérigène chez plusieurs espèces animales. Cependant les normes de concentration en nitrates pour l'eau potable sont basées sur la prévention de méthémoglobinémie et ne prennent pas en considération l'effet cancérigène des nitrates/nitrites, dont la dynamique est encore mal comprise[28].

En fait, les normes de protection de santé publique sont la plupart du temps basées sur les recherches toxicologiques qui évaluent les risques à moyen et court termes d'exposition à un agresseur. L'évaluation des risques associés aux expositions à long terme et aux effets synergiques des polluants nécessite des recherches épidémiologiques. De telles recherches, qui le plus souvent étudient de façon comparative l'exposition sur plusieurs années de populations données, sont beaucoup plus coûteuses

27. Gaudreau, D. et Mercier, M. *La contamination de l'eau des puits privés par les nitrates en milieu rural*, mémoire déposé lors de la consultation publique sur le développement durable de la production porcine au Québec, Longueuil, Bape, 1998.
28. *Ibid.*

et donc, beaucoup plus rares. Ainsi, par manque de preuves scientifiques, plusieurs risques liés à la pollution environnementale ne sont pas pris en compte pour l'établissement des normes de protection de la santé publique. L'ampleur et la complexité des phénomènes liés à la pollution environnementale devraient alors nous inciter à adopter le principe de précaution. Selon ce principe, lorsqu'il y a incertitude scientifique quant à la portée d'un risque pour la santé publique, les gouvernements devraient prendre des mesures de protection sans attendre que la démonstration soit complétée. Le principe de précaution fait d'ailleurs partie des principes directeurs de la Loi sur le développement durable.

Le principe de précaution est une manifestation du « principe responsabilité », tel qu'explicité par l'historien et philosophe allemand Hans Jonas. « Ce principe responsabilité se traduit concrètement par une grande prudence à l'égard des nouveautés technologiques pour éviter la fuite en avant et les catastrophes, alors que les risques en tous genres augmentent, tant pour l'intégrité que pour la survie de l'être humain et de la nature[29]. »

---

29. Commission de l'éthique de la science et de la technologie, http: www.ethique.gouv.qc.ca, 2003. Pour une gestion éthique des OGM.

## Chapitre 4

# Portrait environnemental

### *L'insoutenable pollution*

Plusieurs *babyboomers* se remémorent l'état de la nature de leur enfance et en déplorent aujourd'hui la détérioration constante. La pollution de l'eau et de l'air, la perte de la diversité biologique, les effets les plus menaçants des changements climatiques, les risques sanitaires liés aux pesticides et aux modes de production industriels et la perte d'harmonie dans les paysages sont au centre de leurs préoccupations.

Une autre génération, celle des jeunes adultes, montre qu'elle s'est généralement bien approprié les messages d'éducation relative à l'environnement qui lui ont été inculqués durant les années 1980 et 1990. Ce sont les enseignants et animateurs du milieu scolaire et des citoyens engagés au sein de plus de 800 groupes environnementaux au Québec qui sont à l'origine de cet éveil[1]. Aussi, depuis le début du XXIe siècle, on constate une seconde vague de mobilisation. Des citoyens de toutes les classes sociales, alertés par les

---

1. Le répertoire du Réseau québécois des groupes écologistes de 1991-1992 identifiait 830 groupes engagés en faveur de l'environnement. Le répertoire 2004-2005 en recense plus de 600.

médias et mieux informés à travers les divers créneaux de leur implication sociale, sont dorénavant en mesure de poser un regard critique sur leur milieu de vie. Ils militent en faveur de changements profonds dans le mode de fonctionnement de notre société, et l'agriculture productiviste n'échappe pas à leurs revendications. La porciculture intensive au Québec, en raison notamment des graves problèmes environnementaux et sociaux qu'elle génère, apparaît comme une illustration de l'ensemble des dysfonctions du système agricole industriel, entre autres en ce qui a trait à l'exploitation de la nature et des animaux.

Les élevages intensifs de porcs occasionnent une détérioration de la qualité de l'eau, de l'air, du couvert forestier et des sols. Ils contribuent à l'augmentation des gaz à effet de serre, à la manipulation du vivant et à la dissémination des organismes génétiquement modifiés qui affectent la biodiversité des plantes et des semences. Nous avons puisé dans des études gouvernementales et des recherches scientifiques, mais aussi dans les savoirs issus des initiatives de résistance citoyenne menées depuis une vingtaine d'années pour mettre en évidence la lourde empreinte socio-écologique des porcheries industrielles.

## Une eau impropre à la consommation

C'est en observant l'état des rivières et des lacs que de nombreux citoyens ont compris que l'agriculture intensive n'allait pas dans la bonne direction. Les premiers constats ont eu lieu dès le début des années 1980, alors que les cours d'eau des régions où l'on pratique un élevage intensif de porcs, en particulier Lanaudière, la Montérégie et Chaudière-Appalaches, présentaient un niveau élevé de pollution. Des citoyens ont alerté les ministères de l'Environnement et de l'Agriculture et ont réussi, au cours de cette première vague de protestations, à faire progresser certaines directives environnementales sans toutefois stopper pour autant la dégradation des cours d'eau. En effet, au milieu des années 1990, le portrait global de la qualité de l'eau des principales rivières du Québec dressé par différents organismes gouvernementaux, para-gouvernementaux, scientifiques et populaires, confirmait l'évolution du désastre qui frappe maintenant nos milieux ruraux.

Citons quelques rapports et recherches qui ont été portés à l'attention des gouvernements du Québec et du Canada à ce sujet.

Dès 1996, le vérificateur général du Québec sonnait l'alarme et identifiait le secteur agricole comme responsable d'au moins 60 % des rejets d'azote dans l'eau, ce qui constituait l'équivalent des rejets de 7,3 millions de personnes[2]. En 1996 également, le Plan d'action Saint-Laurent Vision 2000 présentait un bilan des apports d'azote, de phosphore, de particules de sol et de pesticides dans les affluents et dans le fleuve. L'organisme évaluait les risques de contamination des écosystèmes aquatiques et montrait la contribution de l'agriculture à ces formes de pollution de l'eau[3]. Selon une enquête menée auprès des agriculteurs, à cette époque, déjà, 52 % d'entre eux jugeaient les élevages intensifs responsables de la pollution de l'eau et 40 % y associaient également l'érosion des sols. L'inquiétude s'est étendue dans les milieux de recherche, comme en témoigne ce constat émanant de l'INRS Urbanisation, Culture et Société[4] :

> Le lisier constitue un excellent engrais organo-minéral, mais dans les régions où se concentre la production porcine, des quantités de lisier de quatre à six fois supérieures à la limite maximale autorisée sont épandues sur les terres agricoles. Résultat, les sols deviennent vite saturés en azote et en phosphore et les surplus ruissellent vers les cours d'eau environnants. Au Québec, les rivières l'Assomption, Chaudière et Yamaska sont contaminées par des épandages excessifs, tout comme les eaux souterraines de ces régions, et les résidants sont incommodés par les odeurs nauséabondes du lisier.

Ne pouvant ignorer ces avertissements, le ministère de la Santé et des Services sociaux a mandaté, en l'an 2000, un groupe de travail

---

2. Eau Secours – Coalition québécoise pour une gestion responsable de l'eau. *Avant que nous nous enlisions, pour un élevage sans danger pour l'eau*. Mémoire déposé lors de la consultation publique sur le développement durable de la production porcine au Québec, Bureau d'audiences publiques sur l'environnement, 28 novembre 2002. http://www.bape.gouv.qc.ca/sections/mandats/prod-porcine/documents/MEMO334.pdf (20 juillet 2006).
3. Vision Saint-Laurent. *Rapport annuel 1995-1996. Faits saillants : assainissement agricole*, 1996.
4. INRS Urbanisation, Culture et Société. *L'audace et l'excellence au service de la science*, 2001. http://www.inrs.uquebec.ca/Francais/INRSrap2000_2001.pdf.

rassemblant des médecins québécois pour rédiger un rapport scientifique sur les risques pour la santé associés aux activités de production animale, principalement porcine. Ils ont constaté que « l'eau de plusieurs rivières demeure de mauvaise qualité, particulièrement dans les secteurs agricoles du sud-ouest du Québec[5] ». En ce qui concerne les eaux souterraines, ils ont établi un lien entre le risque de contamination des formations aquifères et les activités humaines à proximité de celles-ci.

Dans le domaine de l'agriculture, ces activités sont principalement l'application de pesticides et de fertilisants, de même que la présence de structures d'entreposage de fumier et de lisier non conformes.

En 2005, différentes équipes du MDDEP reconnaissaient que la situation ne s'était pas améliorée. Ainsi peut-on lire dans un rapport de la Direction de la politique en milieu terrestre que la capacité des rivières à supporter les activités agricoles devrait être évaluée.

> La concentration médiane de phosphore total (PT) dans certaines rivières est de deux à six fois plus élevée que le critère pour la prévention de l'eutrophisation, fixé par le ministère du Développement durable, de l'Environnement et des Parcs (qui est) de 0,030 mg PT/l[6].

Une étude portant sur l'état des rivières du Québec, menée par Jean Painchaud[7] également au service du MDDEP, estime que le seuil de 0,03 mg/l (critère de maintien de la vie aquatique) a été dépassé de l'ordre de 65 % à 100 % dans les bassins agricoles accueillant de grandes exploitations porcines. Ce constat avait déjà été présenté dans une série d'études soumises lors des audiences de

---

5. Gingras, B., Leclerc, J.M., Chevalier, P. , Bolduc, D.G., Laferrière, M. et Fortin, S.H. « Les risques à la santé publique associés aux activités de production animale », *Bise – Bulletin d'information en santé environnementale, Volume 11, n° 5, septembre-octobre 2000.* http://www.inspq.qc.ca/bulletin/bise/2000/bise_11_5.asp ?Annee=2000.
6. Gangbazo, G., Roy, J. et Le Page, A. *Capacité de support des activités agricoles par les rivières : le cas du phosphore total,* Québec, Direction des politiques en milieu terrestre, Ministère du Développement durable, de l'Environnement et des Parcs, 2005.
7. Painchaud, J. *État de l'écosystème aquatique du bassin versant de la rivière Fouquette : faits saillants 2001-2003*, Québec, ministère du Développement durable, de l'Environnement et des Parcs, Direction du suivi de l'état de l'environnement, 2007.

la Consultation publique pour le développement durable de la production porcine au Québec, tenues à l'automne 2002 et qui se sont poursuivies pendant les six premiers mois de 2003. Il a été réitéré en 2005 :

> Entre 2000 et 2002, l'eau a été généralement de mauvaise qualité dans les bassins versants où l'agriculture occupait une forte proportion du territoire. La qualité de l'eau de surface dans les bassins versants des rivières Châteauguay, Richelieu, L'Assomption, Nicolet, Boyer et Chaudière a été jugée de douteuse à très mauvaise. La rivière Yamaska affichait la plus mauvaise qualité. Cependant, au cours de la même période, la qualité générale de l'eau des rivières Chaudière, Bécancour et Saint-Charles s'est légèrement améliorée[8].

Pourtant, au tournant des années 2000, dans la foulée des travaux de la Commission québécoise sur l'eau, les différents ministères impliqués dans le contrôle de la pollution d'origine agricole (MAPAQ, MDDEP, MAMR) avaient soutenu la création d'organismes de gestion de l'eau par bassins versants, avec pour mission de doter les territoires d'une vue d'ensemble des problématiques environnementales et de mettre en place des solutions efficaces pour y remédier. Or, une analyse des pratiques de gestion des bassins versants faite par la commission de l'agriculture de l'Union québécoise pour la conservation de la nature (aujourd'hui renommée Nature-Québec) conclut à la faible efficacité des contrôles de la pollution diffuse de l'eau sans modification des pratiques intensives d'élevage :

> Le contrôle de cette pollution diffuse fait, entre autres, appel à une modification des pratiques agricoles et forestières mais aussi à la capacité de maintenir des écosystèmes agissant comme des « tampons » ou des filtres qui permettent de préserver une eau de qualité. Toutefois, les sols ainsi que les bandes végétatives ont une capacité de filtration variable et limitée suivant leurs caractéristiques. [...] Il faut donc admettre que plus le nombre d'exploitations sera élevé, plus les activités seront intensives sur un territoire donné, plus les impacts résiduels seront nombreux

8. Simard, A. *La Chronique environnementale*, Bulletin d'information du ministère du Développement durable, de l'Environnement et des Parcs, Québec, Gouvernement du Québec, 2005.

même dans le cadre d'un contrôle rigoureux des pratiques agricoles[9].

L'une des conséquences dramatiques de la pollution des cours d'eau par les épandages de lisier de porc est la prolifération croissante de cyanobactéries. Ces organismes sont des bactéries microscopiques qui s'agglutinent pour former une soupe bleu-vert peuplée de boules ayant la taille d'un grain de riz. Ces bactéries relâchent des toxines qui, si elles sont ingérées, peuvent endommager le foie et le système nerveux. Au contact, elles causent également des problèmes de peau[10]. Leur présence a été recensée dès le milieu des années 1990 dans la baie Missisquoi. Elles se sont ensuite répandues dans un nombre croissant de lacs. Au cours de l'été 2006, des cyanobactéries ont été retrouvées dans des lacs et rivières des régions de la Montérégie, de Lanaudière, des Laurentides et de Chaudières-Appalaches, rendant ainsi l'eau impropre à la consommation et à la baignade. Au début du mois d'août 2007, la situation continuait à se détériorer et 113 lacs et rivières étaient affectés. Un lac sur deux de la région des Laurentides était contaminé par les cyanobactéries. En Montérégie, les lacs Brome, Waterloo, Selby (Dunham) et Roxton (Roxton Falls) s'ajoutaient à la longue liste des autres cours d'eau fréquentés par les villégiateurs, soit le Grand lac Brompton, la rivière Magog, le Grand lac Saint-François, le Petit lac Saint-François et le vénérable Lac Memphrémagog.

Cette pollution grave aux cyanobactéries résulte d'une surcharge de phosphore en provenance notamment des activités agricoles[11]. La surfertilisation chimique des abords des cours d'eau, dénudés de leur couvert forestier et des arbustes filtreurs et subissant une artificialisation des berges, ainsi que l'écoulement des fosses septiques, sont aussi des causes de croissance des cyanobactéries.

9. Bibeau, R. et Breune, I. *La gestion du territoire et des activités agricoles dans le cadre de l'approche par bassin versant. Rapport d'analyse.* Commission agriculture de l'UQCN, Union québécoise pour la conservation de la nature, 2005, 549 p.

10. Wikipedia. *Cyanobactéria*, http://fr.wikipedia.org/wiki/Cyanobact%C3%A9rie (23 août 2006).

11. Codina, R. « Les cyanobactéries frappent les lacs de l'Estrie et de la Montérégie : l'agriculture pointée du doigt », *La vie rurale*, nº Environnement. http://www.la-vie-rurale.info/contenu/8137 (20 août 2006).

En fait, il n'y a pas que le phosphore et l'azote qui détériorent les cours d'eau (en entraînant un phénomène d'eutrophisation). D'autres rejets agricoles contribuent à la pollution des écosystèmes aquatiques. Les cultures intensives de maïs et de soya qui sont à la base de l'alimentation des porcs nécessitent de grandes quantités de pesticides, soit des herbicides, des insecticides et des fongicides[12], dont les résidus sont lessivés vers les cours d'eau. Plusieurs projets d'échantillonnage et d'analyse des eaux menés par le ministère de l'Environnement, dont celui réalisé par la chercheuse Isabelle Giroux en 2001, ont permis de déceler que la pollution des cours d'eau par les pesticides touche l'ensemble des cours d'eau de la Montérégie.

> Un ensemble de facteurs, tels que la quantité de pesticides utilisés, les mécanismes de transport des pesticides et le type de culture, peut expliquer leur présence dans l'eau. Ces substances ne sont évidemment pas souhaitables dans l'eau de surface et dans l'eau souterraine en raison des risques pour la santé des êtres qui y vivent, par exemple les poissons, ou qui la consomment, par exemple les humains. [...] Quatre rivières situées en zone agricole à culture prédominante de maïs ont été retenues pour faire un suivi à long terme de la contamination par les pesticides : la rivière Chibouet, dans le bassin versant de la rivière Yamaska, la rivière des Hurons dans le bassin de la rivière Richelieu, la rivière Saint-Régis, affluent du fleuve dans la région de la Montérégie et enfin, la rivière Saint-Zéphirin, dans le bassin de la rivière Nicolet. De manière générale, les résultats montrent que plusieurs pesticides sont souvent présents en même temps dans l'eau. Leur nombre est particulièrement élevé quand de fortes pluies suivent l'application. De 12 à 16 pesticides différents ont été détectés dans les quatre rivières échantillonnées peu après des épisodes de pluie. Dans des conditions plus sèches, leur présence simultanée se limite habituellement à quatre ou cinq[13].

---

12. Saint-Laurent Vision 2000, *op. cit.*
13. Giroux, I. *La présence de pesticides dans l'eau en milieu agricole au Québec*, Québec, Envirodoq : Direction du suivi de l'état de l'environnement, ministère de l'Environnement du Québec. http://www.mddep.gouv.qc.ca/eau/eco_aqua/pesticides/indes.htm#resultats_echantillonnage.

De plus, très peu d'études sont réalisées pour connaître les effets de bioaccumulation des pesticides les plus courants en agriculture (Atrazine, 2,4-D et Diazinon) et leurs possibles effets combinés avec du phosphore et de l'azote.

Ce portrait de la pollution de l'eau en Montérégie pourrait s'appliquer à toutes les grandes régions productrices de céréales et de légumineuses et celles qui accueillent des élevages de porcs intensifs. La crainte de perdre l'accès à une eau potable de qualité est donc croissante pour les populations des milieux ruraux, autant pour celles qui s'alimentent directement à partir d'un aqueduc qui puise son eau dans les cours d'eau de surface, comme la rivière Richelieu, que pour les populations qui s'abreuvent à une nappe aquifère à partir d'un puits artésien. D'où l'implication de diverses organisations, institutions et groupes de citoyens pour tenter d'améliorer leur protection. Citons, à titre d'exemple, la Commission scolaire de Saint-Hyacinthe qui a produit une série de fiches pédagogiques dont l'une porte sur le Lac Saint-Pierre. Ses auteurs expliquent les effets cumulatifs de la pollution agricole dans l'eau de cette partie du fleuve Saint-Laurent:

> Au Québec, des six rivières les plus contaminées en azote ammoniacal, trois sont des affluents du lac Saint-Pierre (Bayonne, Yamaska et Nicolet). Dans le lac, le niveau d'eutrophisation est élevé partout, surtout le long des rives et dans la partie est. Les concentrations en phosphore dépassent même les critères pour la toxicité chronique et les activités récréatives dans le Saint-Laurent dans presque tous les affluents et un peu partout à travers le lac[14].

14. Fiches pédagogiques produites par la Commission scolaire de Saint-Hyacinthe que l'on pourra consulter à l'adresse http://www.cssh.qc.ca/projets/pointedu/Lac.Saint-Pierre/Merci.html. Les informations contenues dans le Site d'Information planétaire (SIP) ont été recueillies dans le *Guide vert du Saint-Laurent*, région du Lac Saint-Pierre (réalisation de Stratégies Saint-Laurent et ZIP Lac Saint-Pierre), par Sylvestre, J., Blais, M., Léveillée, C., Delisle, L., Trudeau, F., Saint-Onge, R., Pedneault, S.

## L'air chargé de contaminants

Les odeurs émanant des porcheries dans les territoires ruraux, et tout particulièrement ceux de la Montérégie, de Lanaudière et de Chaudière-Appalaches, ont largement contribué à la détérioration de la qualité de vie des campagnes. Elles sont une importante source de conflits entre voisins, menant graduellement à des actions d'opposition à toute tentative d'augmentation des cheptels porcins dans les fermes d'élevage et à tout nouveau projet de porcherie. Le cas n'est pas unique au Québec. Cette problématique sociale s'est retrouvée partout où la nature et les citoyens ont souffert de l'implantation d'élevages industriels.

La plupart des régions productrices de porcs au Québec ont connu une augmentation significative des cheptels depuis 1995, ce qui a généré un surplus important de fumier. Les odeurs proviennent des bâtiments d'élevage, des fosses d'entreposage, du transport du lisier et de l'épandage. Selon une série d'analyses produites par Agriculture et Agro-alimentaire Canada ainsi que par la Direction de la santé publique de Chaudière-Appalaches[15], les odeurs nauséabondes peuvent déclencher des réactions nocives pour l'organisme, modifier les fonctions olfactives et entraîner diverses réactions physiologiques et psychologiques. Les personnes vivant à proximité d'une exploitation porcine intensive souffriraient davantage d'anxiété et d'un certain affaiblissement de leur système immunitaire, et dans l'ensemble, elles éprouveraient davantage de colère, de fatigue et de troubles de l'humeur. Par ailleurs, on croit que les poussières émises à l'extérieur des bâtiments d'élevage seraient susceptibles de transporter des micro-organismes pathogènes de même que divers constituants biologiquement actifs, tels que des toxines et des allergènes[16].

---

15. Gingras, B., Leclerc, J.M., Chevalier, P., Bolduc, D., Laferrière, M., Fortin, S.H., *op. cit.*
16. Desrochers, O. *Pour une production porcine durable en harmonie avec l'environnement et la qualité de vie des citoyens*. Mémoire déposé lors de la consultation publique sur le développement durable de la production porcine au Québec, BAPE, 28 novembre 2002. http://www.bape.gouv.qc.ca/sections/mandats/prod-porcine/documents/memo.htm (12 août 2006).

De son côté, le Yale Center for Environmental Law and Policy présente une analyse environnementale pointue de la question des odeurs. L'auteure Barbara Ruth[17] souligne que les citoyens mécontents des odeurs sont en présence d'une mixture complexe composée de gaz, de vapeurs et de poussières, résultant de la décomposition anaérobique des déjections de porc. L'odeur caractéristique d'ammoniaque et d'œufs pourris qui provient des gaz de sulfure d'hydrogène y est très largement associée. Ces odeurs sont également composées de 60 autres ingrédients volatils tels que des acides gras, des acides organiques, des alcools, des aldéhydes, du sulfure de carbonyle, des esters, des mercaptans, des amines et des composés d'azote qui ajoutent des particules microscopiques porteuses de bactéries et d'autres micro-organismes en provenance des élevages. Cette mixture est souvent accompagnée de gaz comme le méthane ($CH_4$), le sulfure d'hydrogène ($H_2S$) et les dioxydes de carbone ($CO_2$) qui causent des dommages environnementaux significatifs à long terme.

Ce n'est donc pas par pure « émotivité », comme le laissent entendre des ténors de la production porcine industrielle, que la pollution de l'air par les odeurs a attiré l'attention des groupes de citoyens. Les questions sanitaires ont été soulevées mais non entendues, voire ridiculisées, ce qui attise la colère et dégénère en conflits entre voisins. Lors de la Consultation publique du BAPE sur le développement durable de la production porcine au Québec entre septembre 2002 et juin 2003, on a très bien identifié les sources du problème. Rappelons que lors de ces audiences, des citoyens, des professionnels de la santé, des environnementalistes et des scientifiques ont déposé 155 documents avec leurs annexes décrivant avec force détails les impacts biophysiques de la production porcine au Québec. Les commissaires ont également reçu 42 documents portant sur les questions de l'acceptabilité sociale et 63 documents portant sur les conséquences des élevages intensifs de porcs sur la santé publique, physique et mentale des travailleurs et sur la gestion des risques de contamination.

---

17. Ruth, B. "Controling Odor and Gaseous Emission Problems from Industrial Swine Facilities: A Handbook for All Interested Parties", *Student Clinic,* 29 janvier 2003.

## Perte du couvert forestier

La production porcine a largement contribué à une autre détérioration des milieux physiques: la destruction importante du couvert forestier, notamment dans le Québec méridional. La pollution des milieux physiques s'est donc intensifiée par la perte de boisés, provoquant l'érosion des sols, le lessivage des polluants vers les cours d'eau et facilitant la diffusion des odeurs sur des kilomètres de distance.

À titre d'exemple, quelque 18 000 hectares, soit environ 170 $km^2$ de terrains, ont été déboisés entre 1990 et 1999 dans le territoire de Chaudière-Appalaches[18]. L'expansion de diverses productions agricoles a également engendré la coupe de 737 hectares de forêt dans le Haut-Richelieu entre 1999 et 2004[19]. Depuis 1999, la région de la Montérégie n'a cessé de subir la diminution de son couvert forestier. En janvier 2006, celui-ci ne correspondait plus qu'à 11 800 $km^2$, soit 28 % de son territoire, selon l'Agence forestière de la Montérégie[20].

> Des études récentes menées par le Service canadien de la faune d'Environnement Canada démontrent que lorsqu'un territoire passe sous le seuil de 50 % de couvert forestier, on peut considérer qu'il y a fragmentation des habitats forestiers. Les forêts se retrouvent alors découpées en petits îlots séparés les uns des autres. Bien souvent, ceux-ci ne répondent pas convenablement aux besoins des espèces (alimentation, reproduction et autres). Les échanges entre les populations deviennent limités, rendant les espèces plus vulnérables. De plus, une baisse significative de la biodiversité est observée lorsque le couvert forestier passe sous le seuil de 30 % de la surface du territoire. En ce sens, la situation des habitats forestiers de la Montérégie est donc préoccupante[21].

---

18. Champagne, Anne-Louise. « 170$km^2$ de terrains déboisés en neuf ans », *Le Soleil*, 6 février 2003, p. A-14.
19. Bérubé, G. « 737 hectares de forêt ont été rasés en cinq ans ». *Le Canada Français*, 25 janvier 2006, p. A-18.
20. Cette agence est un organisme sans but lucratif qui réunit des représentants du ministère des Ressources naturelles, des élus municipaux et des exploitants de la forêt.
21. Nature-Action. *Corridors forestiers et Fondation du Mont Saint-Bruno*. Nature-Action, 2006. http://www.nature-action.qc.ca/page-projetindex-projets.html.

Par ailleurs, le Centre de la nature du Mont Saint-Hilaire a développé un indice pour mesurer la valeur socio-économique des boisés. L'auteur de l'étude, Marc-André Guertin, identifie d'autres fonctions environnementales et sociales pour ces secteurs: « les forêts embellissent le paysage et elles sont des lieux de récréation et de tourisme. [...] la forêt est la matière première de l'industrie sylvicole[22]. »

Conscientes de la nécessité de contrôler le déboisement, huit MRC de la région Chaudière-Appalaches ont adopté, entre 1995 et 2000, un règlement de contrôle intérimaire visant à restreindre les coupes forestières abusives.

En zone agricole, les terres sont généralement déboisées pour deux raisons: cultiver des superficies accrues en céréales, en particulier le maïs, et disposer de nouveaux territoires d'épandage du lisier: il s'agit de gérer ainsi les zones en surplus de phosphore. La culture du maïs permet en effet d'optimaliser les superficies d'épandage car elle tolère de grandes concentrations de phosphore: cela favorise la diminution des quantités qui risquent de se retrouver dans les eaux de surface et souterraines. Par contre, il s'agit d'une culture sarclée, ce qui augmente les risques de pollution diffuse par ruissellement et érosion. Il faut reconnaître également que l'utilisation intensive des bons sols pour la production de céréales oblige les autres types d'agriculteurs (laitiers et maraîchers en particulier) voulant prendre de l'expansion à sacrifier des boisés qui font partie du patrimoine de la ferme.

Rappelons que le déboisement a des effets déstabilisants non seulement sur les sols, mais surtout sur les habitats fauniques et floristiques en général, et sur la qualité de l'eau en particulier. D'une part, il affecte les petits cours d'eau, plus vulnérables, qui demeurent pour plusieurs espèces aquatiques des sites de choix pour la reproduction et l'alevinage (la croissance des alevins) parce qu'elles y trouvent les ressources nécessaires à leur survie. Les boisés ont également un rôle indéniable de protection des milieux humides sensibles, de maintien du niveau des nappes aquifères souterraines et de leur qualité, et finalement, d'absorption et de régulation du débit de l'écoulement des eaux de pluie. Ils recèlent aussi un important couvert floral qui sert de garde-manger pour des insectes

22. Bérubé, G., *op.cit.*

et des petits animaux sauvages et ils offrent une profusion de graines pour nourrir les oiseaux. Enfin, plusieurs boisés du sud du Québec sont des forêts mixtes contenant des colonies d'érables et d'autres bois nobles qui, durant de très nombreuses décennies, ont fourni à la fois sirop d'érable et matériaux pour la construction des maisons et bâtiments de ferme.

L'intensification des élevages porcins touche également des habitats fauniques et affecte les activités de chasse, de pêche et autres loisirs de plein air. Ensemble, ces trois types d'activités rejoignent des dizaines de milliers d'adeptes. Ils créent des centaines d'emplois et apportent des revenus complémentaires dans les économies régionales: par exemple, en Chaudière-Appalaches, on évalue à plus de 160 millions de dollars les retombées économiques de ces trois secteurs d'activités[23]. Par ailleurs, le ministère des Ressources naturelles du Québec, direction de la Montérégie, et la Fédération québécoise de la Faune annonçaient conjointement la tenue d'une chasse « expérimentale » au dindon sauvage au printemps 2007, à des dates et des conditions spécifiques dans le but d'encourager la protection des boisés.

> Cette nouveauté permettrait la mise en valeur d'une ressource actuellement peu reconnue, sans oublier les retombées économiques associées à un nouveau créneau d'activités de plein air. L'Union des producteurs agricoles (UPA), l'Association Chasse, Pêche et Plein Air Les Balbuzards, le Club de Chasse et Pêche Les Frontières et le ministère des Ressources naturelles et de la Faune, sont des partenaires dans ce projet qui vise la mise en valeur de l'espèce et la préservation des boisés privés dans le sud du Québec. Cette chasse expérimentale a été rendue possible grâce à l'enthousiasme et à l'engagement des bénévoles de la Fédération québécoise de la faune et des associations de chasseurs de la Montérégie. Ainsi, nous souhaitons que le dindon sauvage devienne le symbole de la préservation des boisés en Montérégie[24].

---

23. INRS Urbanisation, *Culture et Société*, *op. cit.*
24. Guertin, Annie. « Il y aura une chasse expérimentale au dindon sauvage en 2007 », communiqué de presse, Fédération québécoise de la faune, 21 décembre 2006, http://www.fqf.qc.ca/nouvelles.php?id=359.

Cette chasse au dindon sauvage aurait suscité diverses transactions économiques entre les propriétaires de boisés et les chasseurs. Ainsi, pour les quatre jours autorisés de chasse au dindon sauvage, le chasseur doit débourser entre 50 $ et 300 $ pour obtenir le droit de passage et de circulation sur un terrain boisé privé. Cette pratique a également cours pour la chasse au cerf de Virginie qui a lieu de la fin septembre au début décembre de chaque année. Il en coûte entre 100 $ et 600 $/chasseur pour obtenir un droit de passage et de circulation dans un boisé[25].

Enfin, peu d'études permettent d'évaluer la valeur esthétique des boisés et leur apport au paysage, indispensables à l'attrait touristique. La qualité du paysage tend à valoriser le milieu de vie d'une région. C'est souvent ce « petit plus » qui retient les jeunes ou attire de nouveaux résidants à la recherche d'un environnement de qualité.

## Gaz à effet de serre

Beaucoup de producteurs porcins ignorent les liens entre les émissions de gaz à effet de serre (GES) et leurs pratiques agricoles. Les GES d'origine agricole sont constitués de trois gaz : l'oxyde nitreux ($N_2O$), le méthane ($CH_4$) et le dioxyde de carbone ($CO_2$). Globalement, selon Environnement Canada, les émissions de gaz à effet de serre du secteur agricole se chiffraient en l'an 2000 à 60,5 mégatonnes d'équivalent de dioxyde de carbone, soit 8 % des émissions nationales[26]. Entre l'an 2000 et 2006, l'augmentation des émissions de GES provenant du secteur agricole s'est poursuivie et ce dernier serait aujourd'hui responsable de 13 % des émissions au Canada. Plus spécifiquement, la fermentation entérique et la gestion du fumier génèrent 7 % des émissions de gaz à effet de serre, selon

25. Dicaire, André. Direction régionale de l'Estrie-Montréal-Montérégie, ministère des Ressources naturelles et de la Faune, entretien téléphonique, 14 juin 2007.
26. Jacques, A. *Information sur les sources et les puits de gaz à effet de serre*, fiche 7. Hull, Environnement Canada, 2007. http://www.ec.gc.ca/pdb/ghg/inventory_report/1990_00_factsheet/fs7_f.cfm.

le dernier rapport de la Commissaire à l'environnement et au développement durable à la Chambre des communes[27].

À l'occasion du 65e Congrès de l'Ordre des agronomes du Québec, tenu en juin 2002, et portant sur les changements climatiques, l'agronome et ingénieur Alfred Marquis a présenté quant à lui une étude québécoise sur l'apport spécifique de l'industrie porcine à la production de GES[28]. D'entrée de jeu, il a rappelé que des chercheurs ont mesuré jusqu'à 168 composés volatils dans les élevages porcins. Par la suite, il a souligné que le bilan de gaz carbonique à l'échelle de l'agriculture canadienne ne tient pas compte de l'émission en provenance des élevages et qu'en conséquence, il ne peut constituer un portrait complet. Se penchant sur cette question, Alfred Marquis a fait le calcul de la production de gaz carbonique générée par un élevage de porcs:

> Un porc de 80 kg, dans un bâtiment maintenu à 20 °C, produit 222 W de chaleur totale. Gardé pour une année complète à cette masse moyenne, il produira 0,62 tonne de $CO_2$. Remarquez que pour le même 600 kg de masse animale, le porc produit plus de gaz carbonique que la vache soit [...] 4,65 tonnes. [...] avec le lisier non aéré, on aura surtout du biogaz formé d'environ 60 % de $CO_2$ [...] Un porc de 80 kg et une gestion liquide des déjections donnent [...] 44 kg de $CO_2$ pour une place porc [...] au cours d'une année[29].

Il va sans dire que depuis la ratification du Protocole de Kyoto par le Canada, la question des gaz à effet de serre revient constamment hanter les évaluations de la gestion des fermes porcines. S'il est

27. Gélinas, J. *Rapport de la commissaire à l'environnement et au développement durable à la Chambre des Communes*, Ottawa, ministère des Travaux publics et des services gouvernementaux du Canada, Collection Point de vue de la commissaire-2006, Changements climatiques, document de synthèse. 2006.
28. Une série d'études et de rapports portant sur les impacts de l'agriculture sur les changements climatiques peuvent être consultés sur le site Internet suivant:
www.carc-crac.ca/french/change_climat/ClimateIndexpage.htm.
29. Marquis, A. *Diminution des émissions de gaz à effet de serre par les traitements et la valorisation des lisiers et des fumiers*, Ottawa, Conseil de recherches agroalimentaires du Canada, Collection Initiative de financement pour le changement climatique en agriculture, 2002.

généralement admis que leur réduction peut accroître la productivité d'une ferme, les stratégies proposées aux éleveurs demeurent vagues. L'édition d'avril 2005 du magazine *Porc Québec* suggérait de revoir le système d'alimentation des troupeaux et de tester les avantages de passer d'une alimentation sèche à une alimentation mixte (humide et sèche). Il est également proposé d'ajouter des acides aminés au régime alimentaire, dans le but de réduire la teneur en protéine brute et ainsi abaisser la quantité d'azote dans le fumier.

Quelques expériences sont également menées pour traiter les effluents d'élevage comme le lisier de porc et le transformer en produits à valeur ajoutée. Par exemple, la firme Envirogain travaille à un projet de démonstration pour la réduction du phosphore, de l'azote et des émissions de GES dans les entreprises porcines.

> Pour une installation moyenne (10 000 porcs par an), le procédé permet une réduction de 2 000 tonnes de $CO_2$ équivalent par année. Cette réduction est équivalente à la quantité de GES émise par environ 420 automobiles par année. Avec la technologie d'Envirogain, la quantité totale de $CO_2$ émis pour une installation moyenne peut être réduite de 70 % par année, et de 95 % pour le phosphore et l'azote, comparativement aux niveaux établis par les meilleures pratiques[30].

Quelques producteurs de porc estiment souhaitable de diminuer les GES en transformant le lisier de porc en biocarburant. D'autres expériences marginales sont en cours, entièrement subventionnées par des programmes de recherche du gouvernement fédéral, à travers l'Initiative des marchés de biocarburants pour les producteurs. Mais en attendant que les technologies aient démontré leur efficacité et qu'elles soient mises en application, il est clair que les modes de production industrielle de porcs participent aux changements climatiques.

## Des mesures agro-environnementales qui manquent leur cible

Au Québec, un nombre impressionnant de mesures dites agro-environnementales ont été instaurées depuis 1980, pour tenter de

---

30. Le projet peut être consulté sur le site suivant : www.agricom.ca/envirogain.

contenir l'évolution de la pollution causée par les pratiques agricoles intensives, dont la production porcine. Si ces mesures ont permis d'atténuer certains problèmes spécifiques, le peu d'empressement et de soutien quant à leur mise en œuvre et leur caractère non obligatoire ont contribué à accentuer la crise environnementale dans son ensemble et les conséquences risquent de prendre bientôt des proportions gigantesques.

Revenons au rapport du vérificateur général du Québec de 1996. Il observait que les programmes d'assurance-stabilisation du revenu (pour le porc et pour les céréales, notamment) sont basés sur des modèles qui maximisent la production et n'incluent aucune préoccupation environnementale. Hélas, ces observations sont restées lettre morte.

C'est à la suite de la cristallisation de l'opposition publique contre l'expansion de la production porcine, principalement dans les cas de projets au Lac-Saint-Jean, à Kamouraska, dans le Bas-Saint-Laurent et en Mauricie, que le gouvernement a commencé à chercher des solutions. Il confiait à Me Jules Brière la responsabilité de trouver des accommodements pour contrer la crise de cohabitation sociale, alors que plusieurs études accablantes sur les risques associés aux productions animales publiées par la Direction de la santé publique indiquaient déjà clairement le chemin à suivre. Les résultats de ces études ont constitué d'ailleurs des points d'appui à la création de groupes de citoyens revendicateurs[31]. Le Rapport Brière[32] en a étonné plusieurs lorsqu'en conclusion, il affirme que les oppositions au développement de porcheries en milieu saturé de fertilisants n'étaient pas le fait de groupuscules marginaux, mais qu'elles étaient largement partagées par des élus municipaux soucieux de préserver l'harmonie sociale et inquiets de perdre leur source d'approvisionnement en eau potable. Il observait dans ce même rapport que le ministère de l'Environnement n'avait pas les

31. Gingras, B., Leclerc, J.M., Chevalier, P., Bolduc, D.G., Laferrière, M., Fortin, S.H., *op. cit.*

32. Brière, J. *Rapport de consultation sur certains problèmes d'application du régime de protection des activités agricoles en zone agricole, pièce légale 58,* mémoire déposé lors de la consultation publique sur le développement durable de la production porcine au Québec, BAPE, 28 novembre 2002.

capacités de faire appliquer le *Règlement sur la réduction de la pollution d'origine agricole* qui lui semblait indûment favoriser le développement des entreprises d'élevage au détriment de la qualité de l'environnement.

Il faut également se rappeler qu'en 2000-2001, la tragédie de Walkerton en Ontario a rendu des centaines de gens malades et a causé la mort de 7 personnes en raison de la contamination des puits municipaux par une bactérie *E. coli* provenant de déjections animales à proximité de ceux-ci. Ce drame a fait augmenter la pression sociale sur plusieurs professionnels et élus municipaux. En mai 2000, la publication du rapport de la Commission du Bureau des audiences publiques sur la gestion de l'eau au Québec a également éveillé l'opinion publique à ces questions. En outre, la sortie du documentaire *Bacon le film* en septembre 2001, qui dénonçait le mode de production des fermes porcines au Québec, a renforcé la conscientisation des citoyens à l'égard de la menace importante que représente la production porcine pour l'environnement et la santé publique.

Le chercheur Denis Boutin, économiste rural à la Direction du milieu rural au ministère du Développement durable, de l'Environnement et des Parcs (MDDEP) a évalué que l'aide financière gouvernementale pour le soutien des prix du marché, de même que pour le paiement au titre de la production et au titre de l'utilisation d'intrants, a eu des impacts considérables sur l'environnement. Ces subventions tendent en effet à promouvoir et soutenir une augmentation des cheptels porcins:

> [...] parmi les différentes mesures de soutien disponibles au Québec, ce sont surtout les programmes d'assurance-stabilisation du revenu agricole (ASRA) qui entraînent des effets jugés dommageables pour l'environnement, notamment parce qu'ils encouragent la surproduction puisque les aides versées sont faites en fonction des niveaux de production et parce qu'ils comportent des effets de verrouillage favorisant la spécialisation et/ou des assolements inadéquats. Quant aux programmes d'assurance-récolte, bien qu'ils permettent généralement une grande flexibilité dans la gestion des pratiques, ils peuvent, dans quelques cas, engendrer également un effet de verrouillage quant à l'usage des intrants particuliers ou encore être inadaptés pour certains modes de production plus bénéfiques pour l'envi-

> ronnement (ex.: agriculture biologique). Ainsi, cela amène à leur reconnaître des effets qui, bien que faibles, puissent néanmoins aller à l'encontre d'un objectif d'amélioration de la performance environnementale[33].

Il n'est donc pas étonnant de constater que la Commission du BAPE sur la production porcine ait suggéré dans son rapport de revoir l'application de l'ASRA. On y recommande que:

> [...] dans le secteur porcin, le programme actuel d'assurance-stabilisation du revenu agricole soit remplacé par un régime de protection du revenu des producteurs agricoles, qu'un revenu net maximal soit protégé et que cette protection s'applique indépendamment du volume, de la nature et du prix de la production[34].

Hélas, comme nous l'avons vu dans le portrait politique, le gouvernement a choisi d'adopter plutôt une mesure législative (la Loi 54) qui, au bout du compte, n'aura rien réglé. Les conflits de cohabitation sociale, la pollution des cours d'eau, la perte de la diversité biologique, sont toujours graves et risquent de s'amplifier dans les années à venir.

## L'écoconditionnalité

L'une des mesures d'intervention privilégiée par le gouvernement du Québec depuis février 2001 consiste à faire appliquer le concept d'écoconditionnalité. En effet, à cette époque, le ministère de l'Agriculture et la Fédération des producteurs de porcs du Québec ont signé une entente selon laquelle les producteurs de porcs s'engageaient à respecter les normes environnementales pour bénéficier des programmes gouvernementaux de soutien financier. Normalement, aucune aide financière en provenance de la Financière agricole ne peut être obtenue sans le respect de cette condition.

---

33. Boutin, D. *Réconcilier le soutien à l'agriculture et la protection de l'environnement: tendances et perspectives.* Communication présentée au 67e Congrès de l'Ordre des agronomes du Québec Vers une politique agricole visionnaire, 11 juin 2004. http://www.mddep.gouv.qc.ca/milieu_agri/agricole/publi/tendance-perspect.pdf.
34. Rapport du BAPE, 2003, Recommandation 25, p.154.

> C'est pour le MDDEP à la fois un instrument économique et un instrument d'administration publique. Comme instrument économique, l'écoconditionnalité consiste à subordonner à des critères environnementaux ou à l'observation d'exigences à caractère environnemental, l'accès à divers programmes gouvernementaux de soutien financier. Cette mesure cherche à influencer le comportement des producteurs et à assurer la cohérence et la coordination des actions gouvernementales en matière environnementale, une saine gestion des fonds publics et un suivi du respect de la législation environnementale[35].

Toutefois, la lenteur des discussions entourant la mise en place du *Plan de mise en œuvre de l'écoconditionnalité pour la production porcine* a tôt fait de mettre en évidence que ces écoconditions ne plaisaient pas à l'industrie porcine. En 2004, quelques mois avant la levée partielle du moratoire sur la production porcine au Québec, l'Union pour la conservation de la nature (Nature-Québec) rappelait publiquement au gouvernement du Québec son devoir de fermeté.

> Pour l'UQCN, la levée du moratoire dans le secteur porcin doit être conditionnelle à l'instauration d'un cadre de développement durable de la production. Or, à ce jour, les acteurs institutionnels n'affichent aucun signe permettant de croire qu'ils veulent remplir ces conditions. Les leaders agricoles ne reconnaissent pas la nécessité des changements proposés par la commission du BAPE sur la production porcine et ils prétendent toujours que la Loi 184 et le Règlement sur les exploitations agricoles (REA) sont des mesures suffisantes pour répondre aux défis de cette production. Le rapport de la commission du BAPE, dont les audiences ont eu lieu après l'adoption de ces mesures, est pourtant venu démontrer les limites de celles-ci, et la nécessité d'autres interventions pour gérer et résoudre les problèmes environnementaux et sociaux associés à l'agriculture. [...] Isabelle Breune, agronome au service de l'UQCN, souligne qu'en dépit d'engagements formels et essentiels pris lors des assouplissements à la législation associés au *Règlement sur les exploitations agricoles,* « les mesures de contrôle des exploitations agricoles par le ministère de l'Environnement s'apparentent davantage à

35. Boutin, D., *op. cit.*

> des visites de courtoisie aux producteurs qu'à un véritable exercice de contrôle. Encore une fois, le ministère semble incapable d'assurer le respect des exigences environnementales, une condition pourtant essentielle au rétablissement de la confiance de la population[36].

En mai 2004, donnant suite au rapport de la Commission du BAPE sur le développement durable de la production porcine, le gouvernement du Québec a entériné un plan d'action dans lequel la mise en œuvre de l'écoconditionnalité constituait à ses yeux l'une des conditions de la levée des restrictions au développement de la production porcine.

Plus tard, le 25 mai 2005, afin d'inciter les éleveurs à passer rapidement à l'action en matière d'écoconditionnalité, le gouvernement du Québec modifiait la Loi sur le ministère de l'Agriculture, des Pêcheries et de l'Alimentation [L.Q.R., c. M-14]. Celle-ci prévoit désormais que l'admissibilité au Programme de remboursement des taxes foncières sera liée à l'obligation de déposer un bilan de phosphore au ministère du Développement durable, de l'Environnement et des Parcs (MDDEP). Les exploitations en surplus de phosphore peuvent de ce fait bénéficier d'un accompagnement du MAPAQ par l'entremise de son Plan d'accompagnement agro-environnemental (PAA)[37]. Quant au suivi, aux contrôles, aux vérifications et aux sanctions qui garantiraient une application stricte de ces directives, nous n'avons pas trouvé d'études traitant de cet aspect fondamental de la question.

## Alimentation à base d'OGM

Pour plusieurs experts de l'agriculture et pour de nombreux producteurs de porcs et de céréales, l'utilisation de semences génétiquement

---

36. Union québécoise pour la conservation de la nature (UQCN). *Silence du gouvernement concernant le rapport du BAPE sur la production porcine : L'UQCN demande plus de transparence*. Communiqué de presse diffusé le 24 février 2004. http://www.naturequebec.org/ressources/fichiers/Agriculture/CO04-02-22_BAPE_silence.pdf.
37. MAPAQ. « Plan d'action pour la mise en valeur des produits régionaux et des produits de niche », *La Terre de Chez Nous*, juin 2005. http://www.mapaq.gouv.qc.ca/NR/rdonlyres/651A9189-5C03-447C-9BCC-7FA792A65F76/0/TCN23juin2005.pdf.

modifiées est une réalité bien établie qui est là pour rester, puisqu'ils considèrent qu'elles améliorent leur rendement à l'hectare. Leur perception n'est certes pas partagée avec le même enthousiasme par le milieu médical qui suit de près la question des résidus d'OGM dans les cours d'eau (voir le portrait santé publique). On ne sait pas non plus comment ces produits sont assimilés par les animaux et s'ils se retrouvent dans la viande vendue aux consommateurs. Il y a lieu de se questionner lorsqu'on sait que la traçabilité de ces produits a présenté quelques ratés au fil des années. Toute cette question est très vaste et aurait pu faire l'objet à elle seule d'une étude exhaustive. Nous n'aborderons donc pas ici le sujet en profondeur. Il sera davantage traité au chapitre 16 de cet ouvrage.

## Poursuites légales : l'environnement doit primer

Si la pollution de l'environnement a longtemps été considérée comme un impact collatéral d'une nécessaire modernisation de l'agriculture, les mentalités en ce sens commencent à changer. Par exemple, aux États-Unis, deux villes et l'État de l'Oklahoma ont déposé des poursuites judiciaires contre l'industrie agricole afin de récupérer des sommes d'argent dépensées pour protéger la santé publique contre la contamination des cours d'eau par les déjections animales. Ces poursuites ont été entreprises dans le cadre du *Superfund Law and Emergency Planning & Community Right-to-Know Act* (EPCRA).

En contrepartie, une coalition regroupant de grands propriétaires industriels producteurs de viandes de porc, de poulet et de bœuf, Farmers for Clean Air and Water, s'est formée pour contrer ces actions environnementales. Ses membres ont compris les risques que constituent ces poursuites et tentent de faire adopter des exceptions législatives à la Chambre du Congrès des États-Unis pour les mettre à l'abri de recours collectifs déposés par des individus, des municipalités et des États.

Actuellement, l'industrie porcine donne peu d'indices permettant de croire que le Québec cherche à se démarquer de cette mentalité productiviste qui ne répond en rien aux impératifs d'un développement agricole durable. Et les législations mises en place par le gouvernement laissent les groupes de citoyens bien démunis juridiquement pour faire changer les choses. Nous ne sommes donc pas près de voir apparaître des recours collectifs menés par des municipalités ou des groupes de citoyens.

Pourtant, des professionnels de l'environnement, de la santé publique et de l'agriculture s'activent au sein même du gouvernement pour opérer les changements nécessaires. Il n'y manque vraisemblablement que la volonté politique. Laissons en ce sens le mot de la fin à l'agronome Denis Boutin, du ministère de l'Environnement :

> Il s'avère primordial de développer une vision intégrée de l'ensemble des politiques agissant sur le secteur agricole, et ce, afin d'assurer que chacune des pièces constituant la politique n'engendre pas des effets qui pourraient aller à l'encontre de l'une des trois dimensions du développement durable. Puis, comme l'a illustré la Commission du BAPE avec les 58 recommandations de son rapport, une stratégie de développement durable en agriculture repose nécessairement sur une diversité de moyens et d'interventions agissant tant sur des dimensions économiques, qu'environnementales et sociales[38].

38. Boutin, D., *op. cit.*

LA PRODUCTION PORCINE ET LA POLLUTION DE L'EAU[39]

*Coalition québécoise pour une gestion responsable de l'eau – Eau Secours!*

L'eau, au Québec, n'est pas suffisamment bien protégée contre les impacts négatifs de l'agriculture en général et de l'industrie porcine en particulier.

Rappelons que c'est le *Règlement sur les exploitations agricoles* (REA) qui vise principalement à protéger l'environnement et l'eau au Québec. Or, ce règlement est basé sur une norme phosphore qui a l'effet pervers d'accroître la pollution de l'eau (par divers polluants), parce qu'elle permet une augmentation de la production de porcs. Le REA fonctionne en effet selon une approche ferme par ferme, alors que, logiquement, il devrait tenir compte des bassins versants des territoires. Pire, le MDDEP ne fait pas de suivi approprié de la qualité de l'eau. D'une part, parce qu'il n'existe pas d'indicateurs qui le guideraient dans cette évaluation et, d'autre part, parce que le ministère ne compte pas suffisamment d'effectifs professionnels pour procéder à ces inspections.

Par ailleurs, le REA soustrait de nombreux projets porcins à l'évaluation environnementale exigée en vertu de la *Loi québécoise sur la qualité de l'environnement.* Les normes relatives aux bandes riveraines qu'il contient sont également insuffisantes et sont peu respectées. Normalement, le REA vise à limiter l'augmentation des superficies en culture, mais, en réalité, il élimine le principal mécanisme de suivi qui y était associé. De plus, comme il limite les superficies en culture sans limiter la production porcine, la pression exercée sur la ressource eau est de plus en plus grande.

Le ministère confie une grande part du contrôle du REA aux agronomes employés par les producteurs. Or, comment ce même

39. Extraits du document suivant : Comité permanent de recherche et de sensibilisation de la Coalition québécoise pour une gestion responsable de l'eau. *Portrait de la situation de la production porcine au Québec depuis la tenue de la Consultation publique sur le développement durable de la production porcine au Québec en 2003*, 2003.

REA qui impose des restrictions à l'épandage des déjections peut-il être appliqué adéquatement, quand un agronome possède aussi le droit de donner une autorisation pour déroger à ces règles ? Comment aussi les agronomes peuvent-ils faire respecter les directives en vigueur lorsqu'ils participent à la validation des PAEF (Plans agroenvironnementaux de fertilisation) au cas par cas ? Enfin, faut-il préciser que le REA ne contient aucune disposition visant l'amélioration des pratiques culturales (dont la rotation des cultures et la couverture du sol), la protection des milieux humides ou le contrôle de l'utilisation des antibiotiques et autres médicaments ?

Autre aspect négatif : les restrictions à l'usage des pesticides pour les cultures et des médicaments pour les animaux sont insuffisantes. Par exemple, comme plusieurs gros producteurs ont un vétérinaire à leur emploi, ils peuvent influencer la quantité de médicaments à administrer à leurs animaux. À cela s'ajoute le fait que le *Règlement pour le captage des eaux souterraines* exige de cesser l'épandage autour d'un puit uniquement lorsqu'il est démontré que la contamination atteint la moitié de la norme en vigueur. L'eau est alors déjà contaminée.

Pendant ce temps, les rares inspecteurs du MDDEP reçoivent comme consigne de s'occuper en priorité de la conformité aux exigences administratives, ce qui leur laisse moins de temps pour s'attarder aux situations qui ont un impact réel sur l'eau. Sans compter que le processus judiciaire qui permet d'obliger un producteur à se conformer aux règles est très long. Faut-il donc se surprendre que, lorsqu'un un producteur se fait imposer une amende par le MDDEP à la suite d'une infraction, l'UPA intervienne pour le défendre ?

Bref, le gouvernement du Québec prend pour acquis que les normes qu'il impose sont suffisantes pour protéger l'environnement et l'eau, alors que ce n'est pas le cas. En effet, non seulement ces normes sont-elles inefficaces, mais le gouvernement ne prend pas les moyens nécessaires pour en assurer le respect. Il continue par contre à financer et à soutenir la production porcine et son développement sous sa forme actuelle, jetant à la poubelle l'ensemble du colossal travail effectué par la Commission du BAPE et tous ceux et celles qui y ont participé.

CHAPITRE 5

# Portrait santé publique

## *L'effet domino*

RAPPELONS D'ABORD QUE LE MINISTÈRE DE LA SANTÉ et des Services sociaux est un acteur majeur, bien que souvent oublié, dans le dossier des porcheries. En effet, la Loi sur les services de santé et les services sociaux confie aux Agences de santé et de services sociaux la surveillance et la protection de la santé publique des Québécois. Ainsi, dans toutes les régions du Québec, ce sont habituellement les directions de santé publique du ministère de la Santé et des Services sociaux et l'Institut national de santé publique du Québec qui sont chargés d'analyser l'impact de l'agriculture sur la santé des habitants des milieux ruraux. Leur tâche est complexe et en constante évolution: les médecins chercheurs doivent identifier les problèmes de santé prioritaires de même que les facteurs de risque et les facteurs de tension qui sont susceptibles d'affecter la santé globale de la population. Ils sont ensuite tenus de mettre en place des mesures pour la protection de la santé de la population de leur territoire[1].

1. Cette présentation du partage des responsabilités en matière de santé publique a été faite par le Dr Alain Poirier, directeur national de santé publique au MSSS, lors du dépôt d'un mémoire à la Commission sur le

En 2002-2003, à l'occasion de la Commission sur le développement durable de la production porcine au Québec du BAPE, plusieurs directions régionales de santé publique de même que l'Association médicale du Québec ont rappelé que la qualité de l'environnement physique est un déterminant de l'état de santé global de la population, au même titre que les habitudes de vie, la situation sociale, l'emploi ou les conditions de travail[2].

C'est principalement à partir de leurs observations, études et analyses que ce portrait rendra compte des risques sanitaires qu'engendrent les porcheries industrielles québécoises. Mais il va sans dire que pour porter un regard approfondi et complet en matière de santé publique, il faudrait réaliser une analyse croisée des risques environnementaux, sanitaires, sociaux, économiques et agronomiques liés à l'industrie porcine.

## Un milieu rural qui s'affaiblit

D'un point de vue démographique, le monde rural québécois dans son ensemble a perdu près de 1 % de sa population entre 1996 et 2001 au profit de la zone urbaine qui s'est accrue de 2 %[3]. En fait, depuis 50 ans, l'industrialisation croissante de l'agriculture a créé un exode des populations, surtout des jeunes ayant de moins en moins la possibilité financière de prendre la relève des fermes familiales ou de trouver des emplois de qualité en région rurale. Des enfants d'agriculteurs se sont aussi désintéressés de « la terre » à cause des conditions de vie qu'impose le travail à la ferme. En fait, dans la société québécoise comme ailleurs, la transformation des rapports hommes-femmes marquée notamment par la diminution des mariages et la fragilisation des unions – dont un nombre croissant se terminent par un divorce ou une séparation – ainsi que

---

développement durable de la production porcine au Québec du BAPE.

2. Provost, M. *Le développement durable de la production porcine en Abitibi-Témiscamingue,* mémoire de la Direction de santé publique Abitibi-Témiscamingue présenté lors de la consultation publique sur le développement durable de la production porcine au Québec, BAPE, 2003.
3. Martinez J., Pampalon R., Hamel, D. et Raymond, G. *Vivre dans une collectivité rurale plutôt qu'en ville fait-il vraiment une différence en matière de santé et de bien-être ?*, Québec, Institut national de santé publique, 2004.

la chute marquée du taux de natalité ont modifié profondément la notion même de ferme familiale. Le nombre de « fermes familiales » a donc constamment diminué au cours des dernières décennies à la faveur des fermes industrielles, favorisées par les institutions financières et gouvernementales.

En contrepartie, la campagne a accueilli des cohortes de banlieusards et de citadins qui rêvaient de posséder un coin de terre loin du bruit, de la poussière, des activités de transport et de la promiscuité humaine. Si plusieurs migrent chaque jour vers la ville pour leur travail, un certain nombre d'entre eux gagnent leur vie grâce aux avancées du télé-travail, tandis que d'autres encore ont choisi de vivre de la terre et ont rejoint les agriculteurs de « souche » qui privilégient des méthodes de production dites « alternatives ». Ils cultivent et transforment à la ferme des produits du terroir ; ils participent au programme de l'« agriculture soutenue par la communauté » ; ils adhèrent aux réseaux de l'agriculture biologique ; ils offrent directement à la ferme des fruits et légumes et pratiquent divers élevages ; seuls ou avec d'autres agriculteurs, ils tiennent des kiosques dans de petits marchés publics. Plusieurs de ces agriculteurs conservent un emploi extérieur à la ferme pour boucler le budget familial. Enfin, d'autres sont des travailleurs autonomes ou des travailleurs saisonniers qui offrent leurs services comme ouvrier agricole.

Cette nouvelle composition sociodémographique des campagnes a suscité l'intérêt des professionnels de la Direction de la Santé publique du ministère de la Santé et des Services sociaux qui ont tenté de vérifier si le fait de vivre dans une collectivité rurale plutôt qu'en ville faisait vraiment une différence en matière de santé et de bien-être[4].

En 20 ans d'études, plusieurs directions de Santé publique ont ainsi constaté de près les conséquences de la transformation des milieux de vie ruraux liée notamment à l'industrialisation de l'agriculture. Dans plusieurs régions du Québec, l'un des exemples type des méfaits sociosanitaires de l'imposition du modèle agro-industriel est sans contredit celui de l'industrie porcine. Celle-ci est apparue comme un facteur particulier de détérioration de la santé physique et mentale des populations, dont les premiers affectés sont les producteurs agricoles eux-mêmes.

---

4. *Ibid.*

En septembre 2006, l'Institut canadien d'information sur la santé confirmait les préoccupations des professionnels québécois et affirmait à son tour que l'état de santé des populations rurales était inquiétant:

> Les taux de mortalité globaux plus élevés au sein des collectivités rurales semblent liés à des causes comme les maladies de l'appareil circulatoire et les blessures. [...] Les conditions d'emploi, de revenu et de scolarité sont quant à elles nettement meilleures en milieu urbain et se détériorent de façon générale lorsqu'on s'éloigne des grands centres[5].

L'industrialisation de la production porcine a contribué à dégrader l'autonomie des fermes familiales et à introduire de nombreux polluants et résidus dans le milieu: écoulements de lisier, pesticides, antibiotiques et OGM se retrouvent dans les cours d'eau et les nappes phréatiques. La porciculture industrielle a par ailleurs souvent exacerbé les tensions sociales et détérioré les relations entre voisins; elle a également affaibli la vie communautaire et dévalorisé les acquis socioculturels. D'année en année, les professionnels de la santé s'inquiètent des conséquences de l'accumulation et de l'effet synergique de ces problèmes sur la santé des populations rurales.

## Agir en amont

Citons des témoignages sans équivoque présentés lors des audiences du BAPE. En 2003, soucieuse de prévenir les problèmes et les risques sanitaires, la Direction de Santé publique de l'Abitibi-Témiscamingue estimait nécessaire d'agir de façon préventive plutôt que de chercher des solutions pour restaurer les écosystèmes contaminés par les élevages porcins. Maribelle Provost, l'auteure du mémoire soumis au BAPE, décrit ainsi sa région:

> Les activités agricoles intensives (en particulier la production animale) peuvent contribuer à la contamination de l'eau de surface par les fertilisants chimiques et naturels (azote et phosphore), les organismes pathogènes présents dans les déjections animales (bactéries, virus, protozoaires) et l'augmentation de la matière en suspension dans l'eau. [...] Il apparaît donc essentiel

5. Mercier, J. « Vie rurale: la santé en prend pour son rhume », *La Terre de Chez Nous*, 77, n° 34, p. 3, 2006.

> à l'équipe de santé publique d'agir en amont du problème de contamination pour éviter que le développement des activités de production animale se réalise au détriment de la qualité de vie de la population[6].

Le ministère de la Santé et des Services sociaux (MSSS) et toutes les directions régionales de santé publiques se sont interrogés sur les effets de la pollution de l'eau causée par les élevages intensifs :

> Les animaux d'élevage sont les hôtes d'une quantité importante de micro-organismes (bactéries, parasites et virus) dont certains ont un pouvoir pathogène pour l'humain. [...] Cette exposition se fait principalement par la consommation d'eau contaminée. [...] Par ailleurs, l'utilisation intensive d'antibiotiques, administrés aux animaux dans le but de prévenir les infections et d'accélérer leur croissance, contribue à augmenter la résistance parmi les populations bactériennes, lesquelles sont ensuite susceptibles d'être transmises aux humains. Il est ainsi à craindre que ce phénomène ait pour conséquence d'accroître la difficulté à combattre les germes responsables de diverses maladies chez l'humain à l'aide des médicaments actuellement disponibles[7].

De plus, les directions régionales de santé publique de la Mauricie-Centre-du-Québec et de Chaudière-Appalaches[8] se sont attardées aux cas d'intoxication mortelle liée à la présence des gaz de fermentation libérés dans les préfosses et les réservoirs lors de l'agitation et de la vidange du lisier. À l'unanimité, le MSSS et les directions régionales de santé publique croient que les conflits sociaux qui se développent au sein des communautés rurales sont généralement la résultante d'une gestion environnementale défi-

---

6. Provost, M. *Le développement durable de la production porcine en Abitibi-Témiscamingue*, mémoire de la Direction de santé publique Abitibi-Témiscamingue présenté lors de la consultation publique sur le développement durable de la production porcine au Québec, BAPE, 2003.
7. Direction de santé publique de la Mauricie et du Centre-du-Québec, *Problématiques et interventions de santé publique dans la région Mauricie*, mémoire déposé lors de la consultation publique sur le développement durable de la production porcine au Québec, Shawinigan, 24 janvier 2003.
8. Martin, 2003.

ciente et du partage inéquitable des bénéfices et des inconvénients associés à la production animale.

## L'eau : une préoccupation majeure

Il y a déjà plus de 10 ans, à la suite de plaintes répétées de la part de citoyens, d'un inquiétant rapport du Protecteur du citoyen et face aux constats de la Commission sur la gestion de l'eau menée par le Bureau d'audiences publiques sur l'environnement, le ministère de la Santé et des Services sociaux confiait à un comité de santé environnementale le mandat de faire le point sur les risques pour la santé associés aux activités de production animale au Québec.

Remis en juin 2000, le rapport identifiait sept types de bactéries, deux types de parasites et un virus qui pourraient constituer un risque pour la santé des populations rurales, soit en provoquant des infections résultant d'une ingestion d'eau contaminée, soit par contact avec l'eau du milieu naturel lors de la baignade. Les chercheurs n'éliminaient pas non plus les risques d'entérites graves chez les humains, causées par l'ingestion d'eau contaminée par des déjections animales comme cela a été observé aux États-Unis en 1999 et en mai 2000, à Walkerton, Ontario. L'étude rapportait de plus que les activités d'épandage de lisier entraînaient un apport considérable de matières en suspension dans les eaux de surface. Avec ou sans traitement, cette eau fait augmenter les risques pour la santé humaine.

> Lorsqu'une eau chargée de matières organiques est puisée et traitée pour la consommation, la matière en excès peut réagir avec le chlore et former des sous-produits susceptibles de représenter un risque pour la santé. Plusieurs études épidémiologiques ont été effectuées pour vérifier le potentiel cancérigène des sous-produits de la chloration. À la lumière de ces données, un groupe d'experts réuni par Santé Canada a conclu qu'il demeure possible que les sous-produits de la chloration représentent un risque notable de cancer, en particulier de la vessie [...] et des complications de la grossesse[9].

9. Gingras, B., Leclerc J.-M., Bolduc, D., Chevalier P., Laferrière, M. et Hamel-Fortin, S. *Les risques à la santé associés aux activités de production animale. Document de référence*. Comité de santé environnementale du Québec, 2000.

À la suite de cette publication, la direction de la Santé publique de la région Chaudière-Appalaches s'est à son tour penchée, en 2001, sur la problématique de la contamination de l'eau sur son territoire puisqu'elle est une zone de production porcine intensive[10]. Les inquiétudes exprimées dans le rapport d'étude ont été rappelées lors des audiences publiques du BAPE, alors que le directeur national de santé publique disait ceci :

> La dégradation de la qualité de l'eau de surface peut entraver les divers usages de l'eau (baignade, sports nautiques, pêche, alimentation en eau potable, etc.) en raison des risques pour la santé. L'eutrophisation des lacs et des cours d'eau à vocation récréative dans des secteurs agricoles et même dans des secteurs où la pression agricole est faible, laisse craindre une détérioration de la qualité de l'eau des lacs dans ces régions. Il est donc essentiel d'agir en amont du problème de contamination pour éviter que le développement des activités de production animale se réalise au détriment de la qualité de vie de la population ou encore au détriment d'autres activités économiques telles que le tourisme[11].

Des études exhaustives portant sur la qualité de l'eau et les impacts potentiels sur la santé en milieu d'élevage au Québec ont également été conduites en 2003 par une équipe de recherche multipartite regroupant des professionnels des ministères de l'Environnement, de l'Agriculture, de la Santé publique et des chercheurs associés de l'Université Laval[12]. Un volet de l'étude portait spécifiquement sur

---

10. Gingras, B. *Avis de santé publique portant sur les risques à la santé associés aux activités de production animale en Chaudière-Appalaches*. Régie régionale de la Santé et des Services sociaux de Chaudière-Appalaches, Direction de santé publique, de la planification et de l'évaluation, 2001. http://www.rrsss12.gouv.qc.ca/pdf/Avis-Production_animales-mars_01.pdf (26 août 2006).
11. Poirier, A. *Mémoire national de santé publique*. Mémoire présenté lors de la consultation publique sur le développement durable de la production porcine au Québec, Bureau d'audiences publiques sur l'environnement, 2003.
12. Rousseau N., Levallois, P., Roy, N., Ducrocq, J., Gingras, S., Gélinas, P. et Tremblay, H. *Étude sur la qualité de l'eau potable dans sept bassins versants en surplus de fumier et impacts potentiels sur la santé*, 2003. http://www.mddep.gouv.qc.ca/eau/bassinversant/sept-bassins/index.htm.

la vulnérabilité des aquifères; ceux-ci sont en effet sensibles à la pollution causée par un excédent de phosphore dû à des activités d'agriculture et d'élevage dont, au premier chef, la production porcine. Le territoire de la MRC de Montcalm a été choisi comme site témoin parce qu'il a fait l'objet d'une cartographie de la vulnérabilité avec la méthode DRASTIC[13] et que toutes les municipalités de la MRC présentaient un bilan de phosphore excédentaire là où la vocation est essentiellement agricole. Si les résultats obtenus en ce qui concerne la pollution par les nitrites-nitrates, *E. coli* et entérocoques ou virus de type coliphages F-spécifiques n'ont pas montré une situation grave, les chercheurs ont néanmoins observé d'autres risques potentiels. Ils concluent que les résultats, parfois contradictoires, mettent en évidence les difficultés de suivre la problématique dans son ensemble, ce qui renforce selon nous la nécessité d'appliquer le principe de précaution:

> La multitude de facteurs pouvant influencer la contamination et l'intégrité d'un puits, la proximité de la source de contamination et l'aménagement des alentours du puits, de même que la topographie et les caractéristiques physiques du sol [...] illustrent que pour être en mesure de protéger adéquatement les sources d'eau potable que constituent les puits individuels, il faudra d'abord comprendre la dynamique de migration des microorganismes dans le sol et les caractéristiques du milieu qui la contrôlent et donc, déployer des efforts de recherche en ce sens[14].

Le constat était flagrant: les excédents d'épandage de lisier et l'écoulement naturel de ces déjections dans les cours d'eau de surface, sont une cause importante de pollution et rapprochent les risques sanitaires d'un niveau inacceptable.

Prenons un autre exemple concret de pollution grave de l'eau, connu depuis longtemps. Depuis le milieu des années 1990, la Baie

---

13. Système de cotation numérique utilisé pour déterminer l'indice de vulnérabilité des eaux souterraines à la pollution.
14. Roy, N., Rousseau, N., Cantin, P., Cardinal, P. et Gingras, P. *Étude sur la qualité de l'eau potable dans sept bassins versants en surplus de fumier et impacts potentiels sur la santé – Influence de la vulnérabilité des aquifères sur la qualité de l'eau des puits individuels dans la MRC de Montcalm*, 2004. http://www.santecom.qc.ca_(28 septembre 2006).

Missisquoi est fortement affectée par la présence d'un excès de phosphore dans les eaux de surface qui s'y écoulent, favorisant la croissance d'algues microscopiques dont certaines peuvent produire des toxines nommées cyanobactéries[15]. Les avertissements lancés notamment par la Direction de la Santé publique de la Montérégie et la surveillance effectuée par le ministère de l'Environnement n'ont pas influencé les pratiques agricoles. Il aura fallu attendre jusqu'en septembre 2006, alors que plusieurs municipalités de l'Estrie, dont North Hatley et les municipalités avoisinantes de cette région touristique réputée[16], perdent accès à leurs sources d'eau potable prises à même les lacs de la région, pour que le grand public et les autorités gouvernementales comprennent l'ampleur des risques de la présence des cyanobactéries. Les municipalités ont dû fournir l'eau potable par citernes pour tous les usages quotidiens, tant pour boire, cuisiner, se laver que se divertir. Mais une fois l'hiver arrivé et la crise d'approvisionnement en eau potable contrôlée, la contamination a de nouveau été banalisée. Avec un printemps chaud et sec en 2007, de nouvelles éclosions de cyanobactéries ont eu lieu dans plusieurs lacs de l'Estrie, de la Montérégie, des Laurentides, semant un émoi dans plusieurs municipalités qui accueillent des villégiateurs durant la saison estivale.

Certains ont cru que le problème émergeait. Pourtant, déjà en septembre 2000, l'Institut national de santé publique du Québec (INSPQ) prévenait le milieu médical qu'on avait rapporté une grande quantité de cyanobactéries dans des cours d'eau et des lacs du Québec et que cela inquiétait nombre de scientifiques, dont ceux travaillant autour de la Baie Missisquoi. Dans un avis de santé publique, l'INSPQ avait rappelé que la présence de cyanobactéries occasionnait des atteintes hépatiques et des symptômes de gastroentérite chez les personnes ayant consommé de l'eau contaminée. Une eau chargée de cyanobactéries provoque également des irritations cutanées et oculaires, des maux de gorge et des allergies. De

15. « Cyanobactéria ». En ligne sur Wikipedia : http://fr.wikipedia.org/wiki/Cyanobact%C3%A9rie (23 août 2006).
16. Plante, C. « Algues bleues : Les autorités prennent des mesures spéciales », *La Tribune,* 28 septembre 2006. http://www.cyberpresse.ca/apps/pbcs.dll/article?AID=/20060925/CPACTUALITES/60925143/5167/CPACTUALITES&template=printart&print=1.

plus, dès cette période, Santé Canada a classé la principale toxine rencontrée (la microcystine-LR) dans le groupe des substances possiblement cancérigènes[17].

L'alerte de l'an 2000 avait été préalablement donnée vers le milieu des années 1990. Un rapport d'analyse du bassin versant de la rivière Saint-François rapportait dès 1994 une contamination toxique décelée dans les lacs Lovering, Massawipi et Magog qui alimentent en eau potable les municipalités de Ayers's Cliff, North Hatley, Hatley et Waterville, Magog et Sherbrooke. Quelques années plus tard, des chercheurs répétaient cette mise en garde, lors de la publication d'un article dans la revue *Vecteur Environnement*[18]. Ils disaient avoir trouvé des cyanobactéries dans les rivières Yamaska et Yamaska-Nord et signalaient l'apparition d'une espèce non mentionnée dans les recensions antérieures, soit la *Microcystis wesenbergii* :

> Selon les données compilées par Primeau en 1999 pour l'ensemble du bassin versant de 1979 à 1997, ainsi que par Rashidan et Bird dans le lac Brome, en 1998, les concentrations en phosphore ainsi que les rapports N(azote) ; P(phosphore) seraient nettement favorables à la croissance des cyanobactéries et pourraient expliquer la présence de ces floraisons dans certains secteurs.

## Les antimicrobiens : la boîte de Pandore

Outre les sérieux impacts socio-économiques et environnementaux qu'entraîne la présence des cyanobactéries dans l'eau destinée à l'alimentation humaine et animale, aux activités domestiques et au divertissement, la présence dans l'eau de résidus d'antibiotiques (connus aussi sous le nom d'antimicrobiens) constitue un autre défi de taille en matière de santé publique.

En 2002, la Direction des médicaments vétérinaires de Santé Canada créait un *Comité consultatif sur l'utilisation d'antimicro-*

---

17. Gingras, B., Leclerc J.-M. *et al.*, *op. cit.*, p. 117.
18. Chevalier, P., Pilote, R., Leclerc, J.-M., Deblois, C., Hamilton, P. et Poulin, M. Les cyanobactéries (algues bleues) toxiques et les micro-cystiques dans le bassin versant de la rivière Yamaska (Québec, Canada) ; le risque à la santé publique. *Vecteur Environnement*, vol. 35, nº 6, 2002, p. 55-65.

*biens chez les animaux et les conséquences pour la résistance et la santé humaine* et lui confiait une analyse exhaustive de la problématique au Canada. Dans un rapport rendu public en juin 2002, le comité présidé par le médecin Scott McEwen, professeur au Department of Population Medicine à l'Ontario Veterinary College de l'University of Guelph, a exprimé son inquiétude face à l'usage de tels produits dans la production industrielle du bétail. En raison de l'ingestion de médicaments antimicrobiens à des fins de croissance et comme traitement contre les infections virales, les animaux malades présentent une multirésistance aux médicaments normalement utilisés pour combattre les bactéries et autres agents zoopathogènes. Le comité estimait que l'évacuation des résidus d'antimicrobiens par l'eau risque d'augmenter la résistance aux médicaments tant chez les humains que chez les animaux, et accroître la fréquence des infections :

> La multirésistance aux antimicrobiens est un phénomène extrêmement complexe [...]. La meilleure façon de prévenir ce type de développement de résistance complexe est de réduire la pression sélective, c'est-à-dire réduire l'utilisation d'antimicrobiens dans tous les domaines, autant que faire se peut[19].

L'inquiétude des membres du comité reposait entre autres sur l'observation que Santé Canada ne disposait pas de méthodes ni de critères crédibles et scientifiquement validés pour évaluer les risques rattachés à la résistance aux antimicrobiens transmise par des animaux destinés à l'alimentation.

> Les vétérinaires et les producteurs d'animaux destinés à l'alimentation ne sont pas assez conscientisés aux questions de la résistance dans leur domaine. [...] les données sur l'utilisation d'antimicrobiens accessibles au public sont rares au Canada et, à n'en pas douter, dans bien des pays du monde. Nous n'avons pas de mécanisme pour recueillir, analyser et communiquer les données sur la consommation d'antimicrobiens par les animaux

---

19. McEwen, S. *L'utilisation au Canada d'antimicrobiens chez les animaux destinés à l'alimentation : les conséquences pour la résistance et la santé humaine*, rapport de recherche, Direction des médicaments vétérinaires, Santé Canada, 2002, p. 229. www.hc-sc.gc.ca/dhp-mps/pubs/vet/amr-ram_final_report-rapport_06-27_f.html.

> destinés à l'alimentation. Nous ne connaissons pas les quantités des divers antimicrobiens utilisés avec les animaux et nous ne recueillons pas de données sur leur utilisation d'une façon qui contribuerait à améliorer notre compréhension de la résistance et de ses conséquences pour la santé humaine. [...] C'est un problème important parce que les bactéries résistantes passent des animaux aux humains. Certaines de ces bactéries rendent les gens malades ou transfèrent leurs gènes résistants aux bactéries des humains. Même si l'ampleur des effets sur la santé publique est inconnue, on sait que la résistance est un sérieux problème dans les infections bactériennes des humains, qui proviennent des animaux[20].

Le Comité consultatif a observé que les porcheries logeant plus de 1 000 animaux utilisent une grande quantité de divers antimicrobiens pour la stimulation de la croissance ou la prévention des maladies. Il estimait que 20 % à 90 % des rations alimentaires contiennent des médicaments et des antimicrobiens, selon la période de croissance des animaux :

> Les traitements thérapeutiques peuvent être administrés à des groupes ou à des animaux particuliers. Après le sevrage, la plupart des porcs reçoivent des antimicrobiens dans des rations de début ou dans l'eau, lorsqu'ils sont les plus vulnérables aux maladies infectieuses causées par des virus (comme c'est le cas depuis 2005 par le syndrome du dépérissement en postsevrage – SDPS – aussi appelé maladie d'amaigrissement du porcelet), des mycoplasmes et des bactéries. Cela pourrait être lié au stress du sevrage ou au déplacement dans l'unité d'élevage. Les antimicrobiens les plus utilisés comprennent les téracyclines, la tylosine, la sulfaméthazine ou d'autres sulfamides[21].

Pour tout professionnel de la santé, les résidus de médicaments dans l'eau et les aliments sont des produits indésirables. Leurs concentrations mal définies dans le lisier de porc, l'eau de nettoyage des porcheries et les abattoirs, de même que dans les produits comestibles (viandes et sous-produits de la viande) représentent une véritable boîte de Pandore.

---

20. *Ibid.*
21. *Ibid.*

Malgré les mises en garde présentées par le comité d'étude McEwen, les gouvernements fédéral et provincial (Santé Canada, ministère de la Santé et des Services sociaux) ont peu modifié les règles, jugeant acceptables certains niveaux de risques associés au traitement des animaux avec les médicaments antimicrobiens.

Toutes ces observations nous rappellent la nécessité de prendre en compte le principe de précaution plutôt que d'adopter une approche de « gestion des risques » lorsqu'il s'agit de santé publique.

Le Comité consultatif sur l'utilisation d'antimicrobiens chez les animaux destinés à la consommation a compris que les avantages obtenus par les agriculteurs aux prises avec des épidémies (dont le syndrome de dépérissement en postsevrage, associé au circovirus de type 2), comme c'est le cas actuellement dans la production porcine, prédominent sur les risques accrus en matière de santé publique.

> Identifier la ligne de démarcation entre le risque acceptable et le risque inacceptable comporte certaines difficultés [...] On compte toutefois un exemple dans le domaine des normes microbiologiques de l'eau. L'Environmental Protection Agency (EPA) des États-Unis utilise un risque acceptable de 1 (cas) sur 10 000 pendant une exposition d'une année à une maladie entérique provenant de l'eau[22]...

## Juge et partie

Pourquoi donc les gouvernements fédéral et provincial ne sont-ils pas plus sévères en ce qui concerne l'usage des antimicrobiens, alors qu'ils en connaissent les risques majeurs ? La réponse se trouve peut-être du côté du profit !

En effet, sachons que la Société générale de financement (SGF) détient 100 % des actions du Centre de distribution de médicaments vétérinaires inc. (CDMV)[23], une entreprise qui vend des médicaments, des aliments et des fournitures aux vétérinaires du Québec. Le CDMV gère le réseau de vente au détail de produits pharma-

22. *Ibid.*
23. http://www.sgfqc.com/fr/portefeuille-investissements/groupes/agroalimentaire/presentation.htm.

ceutiques. De plus, le CDMV est le « gardien » d'une panoplie de règlements dont on ne connaît toutefois pas l'application rigoureuse sur le terrain par les vétérinaires.

En contrepartie, ailleurs au Canada, la vente de médicaments est faite par les vétérinaires eux-mêmes, ce qui fait craindre au comité McEwen que ce commerce, qui représente une part importante de leurs revenus, conduise à des conflits d'intérêts. Aussi incongru que cela puisse paraître, le cas du Québec est considéré moins dommageable que le laisser-faire qui prévaut dans les autres provinces.

En avril 2006, le ministère de l'Agriculture, des Pêcheries et de l'Alimentation du Québec (MAPAQ) reconduisait pour sa part une entente avec l'Association des médecins vétérinaires praticiens du Québec et l'UPA pour le maintien du Programme d'amélioration de la santé animale au Québec. Cette entente prévoit, au cours des trois années subséquentes, le versement de 43 millions de dollars « pour améliorer la qualité sanitaire des animaux et faciliter l'accès des éleveurs aux services de même qu'à des médicaments et des produits vétérinaires » à un prix abordable. Cette entente stipule que le MAPAQ assumera environ 40 % des coûts des services rendus aux producteurs par des médecins vétérinaires praticiens inscrits au programme.

De plus, il faut savoir qu'au plus fort de la crise du syndrome du dépérissement en postsevrage, Santé Canada a autorisé l'utilisation d'un vaccin fabriqué par la multinationale belge *Intervet* pour contrer la maladie, même s'il n'avait pas encore obtenu son homologation au Canada[24]. Dans un article publié dans le journal *La Terre de chez nous*[25], un vétérinaire et une sommité dans le domaine scientifique disaient avoir constaté que le vaccin démontrait non seulement une très grande efficacité pour juguler la maladie mais qu'en plus, contre toute attente, les porcs vaccinés obtenaient des gains de poids supplémentaires de 90 grammes par jour par rapport à ceux qui ne l'étaient pas. Les chercheurs considèrent ce vaccin très efficace pour stimuler la croissance rapide des animaux même

24. Pour connaître les activités de la compagnie en production porcine au Canada : http://www.intervet.ca/species/pigs.asp.

25. Larivière, T. « Maladie d'amaigrissement du porcelet : les porcs reprennent du poil de la bête », *La Terre de chez nous*, vol. 77, n° 34, 2006, p. 11.

s'ils ne connaissent pas les facteurs de risques. Un autre vaccin, le Merial, semblerait aussi agir avec autant d'efficacité.

Interrogés sur les risques d'introduire éventuellement ces vaccins dans l'alimentation des porcs, des spécialistes du milieu porcin ont déclaré que leur coût, qui est actuellement très élevé, éloigne toute possibilité d'abus. Toutefois, si les vaccins venaient à se détailler à un prix « raisonnable », il n'est pas dit qu'ils ne puissent pas entrer dans la pharmacie traditionnelle des éleveurs.

À ce jour, aucune étude sur les effets sanitaires de l'utilisation massive de ces vaccins et de leurs résidus dans la viande vendue pour la consommation humaine n'a été publiée. Par ailleurs, peut-on présumer que si les producteurs agricoles devaient assumer 100 % des coûts vétérinaires, ils en feraient un usage plus rationnel ?

## Un air vicié

Dès 1996, la publication *BISE* du Réseau de santé publique présentait une recension de la documentation scientifique sur la question des odeurs reliées aux activités agricoles En 2003, une large section du mémoire national de santé publique produit dans le cadre des audiences du BAPE sur la production porcine portait sur la problématique des odeurs émanant d'installations porcines de grande dimension et leurs effets potentiels sur la santé. Nous en avons parlé en début de chapitre.

Par ailleurs, plusieurs directions de santé publique du Québec se sont également intéressées à la problématique des odeurs résultant des activités d'épandage et de la qualité de l'air (intérieur et extérieur) liée à l'industrie porcine. Par exemple, la direction de la santé publique de la Montérégie a fait une évaluation des risques associés à la contamination de l'air dans la MRC du Haut-Saint-Laurent qui accueille déjà des exploitations porcines et où d'autres projets sont en développement. Elle inclut l'ammoniac, l'hydrogène sulfuré, les particules respirables, les composés organiques volatils et les bactéries parmi les nombreux contaminants émis dans l'air lors des activités d'élevage porcin.

> Chez les travailleurs de porcheries, il est bien démontré que ces contaminants ont des effets sur la santé. Les principaux symptômes observés sont irritatifs et respiratoires, de même que divers symptômes d'atteinte de l'état général (mal de tête,

> nausée, fatigue, etc.). Au niveau des populations avoisinantes, les effets sur la santé sont moins bien documentés. [...] Une altération de la qualité de vie, celle-ci se manifestant par l'empêchement d'ouvrir les fenêtres et de sortir à l'extérieur, même par beau temps, de même que des troubles de l'humeur ont également été documentés[26].

En juin 2006, le Comité richelois pour une meilleure qualité de vie (CRMQV), un regroupement de 600 citoyens, dévoilait les résultats d'une étude de dispersion des odeurs d'un projet lié à la production porcine. L'étude réalisée par la firme Nove Environnement montre que les odeurs peuvent se répandre sur des dizaines de kilomètres malgré la présence de brise-vent.

D'autres chercheurs associés à l'Université de l'Iowa ont étudié l'impact des odeurs sur la santé des enfants qui vivent à proximité des fermes porcines regroupant plus de 100 animaux[27]. Ils ont découvert que chez ces enfants, les crises d'asthme étaient plus fréquentes que chez les autres enfants vivant dans des milieux moins industrialisés. Les problèmes d'asthme rencontrés sont trois fois supérieurs au niveau national des États-Unis. Les femmes enceintes vivant à proximité des fermes porcines industrielles donnaient aussi naissance à des enfants prématurés 2,17 fois plus souvent que la moyenne nationale.

De son côté, le département de la Santé de l'État du Minnesota a mené une étude sur une période de deux ans concernant les entreposages de lisier. Les chercheurs ont calculé que les niveaux de sulfure d'hydrogène dans les établissements étaient 53 fois plus élevés que la norme sanitaire en 1998 et 271 fois plus élevés en 1999 et 2000[28]. D'autres études menées par l'University of North

---

26. Jacques, L., Masson, É. et Tardif, I. *Impacts potentiels sur la santé publique associés à l'implantation de porcheries dans la municipalité régionale de comté Le Haut-Saint-Laurent*, Longueuil, Régie régionale de la santé et des services sociaux de la Montérégie, 2003.
27. Merchant, J.A., Ross, R.F. Iowa Concentrated Animal Feeding Operations Air Quality Study (executive sommary), Iowa City, Iowa, Environmental Health Sciences Research Center of the University of Iowa, 2002.
28 Schade, M. *The Wasting of Rural New York State: Factory Farms and Public Health*. Rapport de recherche. New York : Citizen's Environmental Coalition & Sierra Club, 2005, 32.

Carolina ont également montré que les voisins des fermes d'élevage de porcs en confinement vivent un taux élevé de problèmes respiratoires[29]. Enfin, en 1998, le National Institute for Occupational Safety and Health estimait que 10 % des travailleurs de fermes d'élevage industrielles souffraient d'asthme et de problèmes respiratoires, principalement les vétérinaires qui sont constamment en contact avec les animaux. Le contact avec le poil, la salive et les déchets d'abattage s'ajoutent aux autres sources d'allergies[30].

D'autres études états-uniennes[31] font mention d'une hausse des hospitalisations dans les communautés vivant à proximité de porcheries industrielles. Ces études ont été soumises à la consultation publique du BAPE sur le développement durable de la production porcine au Québec.

## Une santé mentale fragilisée

Outre les questions de qualité de l'eau et de l'air, il est de mieux en mieux documenté que les productions porcines industrielles ont également un impact sur la santé mentale des résidants et des travailleurs d'une communauté.

Une première analyse de cette question a été réalisée en 1997 par le ministère de la Santé et des Services sociaux et par la Régie régionale de la santé et des services sociaux du Bas-Saint-Laurent, à partir de données de l'Enquête sociale et de santé du Québec de 1992-1993[32]. L'enquête a alors mis en évidence l'existence d'un sentiment de détresse plus élevé pendant les saisons du printemps et de l'été et lors des périodes d'épandage du lisier au sein des communautés concernées par les élevages porcins. Les auteurs précisent

---

29. http://www.sierraclub.org/factoryfarms/factsheets/air.asp et Wing, S., et Wolf, S. (2000, March). Intensive livestock operations, health, and quality of life among eastern North Carolina residents. *Environmental Health Perspective*, *108*(23), 232-238. http://www.pubmedcentral.nih.gov/articlerender.fcgi?artid=1637983.
30. Beeman, P. “Incidence of asthma higher near hog farms study finds”, *DesMoines Register*, 2003.
31. Thu K.M., Durrenberger, E.P. *Pigs, Profits and Rural Communities.* Albany : State University of New York Press, 1998.
32. Pampalon, R. et Légaré, G. *Détresse psychologique chez les résidents de municipalités productrices de porcs au Québec*, Québec, Comité de santé environnementale du Québec, 1997.

néanmoins que les résultats ne peuvent établir un rapport de cause à effet entre l'activité porcine et la détresse psychologique. En 2006, une autre étude est venue ajouter un éclairage pertinent sur l'évolution de cette détresse psychologique dans les communautés qui accueillent des exploitations porcines. Dans cette étude réalisée auprès de 1 338 producteurs de lait, de porcs et de volailles, pour le compte de la Coopérative fédérée du Québec, les chercheuses en psychologie Ginette Lafleur et Marie-Alexia Allard ont observé que le milieu agricole vit un niveau de stress encore plus important :

> Près des trois-quarts des répondants (73,5 %) sont régulièrement stressés. Les niveaux de stress les plus hauts se retrouvent chez les agriculteurs de 35 à 54 ans et chez les producteurs de porcs[33].

Les préoccupations financières, les obligations environnementales, l'instabilité des marchés, les maladies des animaux, les incertitudes liées aux impacts de la concurrence mondiale, l'endettement très élevé de même que la lourdeur de la charge de travail sont les facteurs les plus insupportables psychologiquement. Selon cette étude, 66,6 % des éleveurs porcins vivent une détresse psychologique élevée. Quelque 7,7 % d'entre eux ont même songé sérieusement au suicide. Seulement une personne sur cinq a consulté un spécialiste pour avoir de l'aide.

> En plus d'une prévalence élevée des idées suicidaires, les producteurs de porcs atteignent des niveaux de stress plus élevés, manifestent plus de détresse et sont plus nombreux à ne percevoir aucun contrôle sur leur ferme que les autres producteurs. Ils ressentent aussi moins de solidarité au sein de leur communauté rurale, se sentent moins appréciés et ont davantage le sentiment que leur travail n'est pas reconnu par la société[34].

Enfin, il serait pertinent de poursuivre cette analyse en fouillant les données portant sur la qualité des suivis sanitaires pratiqués dans les abattoirs et les usines de transformations. Nous n'avons malheureusement pas abordé cette question dans le cadre de ce portrait.

---

33. Scallon, M. « Enquête sur la santé psychologique des producteurs agricoles : les producteurs ont le moral à terre », communiqué de presse, La Coopérative Fédérée, 6 septembre 2006.
34. *Ibid.*

Nous pouvons néanmoins conclure en affirmant que l'état de santé des populations et des agriculteurs soulève un profond malaise quant au peu d'importance que lui accordent les gouvernements. Seraient-ils aveuglés par les profits que la production affirme rapporter ? Pourtant, si les gouvernements tenaient une comptabilité globale des coûts et des revenus, ils ne pourraient pas ignorer que la santé publique dans les milieux ruraux où l'on retrouve des élevages porcins intensifs est abusivement négligée.

## UN ENJEU DE SANTÉ

*Johanne Dion et Holly Dressel*
*Sierra Club Québec – Groupe Hog*[35]

L'industrie porcine réclame un meilleur accès aux vaccins pour combattre le circovirus et autres épidémies. Il faut savoir que 70 % des antibiotiques utilisés en Amérique du Nord servent aux fermes industrielles. La plupart de ces médicaments vétérinaires sont utilisés comme stimulateurs de croissance pour favoriser un gain de poids chez les porcs, puisque ceux-ci demeurent piégés dans une cage étroite toute leur vie. Ces antibiotiques donnés aux bêtes sont excrétés naturellement et se retrouvent dans les eaux de nos ruisseaux et de nos rivières. Cette eau s'en vient vers la ville pour se rendre jusqu'à nos robinets. Il n'y a vraiment pas de quoi lever nos verres !

Ce qui est particulièrement préoccupant pour les humains, ce sont les risques d'une exposition prolongée à de faible intensité aux antibiotiques, qui augmente la résistance à ces médicaments en cas d'infection. La littérature scientifique (Lederberg *et al.*, 1992) rapporte que dans un rayon de 3 km d'une ferme où un antibiotique est utilisé comme facteur de croissance, la flore bactérienne des humains est composée essentiellement de bactéries résistantes — non seulement à l'antibiotique utilisé — mais à plusieurs antibiotiques. En effet, cette résistance est transmise entre bactéries différentes par des boucles d'acide nucléique indépendantes des chromosomes (plasmides) conférant une pluri-résistance.

De plus, il existe un lien entre les porcheries industrielles et les algues bleues. Le purin de porc est une grande source de phosphore. Et le phosphore est justement ce qui cause la prolifération des algues bleues dans nos rivières et nos lacs, surtout quand

35. Le Sierra Club s'intéresse plus spécifiquement à quatre dossiers : les changements climatiques, la biodiversité, l'éco-santé et la transition vers une économie durable. Au Québec, l'organisme est également actif en matière de gestion des déchets. Des membres du Sierra Club se sont régroupés pour former le Groupe Hog, qui prend position en faveur d'une agriculture qui respecte l'environnement.

l'eau de surface est chaude et que les pluies sont abondantes. Or les cyanobactéries dans les algues bleues sont très toxiques, même au toucher, d'où les alertes émises par les services de santé.

Tous prennent à cœur les questions liées à la santé. Entre autres, l'Association médicale canadienne recommande depuis 2002 l'instauration d'un moratoire dans le développement de l'industrie porcine partout au Canada.

## Chapitre 6

# Portrait social

### *Vivre ensemble en harmonie*

En 1950, la vocation du Québec rural était claire : les agriculteurs nourrissaient la population de leur région et celle des villes. C'est à travers l'agriculture que la société francophone s'est ancrée en Amérique du Nord et qu'elle a pu développer son identité propre, malgré la pression politique et culturelle anglo-saxonne. Dans les années 1960 et 1970, une certaine conception du progrès contribua à transformer profondément l'agriculture et la vie rurale. Des politiques sociales et économiques furent adoptées pour permettre aux familles qui choisissaient de vivre de l'agriculture d'augmenter leurs revenus et, dans la mesure du possible, d'atteindre une prospérité équivalente à la moyenne canadienne.

Dans les années 1980, le défi de *Nourrir le Québec* lancé par le ministre québécois de l'Agriculture Jean Garon a renforcé la démarche de spécialisation des productions agricoles entreprise une décennie plus tôt, ce qui était de nature à décourager les agriculteurs qui ne partageaient pas cette vision productiviste de leur relation avec la terre. Paradoxalement, bon nombre d'agriculteurs qui ont opté malgré tout pour un mode de production écologique et qui ont créé les bases de l'agriculture biologique au Québec ont bien su tirer leur épingle du jeu. À titre d'exemple, la région du Bas-Saint-Laurent a été l'une des premières à produire du lait biologique et à se doter d'infrastructures de transformation pour répondre à ce créneau de consommation en croissance continue[1].

Au milieu des années 1990, la politique de *La Conquête des marchés* adoptée par l'État québécois, sous la pression de l'UPA et d'industriels de l'agriculture, a misé sur l'exportation agroalimentaire comme fer de lance de la croissance économique québécoise. Les agriculteurs, devenus des producteurs agricoles, ont vu peu à peu se distendre leurs liens avec leur communauté. Ils sont devenus des entrepreneurs devant atteindre des objectifs de rentabilité, quitte à utiliser souvent des méthodes de production dommageables ou à risque pour le milieu biophysique et incommodantes pour les voisins. Le « petit » agriculteur autosuffisant et multifonctionnel a été relégué dans la marginalité.

Aujourd'hui, bien que l'activité agricole continue à caractériser l'occupation territoriale de la majorité des régions du Québec, on constate la décroissance de la population vivant strictement de l'agriculture, qui correspond en 2007 à 6,4 % de la population des municipalités rurales[2].

Dans un article publié en 1998, le sociologue Bruno Jean observait que la définition de l'identité rurale ou urbaine des habitants d'une région faisait l'objet d'une certaine confusion :

> Selon différentes manières de mesurer la population rurale, celle-ci varie entre 22,4 % et 43 % de la population totale ; il est navrant de voir une proportion aussi importante de la population être tenue pour une quantité négligeable. Statistique Canada, comme tout le monde, ne sait trop ce qu'est la ruralité. Alors, on y regroupe le résidu qui n'entre pas dans la catégorie urbaine rigoureusement définie. Que l'intégration rurale-urbaine se soit accélérée avec la modernité, c'est un fait notoire ; par

1. Créé au milieu des années 1980, le Club d'encadrement L'Envol, regroupant des producteurs de lait biologique, a su traverser les années et consolider ses assises. La région du Bas-Saint-Laurent est celle qui compte le plus grand nombre de producteurs de lait biologique au Québec et elle agit toujours en leader en encourageant la création de clubs d'encadrement biologiques ailleurs au Québec.
2. Cette donnée provient de la Commission sur l'avenir de l'agriculture et de l'agroalimentaire québécois. www.caaaq.gouv.qc.ca.

> exemple, un tiers des ruraux vont travailler en ville tous les jours. Par ailleurs, un autre tiers des ruraux vivent dans des territoires éloignés où ils assurent ainsi une fonction géopolitique essentielle. On doit reconnaître ici l'émergence d'une de ces nouvelles et nombreuses fonctions de la ruralité au stade de la modernité avancée, soit la fonction résidentielle. La ruralité n'est pas disparue avec la modernité, elle est engagée dans un processus de restructuration dont la complexité dynamique ne se laisse pas saisir facilement[3].

En janvier 2007, Statistique Canada présentait une définition actualisée de la ruralité, lors de la publication d'un document de recherche intitulé « Le chevauchement démographique de l'agriculture et du milieu rural ».

La distance et la densité définissent la ruralité. Une personne est « plus rurale » si elle doit franchir une longue distance pour avoir accès à des services ou à des marchés où elle peut vendre ses biens et ses services. En outre, les régions rurales sont définies en fonction de la faible densité de leur population, qui se traduit par l'absence d'« économies d'agglomération ». Par conséquent, les systèmes de production sont de plus petite envergure et généralement moins diversifiés, du fait que la main-d'œuvre disponible est réduite[4].

Chose évidente, la cohabitation de ruraux de divers types, les habitants de souches (établis depuis plusieurs générations dans une communauté) et ceux qui proviennent d'horizons divers et qui ont des occupations, métiers et professions autres que la production agricole, est graduellement devenue source de conflits, surtout lorsque les résidants sont en présence d'une agriculture répondant aux impératifs de l'industrie agroalimentaire, comme c'est le cas avec l'industrie porcine. Ceci peut s'expliquer, entre autres, par le fait que bon nombre de résidants possèdent peu (ou pas du tout) de connaissances relatives à la production agricole dite « moderne » et voient l'agriculture à travers le prisme d'un idéal de vie à la campagne s'étant largement éloigné de la réalité au cours des

---

3. Jean, B. « La ruralité hier, aujourd'hui… mais demain ? : un autre siècle à la campagne », *Le Devoir*, page Idées, A11, 6 février 1998.
4. Bollman, Ray D. *Le chevauchement démographique de l'agriculture et du milieu rural*, n° 81 : Statistique Canada, Division de l'agriculture, 2007, 26 p.

35 dernières années. Également, les résidants natifs de leur communauté, mais ne pratiquant pas (ou pas exclusivement) un métier agricole, sont souvent perçus comme des citoyens « urbanisés » qui partagent les valeurs de leurs voisins néoruraux. Un nombre grandissant d'entre eux, qui ont une connaissance profonde du territoire qu'ils habitent, est désormais sensibilisé à l'importance de préserver la qualité de l'environnement et de s'assurer d'une alimentation saine. En conséquence, les ruraux avec ou sans connaissance approfondie de la réalité actuelle de la production agricole, de même que les néoruraux qui ont choisi de vivre en milieu à dominante agricole, sont suffisamment conscientisés par rapport à l'environnement pour comprendre que les pratiques doivent être modifiées.

## Un peu d'histoire

Jusqu'au milieu du XXe siècle, et ce, depuis que les colons de la Nouvelle-France ont défriché les basses terres de la plaine du Saint-Laurent, l'agriculture québécoise s'est confondue avec le paysage habité et l'occupation du territoire. Les familles d'agriculteurs comptaient plusieurs enfants qui, à tour de rôle, aidaient aux travaux de la ferme, en agissant comme une main-d'œuvre bénévole qui collaborait à la qualité des revenus familiaux et de la vie de la communauté. Les fermes familiales, multifonctionnelles, se transmettaient de père en fils, selon une tradition acceptée comme faisant partie des valeurs sociales communes.

Graduellement, après la Seconde Guerre mondiale, une américanisation du mode de vie s'est imposée. Dans le contexte social du début des années 1950, le travail manuel harassant était moins valorisé que le travail intellectuel. Les attraits de l'urbanisation et de la société de consommation ont entraîné une dépréciation du monde rural et de ses pratiques ancestrales, initiant du même coup une profonde transformation de la vie rurale. Le Québec des années 1950, dominé par un gouvernement conservateur et un système ecclésiastique autoritaire, avait une grande soif de changements. La vie à la campagne et les savoirs populaires qui avaient façonné l'identité collective sont devenus graduellement signes de retard et d'infériorité, même parmi les ruraux. De plus, en concordance avec l'industrialisation nord-américaine de l'après-guerre, les gouvernements n'ont pas cherché à endiguer cette dépréciation de la terre.

Il fallait libérer de la main-d'œuvre pour le développement des autres secteurs de l'économie, dont le secteur manufacturier.

C'est ainsi qu'entre 1950 et 2002, en raison de ces changements culturels et des nouvelles politiques agricoles, le Québec a perdu plus de 110 000 fermes[5]. Dans les années 1960, l'industrialisation de l'agriculture a été valorisée par diverses commissions gouvernementales et des rapports d'experts. Le déclin du nombre de fermes familiales s'est amorcé dans un contexte de modernisation des pratiques agricoles, présenté aux agriculteurs – généralement peu instruits à cette époque – comme un pas vers le progrès. Déjà, la maxime productiviste prenait forme: « il faut grossir ou mourir ». Le milieu rural traditionnel subissait aussi l'influence du milieu urbain, fier d'imposer sa *Révolution tranquille* et d'affirmer que son identité nationale pouvait dorénavant se vivre en dehors du clergé et des cercles paroissiaux. Désormais, autant les jeunes hommes que les jeunes femmes du milieu rural avaient accès à une éducation gratuite et prolongée. Les enfants d'agriculteurs ont vu de nouveaux horizons s'ouvrir devant eux. Parmi ceux qui ne voulaient pas vivre de l'agriculture, mais qui restaient quand même attachés à la ruralité, plusieurs ont perçu la possibilité de profiter du meilleur des deux mondes. Ils ont acheté des maisons de banlieue ou ont déniché « leur petit paradis » en milieu rural, tout en déployant leur vie professionnelle, culturelle et sociale dans des secteurs urbains. Les valeurs traditionnelles de solidarité et d'entraide du milieu rural ont progressivement cédé la place aux valeurs plus individualistes de la vie urbaine.

Dans les décennies suivantes, des politiques agricoles ont été instaurées pour uniformiser les différents secteurs de production agricole – dont le secteur porcin, qui en a largement tiré profit à partir des années 1970. Ces politiques visaient aussi à assurer une plus grande stabilité financière face aux risques que constituent les aléas du climat, la fluctuation des marchés et la variation des prix. En fait, cette stabilité était essentielle pour encourager l'investissement (mais aussi trop souvent l'endettement) visant à moderniser les pratiques agricoles.

---

5. Bouchard, R. *Plaidoyer pour une agriculture paysanne : pour la santé du monde*, Montréal, Écosociété, 2002.

Cette période de grands changements dont parlait Bruno Jean en 1998 est dorénavant complétée dans plusieurs communautés rurales. En 2007, un peu partout, ce n'est plus l'agriculture qui fait vivre la communauté locale ou régionale, mais la communauté locale ou régionale qui soutient l'agriculture – ou dans trop de cas, qui contribue à la faire disparaître.

Le nombre d'agriculteurs poursuit sa chute et plusieurs collectivités rurales vivent une crise d'identité profonde. Sans aucun doute, la provenance et les origines des propriétaires terriens sont dorénavant diverses, ainsi que leur statut économique, culturel et social. Selon les cas, les propriétaires d'une ferme peuvent se définir comme artisans, paysans, agriculteurs, producteurs agricoles ou intégrateurs. En fait, il devient difficile de définir la « ferme familiale[6] ».

Les milieux ruraux et la vie agricole ne se limitent plus aux fermes transmises de génération en génération. L'agriculture compte désormais des entrepreneurs, de grands propriétaires terriens (certains producteurs agricoles détiennent jusqu'à 15 terres dans une municipalité) et des *gentlemen farmers* (dont les activités agricoles ne constituent pas le revenu principal et pour qui l'agriculture est un loisir). Également, des néoruraux (citadins d'origine) se sont installés par choix en milieu rural. On y retrouve aussi des résidants qui ne pratiquent aucune activité agricole et qui habitent dans leur communauté depuis plusieurs générations. Certains y ont établi des entreprises touristiques, manufacturières, de services ou de production artisanale, dont celles qui sont liées à des produits du terroir. Malencontreusement, l'UPA véhicule l'idée que seuls ceux qui vivent de l'agriculture détiennent un droit de parole crédible sur l'organisation de la vie rurale lorsque surviennent les conflits entre la qualité de vie des résidants et leur « droit de produire ». Cette vision syndicale va à l'encontre de la réalité démographique des campagnes, habitées par une diversité de gens, à l'image de l'ensemble du Québec.

En effet, le milieu rural ne ressemble plus beaucoup à celui d'il y a 50 ans. Non seulement les familles rurales comptent moins d'enfants, mais on y retrouve également des familles monoparentales,

---

6. Dans les années 1980, le ministre de l'Agriculture au Québec, Jean Garon, décrivait la ferme familiale comme une propriété pouvant faire vivre « décemment » un couple, ses enfants et un ou deux employés à temps plein.

des couples, des divorcés et des personnes âgées vivant seules. En concordance avec le déclin des emplois agricoles, les entreprises locales subissent aussi une décroissance significative. Ceci, sans oublier que la mondialisation a favorisé la délocalisation d'entreprises manufacturières qui procuraient, il y a à peine deux décennies, des emplois complémentaires à l'agriculture en milieu rural[7]. Par ailleurs, le fossé s'est accentué, selon le type de production, entre les agriculteurs industriels et les producteurs dits « artisanaux » ou encore qui pratiquent une agriculture à dimension humaine, et entre les citoyens vivant de l'agriculture et ceux qui cohabitent avec l'agriculture.

Le cas de la production porcine est un exemple clair de la situation : il est dorénavant très rare de rencontrer dans une région une entreprise porcine familiale traditionnelle de petite taille, indépendante, puisque les règles du marché ne lui fournissent que peu d'espace de développement et de survie. La quasi-totalité de ces entreprises ne subsiste que dans le commerce parallèle de la transformation et de la vente directe à la ferme et des marchés publics régionaux. La majorité des consommateurs de viande de porc n'ont pas accès dans les supermarchés à des produits provenant de leur région et ils ignorent bien souvent qu'une exploitation porcine artisanale pourrait leur offrir de la viande de meilleure qualité que celle provenant des porcheries industrielles, tant québécoises qu'étrangères.

Quant à la ferme porcine familiale traditionnelle de petite taille qui choisit de garder son indépendance face aux intégrateurs tout en fonctionnant selon les règles de mise en marché de la Fédération des producteurs de porcs du Québec (FPPQ), elle ne récolte guère plus d'avantages que la ferme porcine qui s'occupe de sa propre mise en marché. Sur certains aspects, elle en possède même moins. Son milieu social la critique au même titre que les exploitations industrielles et les programmes de l'État ne sont pas adaptés à ses besoins. Au Congrès 2006 de la FPPQ, des éleveurs de la Beauce ont déploré que leur situation financière se soit beaucoup dégradée, car ils n'ont pas droit à une assurance contre la mortalité animale,

---

7. Johnson, K. "The changing Face of Rural America", *Rural Sociology Society*, n° 1, 2006. http://www.ruralsociology.org/briefs/brief1.pdf.

le régime de l'Assurance-stabilisation des revenus agricoles (ASRA) n'étant pas adapté aux petites fermes familiales[8].

## Fermes industrielles ou non

Il importe de le souligner : la diversité du milieu rural s'est accentuée et tous ses résidants considèrent généralement que la campagne leur procure une bonne qualité de vie, où se retrouvent à la fois des valeurs traditionnelles et les avantages de la modernité. En région rurale, les gens se sentent plus proches de la nature et ils acceptent les règles de la vie en communauté. S'ils sont loin d'un grand centre urbain, c'est parce qu'ils recherchent de l'espace, parce qu'ils admirent les paysages et parce qu'ils sont attachés au patrimoine de leur coin de pays. Ils revendiquent la protection du territoire agricole contre toute forme de spéculation et de développement susceptible de détériorer la qualité du milieu écologique, social et culturel. Enfin, tous ces ruraux reconnaissent l'importance économique de l'activité agricole des petites comme des grandes entreprises[9], dont la productivité est jugée cinq fois supérieure à celle qui prévalait il y a 50 ans [10].

Cependant, si les résidants des campagnes se rejoignent tous dans leur amour de l'espace et de la nature, ils se divisent quant aux usages du territoire. Nous pourrions simplifier en identifiant deux catégories : les ruraux en faveur d'une agriculture industrielle et productiviste et les ruraux qui choisissent un mode de production agricole plus autonomiste, vers la souveraineté alimentaire. Analysons la position des uns et des autres.

On observe d'une part que la quasi totalité des professionnels et experts agricoles – largement soutenus par des milieux de la recherche agronomique et agroéconomique universitaires – appuient

---

8. Gagné, J.-C. Le 75e congrès derrière les éleveurs de porcs. *La Terre de Chez Nous*, 2 novembre 2006, vol. 77, no 19.
9. Parent, D. *De la ferme familiale d'hier à l'entreprise agricole d'aujourd'hui : enjeux et propositions pour un développement local durable*, Québec, Colloque annuel de l'Union des producteurs agricoles sur les structures de ferme au Québec, 2001.
10. Bien sûr, si nous calculions les coûts externalisés de cette production accrue – notamment en matière d'énergie fossile – il est probable que le bilan de productivité serait plus modeste.

une agriculture industrielle et productiviste. Ils sont nombreux à argumenter que les agriculteurs québécois n'ont pas le choix de suivre ce modèle s'ils veulent préserver leur secteur d'activité face à la mondialisation des marchés agricoles. Une logique de production et de commercialisation qui mise sur l'exportation est ainsi valorisée, même si elle entraîne un effet destructeur. En effet, qu'en est-il au bout du compte de l'agriculture productiviste et industrielle ? Si certains produits agroalimentaires, comme le porc, sont largement exportés sur des marchés étrangers, en contrepartie, d'autres denrées essentielles comme les légumes, les fruits, les céréales sont massivement importés et font concurrence directement aux secteurs agricoles québécois qui les produisent. La capacité de production agro-industrielle de pays en émergence, conjuguée à certaines pratiques déloyales de la part de multinationales, déséquilibre les lois traditionnelles du marché et impose aux agriculteurs québécois des prix qui ne correspondent pas à leur véritable coût de production. En conséquence, malgré une gestion prudente de leur entreprise, plusieurs fermes familiales qui ont suivi le modèle productiviste voient leurs marchés intérieurs grugés, leur endettement augmenté et leur marge de manœuvre financière considérablement réduite. C'est avec un grand déchirement que des familles agricoles installées depuis plusieurs générations sont contraintes d'abandonner leur terre à la spéculation des seuls grands producteurs agricoles gagnants. Pour suivre cette logique productiviste et réussir à offrir un panier d'épicerie artificiellement bon marché, plusieurs producteurs agricoles ont progressivement négligé les fonctions qui les rattachaient à leur communauté et qui leur étaient historiquement assignées. Ainsi, avec l'appui des professionnels de l'agriculture et le soutien financier des gouvernements fédéral et provincial, un fossé s'est creusé et s'élargit constamment entre les habitants des campagnes qui ne vivent pas de l'agriculture et ceux qui en tirent leurs principaux revenus.

D'autre part, les ruraux qui ne vivent pas de l'agriculture et les agriculteurs qui critiquent le modèle productiviste considèrent que tous les agriculteurs, sans exception, ont des obligations de responsabilité à l'égard de l'occupation de la terre. Selon l'avis de certains d'entre eux, l'agriculture productiviste qui s'appuie sur l'unique logique économique affaiblit les milieux ruraux à long terme. Elle porte atteinte à leur viabilité en ne prenant pas en compte le maintien d'un équilibre entre les choix d'aménagement du territoire, les activités de production, la protection de l'environnement (cours d'eau, air, sols, boisés), la préservation de la biodiversité, la valorisation des paysages et du patrimoine bâti et la nécessité de procurer un environnement stimulant et attractif. L'agriculture industrielle nuit au dynamisme des communautés rurales.

La crise qui sépare les producteurs de porcs et les néoruraux témoigne de ces préoccupations. Les producteurs de porcs sont accusés non seulement de polluer les campagnes, mais aussi de détruire toute la confiance de la population envers l'agriculture.

> La législation provinciale qui encadre la production porcine s'appuie sur le « droit de produire » des agriculteurs et impose aux municipalités d'accueillir sur leur territoire tout projet de porcherie qui répond aux normes provinciales. Or ces normes ne sont pas assez sévères et permettent d'autoriser des entreprises à risque pour l'environnement et la santé. Le processus de décision échappe aux municipalités ; les citoyens n'y trouvent pas d'espace pour l'exercice d'une démocratie participative. L'inquiétude s'est accrue à l'égard des impacts écologiques, sociaux et de santé d'une telle industrie. Les choix économiques liés à cette filière de production sont également sévèrement questionnés. Dépassant largement la question du « pas dans ma cour », l'industrie porcine devient le symbole d'un virage agricole insoutenable et amène à rechercher les conditions qui permettraient le développement d'une agriculture socialement et écologiquement responsable au Québec. Une telle recherche anime divers types de citoyens dont de nombreux agriculteurs désireux d'échapper à l'emprise croissante de l'agrobusiness dominé par la mondialisation, et préoccupés d'assurer la sécurité alimentaire de la population québécoise dans le respect de la nature et d'une production agricole à dimension humaine [11].

Cette critique rejoint aussi un nombre grandissant d'agriculteurs qui ne veulent plus suivre aveuglément le modèle productiviste

---

11. Sauvé, L. *Mise en contexte*, document présenté lors du Colloque Agriculture, Société et Environnement, Vers une harmonisation écologique et sociale : le cas des porcheries industrielles au Québec. Montréal, Chaire de recherche du Canada en éducation relative à l'environnement, UQAM, 17 février 2006.

soutenu par l'establishment du syndicalisme agricole, réuni autour de l'unique syndicat, l'Union des producteurs agricoles. Dans son livre *Plaidoyer pour une agriculture paysanne*, Roméo Bouchard, l'un des leaders de l'opposition à l'industrialisation agricole, se fait cinglant à leur égard :

> Sous couvert de professionnalisme, on a, en réalité, consacré ce que Ivan Illich a appelé le « monopole radical » de l'agriculture productiviste centrée sur la filière pétrochimique et faisant primer la logique industrielle sur celle du vivant[12].

L'auteur, qui vit en région rurale depuis plus de 30 ans, plaide pour une agriculture soucieuse de préserver la qualité de son territoire et de l'environnement, selon des schèmes qui font primer la desserte du marché local sur l'exportation. Or, une telle agriculture repose d'abord sur la ferme familiale indépendante de taille « humaine » dont l'économie générale est ancrée dans la communauté. Ce modèle d'occupation du territoire et de production alimentaire est totalement opposé au modèle productiviste qui tend à réduire la nature et les animaux à l'état de marchandise à commercialiser.

## Questionnement sur un modèle insoutenable

En concordance avec les valeurs qu'il privilégie, Roméo Bouchard créait en 2001 l'Union Paysanne, avec l'agronome et agriculteur Maxime Laplante, son actuel président. L'organisme, qui se veut un syndicat agricole, réunit des agriculteurs attachés à un modèle de ferme familiale de taille humaine, des citoyens porteurs de valeurs écologistes, amants de la nature et de la ruralité, vivant à la campagne ou à la ville, des consommateurs, des professionnels de la santé et des élus municipaux de communautés rurales. L'Union Paysanne attire aussi des agriculteurs spécialisés, certains biologiques, préoccupés par la qualité des aliments et l'équité relative à la fonction de produire et à la consommation.

Ce syndicat, qui regroupe environ 1 500 membres, axe son message sur le changement des pratiques agricoles. L'Union Paysanne combat le modèle productiviste qui, bien qu'il puisse fournir une alimentation à bas prix, génère à son avis plus d'inconvénients que

12. Bouchard, R., *op.cit.*

de bienfaits. Ses membres prônent une nouvelle relation avec la nature, les animaux et la campagne.

On observe aujourd'hui que les idées de ces citoyens engagés (paysans, ruraux, néoruraux et citadins solidaires) peinent à pénétrer l'opinion publique, même après cinq années d'efforts. Soutenus par les uns, ils sont honnis par contre par de nombreux producteurs traditionnels et industriels... et aussi par certains agriculteurs biologiques ou à petite échelle qui ne se reconnaissent pas dans leur discours, jugé trop radical dans le contexte nord-américain. Sans autres moyens que leur engagement bénévole, des membres de l'Union Paysanne s'investissent néanmoins avec persévérance pour présenter des solutions de rechange à l'agriculture industrielle et poursuivent un travail politique et de représentation auprès des pouvoirs publics en soumettant des mémoires et des réflexions en commissions parlementaires, en organisant des colloques et en publiant divers documents traitant d'agriculture responsable. Ainsi, cette organisation qui a joué jusqu'ici un rôle extrêmement actif dans le dossier des porcheries industrielles publiait à l'automne 2006 une brochure technique sur l'élevage alternatif du porc au Québec[13]. L'Union Paysanne fait également un travail important de sensibilisation auprès des consommateurs. À titre d'exemple, elle organise la plus importante fête bio paysanne annuelle au Canada[14].

## Moins de fermes, plus de porcs, davantage de conflits

L'implication des ruraux de souche, des néoruraux et de certains agriculteurs dans leur communauté n'a pas freiné pour autant l'hémorragie rurale, surtout dans les régions proches des grands centres urbains. Les agriculteurs souffrent plus que jamais d'une image négative au sein de leur propre milieu. Il n'est pas rare d'entendre des parents déconseiller à leurs enfants de prendre la relève de la ferme familiale. Les travaux aux champs sont considérés comme de second ordre et mal rémunérés, juste bons pour les tra-

13. http://www.citoyensduquebec.com/dossiers_chauds/elevage_porcin/alternative.htm.
14. Pour connaître le contenu de la Fête Bio Paysanne : http://fetebiopaysanne.ca/.

vailleurs étrangers[15] et les immigrants nouvellement arrivés, ou encore pour les citoyens sans instruction.

Le prix des meilleures terres du Québec est devenu exorbitant. Les plus productives, situées dans les régions des Basses-Laurentides et de la Montérégie, se transigent maintenant entre 4 000 $ et 6 000 $ l'hectare; elles ne sont plus accessibles désormais qu'aux détenteurs de grands capitaux, ce qui les destine d'emblée à l'agriculture industrielle.

En Montérégie tout particulièrement, ces bonnes terres sont accaparées par les cultures intensives de maïs, de soya et de canola, qui sont à la base de l'alimentation des porcs. Certains promoteurs de l'agriculture industrielle diront que c'est une nouvelle façon d'occuper le territoire, laquelle permet de suivre les tendances de la mondialisation et qu'il serait bien naïf de ne pas vouloir accepter ces règles commerciales. Un nombre important de producteurs maraîchers et de producteurs laitiers désapprouvent toutefois cette situation qui les met en compétition les uns face aux autres et qui affaiblit les chances de la relève agricole de s'établir. La production porcine est ainsi source de conflits entre la FPPQ et d'autres Fédérations, toutes membres de l'UPA. Des producteurs agricoles des autres secteurs estiment que les éleveurs de porcs s'accaparent des outils essentiels dont ils ont besoin pour se battre contre la concurrence internationale.

Malgré l'accroissement de ces effets néfastes au sein même de l'agriculture depuis le début des années 1980, les politiques économiques et sociales des deux paliers de gouvernement continuent à favoriser une agriculture productiviste. Paradoxalement, la plupart des agroéconomistes, des dirigeants syndicaux et des décideurs au sein du gouvernement ont occulté les problématiques d'endettement, d'instabilité économique, de perte d'autonomie financière et de crise des revenus pour les producteurs porcins. Ils ont minimisé autant que possible les problèmes de santé animale et d'organisation structurelle de la filière porcine, pour au contraire vanter le dynamisme et l'amélioration des rendements unitaires porcelets/truies. Ils ont même soutenu que les travailleurs de la filière porcine

15. On estimait le nombre de travailleurs agricoles étrangers saisonniers à plus de 1 500 personnes en 2006, en provenance principalement du Mexique, du Guatemala et des Antilles.

devaient diminuer leur niveau de vie pour maintenir leur place dans cette pratique pourtant inéquitable et insoutenable à tous points de vue.

Maxime Laplante, président de l'Union Paysanne jusqu'au printemps 2007, considère que la disparition des fermes n'est pas seulement l'œuvre du destin, mais qu'elle découle en droite ligne d'une volonté politique visant leur élimination :

> Le gouvernement du Québec, à l'instar des autres gouvernements des nations industrialisées, mise sur l'agriculture commerciale, à grande échelle, et souhaite la disparition des petites fermes. Michel Morrisset y a longuement réfléchi dans son livre *L'agriculture familiale au Québec*. Quant au dynamisme de l'industrie porcine, malgré tous les chantiers d'usine que les gouvernements ont créés, le nombre d'emplois a diminué, en dépit des promesses du Forum des décideurs de 2001 de créer 15 000 emplois dans ce secteur. Et avec l'épidémie actuelle de circovirus chez les porcelets, j'ai l'impression que leurs performances vont en prendre un coup[16].

Les ruraux ne vivant pas de l'agriculture industrielle (néoruraux, petits agriculteurs et autres) manifestent une frustration croissante face à la forte « empreinte écologique[17] » de l'agriculture productiviste. Les conflits de voisinage sont à la hausse et deviennent critiques dans certaines régions, comme en Montérégie. Ces ruraux considèrent que l'agriculture ne doit pas s'aliéner à produire de la biomasse en réponse aux seules lois du marché et qu'elle ne peut se désolidariser de la vie rurale dans son ensemble.

Ainsi, la crise de cohabitation sociale en milieu rural est aussi une crise de valeurs et d'identité.

## Des valeurs à (re)définir

Les valeurs véhiculées par les néoruraux et par les agriculteurs non productivistes s'enracinent dans celles qui fondent l'identité et la culture québécoises : l'agriculture (comme agri-culture ou culture du rapport à la terre) est, et sera toujours, le symbole de l'occupation

---

16. Commentaires recueillis lors de discussions pour la préparation de cet ouvrage.
17. Pour comprendre le concept d'empreinte écologique, consulter le site Internet : www.footprintnetwork.org.

du territoire au Québec. Elle est étroitement liée au concept « d'habiter le pays », puisqu'il s'agit d'une activité sociale à part entière dont la dimension économique ne peut prendre préséance sur les autres dimensions (culturelles, écologiques, sanitaires, etc.). Rappelons-le, l'agriculture participe à l'aménagement du territoire ; elle doit être associée à la préservation du patrimoine bâti et visuel ; elle doit contribuer à la qualité des paysages et à la beauté d'une région. Elle est ainsi génératrice d'une dynamique économique qui l'unit aux autres ruraux et aux citadins, par ses apports nourriciers, culturels, touristiques et autres. C'est aussi en s'appuyant sur une agriculture bien intégrée à sa région biophysique et socioculturelle que les défenseurs d'une agriculture écologique et socialement responsable cherchent à préserver les savoirs du terroir, aujourd'hui valorisés comme élément essentiel des diverses façons d'occuper le territoire, de produire des aliments et de les transformer. Là où elle se développe en harmonie avec son milieu, l'agriculture est au cœur du renouveau communautaire rural.

Selon Étienne Landais, directeur de l'École nationale supérieure agronomique de Montpellier, les attentes exprimées à l'égard d'une agriculture durable façonnent désormais les rapports que les exploitations entretiennent avec leur milieu social. Dans cet esprit, l'auteur souligne que pour être socialement acceptable et acceptée dans son milieu, une exploitation agricole doit être viable, vivable, transmissible et reproductible[18]. De son côté, le politologue Jean-Herman Guay estime que l'introduction de la composante « environnementale/qualité de vie » dans les discours des néo-ruraux procède dans notre monde contemporain à partir d'une logique de conservation et d'une redéfinition de la notion de progrès[19].

## L'avenir de la ferme familiale

En novembre 2005, la production porcine industrielle au Québec se caractérisait ainsi : 50 % des unités animales étaient concentrées dans 14 MRC, couvrant 25 % de la zone agricole[20]. Or, c'est

18. Landais, É. Esquisse d'une agriculture durable. *Travaux et Innovations*, nº 43, 1997, p. 4-10.
19. Robitaille, A. « Du bleu au vert ? L'environnement est-il en train de remplacer la nation et la langue ? », *Le Devoir*, 24 juin 2006, p. A1.
20. Lebuis, J. *Prise en compte des préoccupations citoyennes dans l'élabo-*

justement aux endroits où ces élevages sont concentrés que les conflits entre producteurs de porcs et autres résidants des régions affectées sont les plus virulents.

Selon une étude réalisée par la firme Transfert Environnement pour le compte de la FPPQ, pas moins de 91 conflits locaux ont été recensés entre janvier 2000 et mars 2003. Les régions qui en comptaient le plus étaient le Bas Saint-Laurent (15 cas), Chaudière-Appalaches (14 cas), la Montérégie (13 cas) et le Saguenay-Lac-Saint-Jean (12 cas). De plus, neuf conflits « régionaux », avaient été relevés[21]. Dans la majorité des cas, les opposants à l'implantation ou à l'agrandissement d'une porcherie se plaignaient d'avoir à subir les odeurs contre leur gré, sans participer aux bénéfices de l'entreprise. Ils craignaient que ces odeurs ne portent atteinte à leur qualité de vie et ne diminuent la valeur de leur propriété, les rendant prisonniers d'une situation pénible, sans avoir eu leur mot à dire.

Par ailleurs, on constate aisément qu'avec le développement du mode de production porcine sous contrat au service d'un intégrateur porcin, la viabilité des exploitations familiales est également fragilisée. La ferme devient dépendante des revenus générés en fonction des termes du contrat. L'agriculteur est relégué à un statut d'employé qui, soumis aux exigences des industries d'amont et d'aval, doit assumer les risques de la production, ce qui menace la stabilité de ses revenus. Ces derniers résultent des performances économiques de la ferme et, par conséquent, de la capacité de l'agriculteur exploitant à gérer les applications techno-agronomiques prescrites au sein de son entreprise. En tant qu'exécutant, il n'a pas de pouvoir de décision sur la nature et l'origine des produits qu'il achète pour exploiter sa ferme, ni sur les prix fixés pour ces achats, et encore moins pour son travail de gardien des élevages, ce qui le rend économiquement vulnérable et limite son pouvoir d'action sur sa propre terre et dans sa propre communauté. Enfin, ce manque de liberté l'empêche d'initier des actions qu'il pourrait juger nécessaires

---

*ration du cadre de développement durable de la production porcine au Québec.* Conférence présentée lors du Forum annuel de l'Institut agricole du Canada, Agricultural Institute of Canada, 2005.

21. Delisle, A. et Transfert Environnement. « Rapport de recherche », *Revue des conflits en production porcine au Québec,* Longueuil, Fédération des producteurs de porcs du Québec, 13 août 2003.

pour satisfaire aux exigences de la communauté locale en matière d'environnement.

Revenons à la théorie de Landais, évoquée plus haut, concernant les rapports que l'exploitant agricole doit entretenir avec sa communauté, et selon laquelle une exploitation agricole doit être viable, vivable, transmissible et reproductible. Constatant le modèle de travail auquel il est astreint, nous pourrions dire que c'est au chapitre de la viabilité que l'exploitant d'une ferme porcine est durement éprouvé. En effet, le propriétaire d'une ferme de type familial est aux prises avec deux réalités : d'une part, sa qualité de vie et celle de sa famille dépendent de facteurs exogènes sur lesquels il a peu de pouvoir ; d'autre part, il doit composer avec tous les autres acteurs locaux et leur perception de ce que devrait être une agriculture viable et vivable. C'est à lui qu'incombe la responsabilité d'entretenir des relations sociales harmonieuses, susceptibles de lui laisser suffisamment de souplesse pour composer avec la réalité des facteurs exogènes. Entre autres, le transfert de la ferme familiale à un jeune de la relève – maillon du maintien d'un milieu communautaire fort – est lié à sa capacité à relever les défis que lui posent les exigences de la pratique agricole et à tisser des liens avec le milieu qui soient viables et vivables. Pas étonnant que devant de telles difficultés, bon nombre de propriétaires de fermes familiales porcines entrevoient difficilement un avenir radieux…

La chercheuse Diane Parent[22] est également d'avis que c'est sur les épaules des propriétaires de fermes familiales, porcines de surcroît, que repose le défi de trouver des formules de cohabitation novatrice. Elle observe, entre autres, que l'image projetée du métier de producteur et du mode de vie qu'il impose, de même que la qualité des relations avec le voisinage, sont des facteurs déterminants pour la motivation des jeunes à prendre la relève. Or, une absence de relève augmente les risques d'abandon du métier d'agriculteur et accroît alors les possibilités qu'un producteur agricole fortuné récupère la propriété abandonnée pour y développer ou accroître une agriculture productiviste. S'installe alors un véritable cercle vicieux en matière de conflits de cohabitation.

---

22. Parent, D. « D'une agriculture productiviste en rupture avec le territoire à une agriculture durable complice du milieu rural. » *Théoros*, vol. 20, nº 2, p. 22-25, 2003.

Enfin, le transfert de la ferme de type familial renvoie aux questions environnementales et aux impacts du type d'exploitation sur le milieu de vie. À ce chapitre, Diane Parent constate que l'industrie porcine entraîne l'une des ruptures les plus profondes avec la protection des sols, des cours d'eau et de la qualité de l'air, et aussi avec l'environnement social.

La vie rurale actuelle semble donc plus que jamais souffrir des « solitudes » créées par les attentes, les besoins et les ambitions fort différents, voire opposés, des néoruraux, des petits agriculteurs et des producteurs agricoles industriels. Lors de leur participation aux audiences du BAPE sur le développement durable de l'industrie porcine, les politologues Jean-François Aubin et Mathieu Forget fournissaient une explication à cette situation :

> On a détaché l'agriculture du monde. On l'a développée, intensifiée, mondialisée. Aujourd'hui, les gens sont plus préoccupés par la qualité de l'alimentation, de l'environnement. Ils retournent dans les campagnes et découvrent ce qu'est devenue l'agriculture. Le choc est profond[23].

Autre phénomène d'importance : les citoyens néoruraux et les consommateurs sont désormais plus scolarisés et mieux informés. Ils naviguent sur Internet ; ils échangent des informations à travers divers réseaux. Cela contribue à les rendre plus compétents et aptes à prendre des décisions éclairées face à leur alimentation. Ils sont soucieux de manger des aliments sains, produits naturellement, dans le respect de l'environnement et des animaux. Des consommateurs exigent l'application des normes de traçabilité[24] à chaque coupe de viande. Bref, ils supportent de moins en moins les non-dits et les demi-vérités.

---

23. Aubin et Forget. *Cohabitation en milieu rural : bilan et perspectives*, rapport final d'une recherche appliquée sous la codirection de Guy Debailleul et Réjean Landry, tome 1, 2001.
24. Traçabilité : c'est la capacité de localiser et de connaître l'historique d'un aliment à travers toutes les étapes de la chaîne de production, de transformation et de distribution alimentaire. L'identification des produits doit d'abord se faire à la ferme pour ensuite être maintenue jusqu'au consommateur. Pour en connaître davantage sur le sujet : www.agri-tracabilite.qc.ca.

Il faut bien reconnaître toutefois qu'on ne retrouve pas un tel niveau de conscientisation chez la majorité des citoyens, qui sont plutôt déconnectés de la production agricole. Les enfants de ces derniers savent vaguement que le lait vient de la vache et les œufs, des poules ; ils n'ont jamais eu l'occasion de voir ces réalités de près. Un grand nombre ne peut identifier à quelle saison arrivent des fruits et des légumes produits au Québec et souvent, on ne connaît pas les produits d'ici. Trop de gens suivent des modes de consommation sans en comprendre les enjeux écologiques (sauf peut-être celui du transport dont il est plus largement question actuellement dans les médias), dont ceux qui concernent le bien-être animal, les impacts sur la diversité biologique et les répercussions sociales.

## Des solutions déconnectées du milieu rural

En réponse au malaise social clairement exprimé par la population et aux pressions du milieu de la santé publique, il a été décidé d'imposer une plus grande transparence dans le processus d'autorisation et d'implantation des établissements porcins. De plus, le gouvernement mise désormais sur une implication accrue des municipalités et des municipalités régionales de comté (MRC), appelées à définir avec la population les conditions de développement d'une production porcine qui respecte le milieu de vie. En complémentarité, le gouvernement s'est engagé via le MAPAQ et le programme Prime-Vert à introduire dans sa politique agroenvironnementale les principes d'écoconditionnalité[25] et à accompagner financièrement les producteurs porcins à cet effet. Une somme de 239 millions de dollars a été réservée à cette fin pour l'exercice financier 2003-2008. En parallèle, l'Institut de recherche en développement agricole (IRDA) s'est vu confier le mandat d'activités de recherche pour le

25. Selon la définition de l'OCDE reprise sur le site Internet du MDDEP, l'écoconditionnalité consiste à « subordonner à des critères environnementaux – ou à l'observation d'exigences à caractère environnemental – l'accès à divers programmes gouvernementaux de soutien financier (comme les paiements directs ou l'aide à l'investissement). Il s'agit donc de « faire jouer ensemble », de manière incitative ou dissuasive, un ou des programmes de financement agricole en vigueur, un ou plusieurs critères de conformité à un programme environnemental et un système de contrôle du respect des exigences environnementales.

traitement du lisier et l'épandage sans odeurs, pendant que les agronomes ont été appelés à tracer un portrait agroenvironnemental des fermes porcines. De son côté, le MSSS a reçu le mandat de mener des études sur la qualité de l'eau souterraine et l'amélioration des connaissances sur les risques pour la santé publique[26].

Dans cette perspective, l'Assemblée nationale a ainsi sanctionné, en novembre 2004, la Loi 54 qui modifie la Loi sur l'aménagement et l'urbanisme et y intègre des dispositions spécifiques aux porcheries. La Loi 54 oblige les municipalités à recevoir sur leur territoire un projet d'établissement porcin qui a déjà reçu le certificat d'autorisation du MDDEP, mais prévoit un mécanisme obligatoire de « consultation » des populations locales, incluant une possibilité de conciliation sur cinq types de mesures de mitigation prévues par la Loi[27]. Il était prévisible que malgré ces dispositions (ou en raison de ces dernières), les conflits de cohabitation ne se soient pas résorbés. Au contraire, à la suite de la levée totale du moratoire sur la production porcine en décembre 2005, les crises au sein des communautés de plusieurs régions ont repris de plus belle.

Dans les assemblées publiques de « consultation », les citoyens se sont montrés fortement préoccupés par l'impact des épandages sur la qualité des eaux de surface et souterraines, tout en rappelant que la Loi 54 ne leur procurait aucun outil leur permettant de stopper l'implantation d'une exploitation porcine qui s'annonce pourtant irrespectueuse de l'environnement et de la qualité de vie[28]. Signalons que, dans plusieurs régions où une entreprise porcine cherche à s'implanter ou à prendre de l'expansion, ce sont non seulement les néoruraux qui s'activent, mais aussi d'autres agriculteurs et des élus municipaux soucieux de préserver l'harmonie sociale avant la rentabilité économique à court terme.

---

26. Voir le portrait sur la santé publique pour plus de détails sur la série d'études menées par des directions de santé publique de différentes régions du Québec.
27. Rappelons que ces mesures concernent les distances séparatrices entre la porcherie et les habitations, la pose d'un toit sur la fosse à purin, l'installation d'une haie brise-vent autour de l'établissement, la limite de la consommation d'eau et l'incorporation au sol du lisier, dans un délai maximum de 24 heures après leur épandage.
28. Brown, S. J. « Ormstown pork producer's plans to build two new barns questioned », Journal *Gleaner/La Source*, 22 juin 2006, p. 1.

C'est dans un tel contexte qu'en décembre 2006 le ministre de l'Environnement, Claude Béchard, promettait aux producteurs agricoles que le temps des disputes entre l'environnement et l'agriculture devait prendre fin[29]. Le ministre s'était alors rendu au congrès annuel de l'UPA pour annoncer un plan d'action concertée pour l'agroenvironnement et la cohabitation sociale couvrant la période 2007 à 2010. Or, ce plan a été écrit en collaboration avec l'UPA et le MAPAQ; son processus d'élaboration n'a fait appel à aucun groupe environnemental ni à aucun autre groupe de citoyens critiques du mode productiviste de l'industrie porcine, première source des conflits de cohabitation sociale.

*Le plan d'action concerté sur l'agroenvironnement et la cohabitation harmonieuse 2007-2010*[30] risque fort de ne rien résoudre. En effet, au chapitre de l'eau, il prévoit la poursuite des efforts pour réduire les sources de contamination des eaux de surface et souterraines, en élaborant une approche de travail adaptée au contexte agricole. Ce qui est nettement insuffisant lorsqu'on se remémore l'actuelle contamination par le phosphore de la plupart des cours d'eau en milieu agricole et leur eutrophisation croissante. En matière de pesticides, le plan propose d'améliorer leur utilisation en se fiant à de nouveaux moyens de lutte intégrée, mais sans toutefois exiger que leur utilisation soit obligatoire. En matière de biodiversité, on parle de conserver « en quantité suffisante » les milieux naturels et humides pour en assurer la pérennité, mais sans déterminer leur importance dans le maintien de la diversité biologique du territoire. En matière de changements climatiques, la réduction des gaz à effet de serre produits par l'agriculture se limite à l'identification de pistes pour le développement de produits bioénergétiques. Enfin, pour résoudre les problèmes de cohabitation sociale (dont la cause est, croit-on, le manque d'information du public), le plan mise uniquement sur la mise en valeur de l'agriculture auprès du

---

29. Turcotte, C. « L'agriculture et l'environnement font un pas vers la paix », *Le Devoir*, 7 décembre 2006, p. B1. http://www.ledevoir.com/2006/12/07/124311.html.
30. Ministère de l'Agriculture, des Pêcheries et de l'Alimentation du Québec (MAPAQ MDDEP UPA), *2007-2010 Plan d'action concerté sur l'agroenvironnement et la cohabitation harmonieuse*, février 2007, 28 pages.http://www.mapaq.gouv.qc.ca/NR/rdonlyres/909C60512A97-435E-9AA0-6578469510F4/0/Planconcerteagroenv.pdf.

grand public, en publicisant ses réalisations, ses stratégies agroenvironnementales et la contribution de l'agriculture au développement socio-économique des régions. Enfin, une somme de 2,6 millions de dollars sera versée à des projets pour « poursuivre l'implantation de pratiques agricoles favorisant la cohabitation harmonieuse ». Pour ce faire, l'UPA, le MDDEP et le MAPAQ comptent sur l'adoption de technologies et de pratiques (équipements et aménagements permettant la réduction des odeurs), sur la conception d'outils d'information, sur la mise en œuvre de stratégies de communication et sur l'accroissement de la présence du secteur agricole dans les événements régionaux[31].

Ces mesures sont résolument trop loin des attentes déjà exprimées depuis de nombreuses années par les néoruraux, les petits agriculteurs, les groupes environnementaux, les comités de citoyens et de nombreux professionnels de la santé.

Elles banalisent une réalité fondamentale: le milieu social rural est diversifié et le demeurera. Par ailleurs, outre les problèmes économiques liés à la survie ou au développement de l'agriculture industrielle en contexte de mondialisation, les intégrateurs et les dirigeants de l'UPA qui soutiennent le mode d'élevage productiviste ne reconnaissent pas les dysfonctions générées par un tel positionnement. Pareil aveuglement laisse présager que les conflits entre les citoyens et les producteurs de porcs demeureront nombreux et de plus en plus acerbes. Dans les conditions actuelles, ils s'avèrent insolubles. Lors des « consultations » autour des projets porcins, les citoyens, les élus municipaux et les fonctionnaires, obligés de répondre à des questions sans bien connaître le dossier – d'un haut niveau de complexité – de même que les producteurs eux-mêmes (qui sont souvent des agriculteurs sous contrat avec un intégrateur dont on ne diffuse ni le nom ni l'implication financière dans le dossier) ressortent de l'exercice de conciliation avec un profond sentiment de frustration et d'incompréhension, ce qui ne favorise en rien la démarche de médiation.

31. *Ibid.*, p. 28.

## Des valeurs ancrées dans les communautés

Les valeurs véhiculées par les néoruraux et autres citoyens critiques envers l'industrie porcine ne sont pas étrangères à celles que les agriculteurs maintenaient vivantes avant la Révolution tranquille, ni à celles qui émergent dans les franges les plus novatrices de l'agriculture écologique (ou agriculture durable) au Québec comme à l'étranger. Nous pourrions dire également qu'elles sont partagées avec discrétion par plusieurs agriculteurs qui voient évoluer leur métier avec une certaine inquiétude. Ce que ces opposants réclament, ainsi que bon nombre d'agriculteurs et d'analystes, c'est de redonner aux agriculteurs l'autonomie et l'espace de responsabilité que tend à leur soutirer la production porcine industrielle actuelle. Les agronomes Roch Bibeau et Isabelle Breune[32] sont d'ailleurs d'avis que s'ils avaient la totale liberté financière et législative, un nombre important de petits producteurs agricoles prendraient le leadership de l'aménagement agroenvironnemental des territoires et travailleraient collectivement à régénérer les secteurs détériorés par la pollution.

Pour sa part, l'agroéconomiste John Ikerd de l'Université du Missouri, à Columbia, a identifié 10 raisons principales qui devraient inciter les communautés rurales à s'opposer aux opérations des grandes entreprises porcines de type industriel. Il est intéressant de constater que ces arguments sont ceux qui alimentent le discours des opposants aux porcheries industrielles du Québec. Selon John Ikerd, ces raisons peuvent se résumer ainsi : les usines de production porcine détruisent les capacités productives du monde rural ; le processus de décision divise et déchire les communautés ; l'avenir des communautés est hypothéqué par des intérêts extérieurs ; l'industrie porcine détruit la confiance du public envers l'agriculture ; les problèmes de contrôle constants sont inévitables et difficilement gérables ; les consommateurs retirent très peu, voire aucun avantage de la production animale industrielle (tant sur le plan du goût que des coûts) ; la concentration de la production porcine dans une région est une source de problèmes multiples et cumulatifs (sociaux,

32. Bibeau, R. et Breune, I. *L'approche ferme par ferme en agroenvironnement : promesses et illusions*, Présentation power point, Agriculture et Agro-alimentaire Canada, 2005.

environnementaux, économiques, culturels et en santé publique); le travail est dévalorisant et souvent risqué; les odeurs sont à la source de la dévalorisation d'un mode de vie rural et communautaire. Le chercheur croit que ces raisons, bien documentées et fondées, ont tout à voir avec la volonté de préserver un mode de vie communautaire de qualité:

> Les valeurs que représentent les grands espaces, l'air pur, un environnement sain et des populations rurales actives, énergiques et qui veulent préserver un mode de vie communautaire seront très prisées dans les années à venir. Les grandes installations de production de porc ne créent pas des communautés rurales et risquent d'empêcher les communautés existantes de prendre les décisions qui permettront à leurs enfants et aux générations futures de perpétuer le milieu dans lequel ils désireront rester et vivre[33].

En prenant connaissance des témoignages des citoyens et d'experts en environnement et en santé publique tant durant la consultation du BAPE que dans de nombreux forums publics qui ont eu lieu depuis, il ressort en effet que les arguments présentés par les citoyens n'ont rien à voir avec une émotivité primaire: s'ils sont entre autres associés à des motivations légitimes d'ordre affectif et moral concernant le rapport à la vie et l'équité, ils sont bel et bien inspirés par un souci raisonné de maintenir vivantes les communautés rurales et de préserver la qualité de l'environnement.

---

33. Ikerd, J. *Les dix raisons qui devraient préoccuper les communautés rurales face aux opérations des grosses industries porcines de type industriel*, mémoire déposé lors de la consultation publique sur le développement durable de la production porcine au Québec, Bureau d'audiences publiques sur l'environnement, 2003.

# Chapitre 7
# Portrait culturel
## *Mon pays, mes racines, mon patrimoine*

Qui élève encore des porcs dans les prés durant les mois d'été et d'automne pour nourrir la famille ? Que sont devenues ces recettes « maison » de saucisses, de boudin, de jambon et de bacon, depuis que la grande majorité des fermes produisent du porc industriel ? Qui fredonne encore des chansons à répondre et raconte des histoires le jour de l'Immaculée Conception pour accompagner la confection de charcuterie et autres mets à base de porc ?

Le contraste est énorme entre les souvenirs racontés avec plaisir par nos vieux parents et la réalité d'aujourd'hui avec la transformation à la chaîne du porc, qui n'a plus rien à voir avec ces traditions familiales.

Mais la vie culturelle en milieu rural signifie bien plus que ces plaisirs domestiques, qui de nos jours sont relégués aux confins de la mémoire collective et qui sont péjorativement associés à la nostalgie de l'ancien temps. Elle englobe une réalité beaucoup plus vaste, en particulier celle de notre rapport à l'histoire, celle de la reconnaissance et de la valorisation de notre identité à travers la protection des paysages et du patrimoine.

Selon une définition proposée en 1871 par l'anthropologue anglais Edouard Burnett Tylor, la culture serait un ensemble de connaissances, de croyances, d'art, de droit, de morale, de coutumes, d'habitudes et d'attitudes acquis par les individus qui habitent un territoire, en s'y attachant et en s'y impliquant de manière plus ou moins active. Ce serait aussi l'ensemble des savoirs développés par la communauté d'une région qui, bien que faisant partie d'un ensemble national, lui permettrait de se distinguer et d'affirmer son identité propre de même que son appartenance à un territoire régional[1].

Pour le sociologue Fernand Harvey[2], la reconnaissance implicite de la réalité culturelle régionale comme phénomène identitaire favorise l'émergence d'initiatives en matière de développement régional et sert de soutien à l'action. À son avis, on « ne peut construire une nouvelle culture sans puiser dans les couches profondes de notre inconscient collectif ».

La culture occupe une place de choix dans le processus de développement local et régional : elle en est la base, le levier, voire l'instrument clé. C'est à travers les valeurs culturelles que se transmet la capacité de prise de parole et d'intervention des citoyens.

Dans ce portrait, nous tenterons de montrer que l'opposition des groupes de citoyens aux porcheries industrielles est, entre autres, l'expression de valeurs culturelles fondamentales qui ont permis la construction et la préservation de l'identité québécoise. Dans les conflits de cohabitation sociale, les questions culturelles ne sont certes pas anodines. Elles sont fondées à la fois sur nos valeurs traditionnelles et sur des valeurs émergentes de la modernité du XXIe siècle.

## Un idéal de vie ancré dans la mémoire culturelle

Selon le Rapport mondial sur le développement humain publié par le Programme des Nations unies pour le développement, « le développement est conçu comme un processus d'accroissement de la

1. Giguère, R. *La culture comme base de développement*, conférence présentée à l'Université rurale québécoise du Bas Saint-Laurent, 4 au 8 octobre 1999, Université du Québec à Rimouski. http://www.uqar.qc.ca/chrural/urq/Urq1999/BSL/pdf/giguere.pdf.
2. Harvey, F. « Des valeurs pour une société nouvelle », *L'Action Nationale*, vol. 80, nº 7, 1990, p. 938-952.

liberté effective de ceux qui en bénéficient de poursuivre toute activité à laquelle ils ont des raisons d'attacher de la valeur[3]. »

Pendant des décennies, l'intégration de la culture aux décisions collectives pour l'occupation du territoire avait sa place dans les plans stratégiques régionaux de développement au Québec. La culture, alors étroitement liée au sentiment d'appartenance d'une communauté, était considérée comme une condition essentielle de la qualité de vie. Mais à l'aube du XXI^e^ siècle, du moins dans les milieux politiques et économiques, cette planification globale, intégrée et équilibrée du développement régional semble s'être rétrécie aux seuls objectifs d'un prétendu « progrès économique », ignorant largement les enjeux écologiques, sociopolitiques et culturels d'un tel « progrès ».

Pourtant, une certaine tradition culturelle de la vie rurale, prise dans son sens le plus large, continue d'être perçue comme un idéal pour bon nombre de jeunes citadins, laissant présager les écarts croissants de perception qui s'installent entre les milieux ruraux et urbains. Ainsi, en 1999, un sondage commandé par l'organisme Solidarité rurale du Québec montrait que 60 % des jeunes citadins âgés entre 25 et 34 ans désiraient vivre en milieu rural dans les années à venir ou lors de leur retraite :

> Le désir d'être à la campagne ou en région vient de la culture, du besoin d'appartenance et de liberté des individus. La structure de leurs valeurs aura une influence sur leur consommation et leur lieu de résidence dans les années à venir[4].

Ce souhait d'habiter à la campagne n'est pas facilement réalisable pour la majorité des jeunes adultes. Un grand nombre a toutefois trouvé le moyen de s'en rapprocher, en transposant ce désir sur leurs choix alimentaires. Ils rejoignent ainsi leurs aînés et participent à l'engouement qui a soutenu le développement et le maintien des produits du terroir depuis le milieu des années 1990. En effet, de plus en plus de citadins optent pour une consommation qui les met en relation avec la vie rurale.

---

3. Commission mondiale de la Culture et du Développement, *Notre diversité créatrice*, Paris, UNESCO, 1996.
4. Dufour, V. « Étude commandée par Solidarité Rurale », *Le Devoir*, Actualités, 23 novembre 1999, p. A1.

De nouvelles habitudes de consommation sont en émergence, bien qu'elles soient encore marginales, comme le choix de produits alimentaires éthiques[5] ou l'adoption des principes de l'« agriculture soutenue par la communauté[6] » et de l'agriculture dite de proximité. Les produits du terroir, les produits biologiques et équitables sont en demande croissante. Les consommateurs qui les recherchent se préoccupent aussi de certification, du respect des conditions de travail dans le processus de production et de distribution des aliments, de la protection de l'environnement et du bien-être des animaux. Selon une étude portant sur les tendances alimentaires au Canada d'ici 2020, environ un Canadien sur cinq aurait boycotté des produits alimentaires en raison de ses préoccupations envers le traitement des animaux à la ferme et durant l'abattage[7].

## Les produits du terroir : une expression identitaire contemporaine

Le président de l'organisation Solidarité rurale du Québec, Jacques Proulx, voit dans ces nouvelles habitudes alimentaires notre attachement moderne au territoire rural :

> Notre intérêt pour les terroirs et leurs artisans ne relève ni du ruralisme, ni du pastoralisme, ni du passéisme, ni du mercantilisme. Il est plutôt encouragé par les idées actuelles comme l'innovation, la propriété intellectuelle, la valeur ajoutée, les filières de production ou les niches commerciales[8]. Un produit du terroir est issu d'une pratique valorisant les potentiels naturels et culturels locaux et qui a obtenu sa forme ou son usage

---

5. Canfin, P. « Agir en consommateur citoyen », *Alternatives Économiques, 252, 2006.*
6. Équiterre. *L'agriculture soutenue par la communauté*, 2007. http://www.equiterre.qc.ca/agriculture/paniersBios/index.php.
7. Préfontaine, S. *Les défis de l'agriculture de demain*, communication présentée lors du colloque L'entrepreneur gestionnaire : choix d'aujourd'hui, agriculture de demain, organisé par le Centre de référence en agriculture et agroalimentaire du Québec, Drummondville, 24 novembre 2005. http://www.agrireseau.qc.ca.
8. Kayler, F. « Conférence sur les terroir », *La Presse*, Cahier Actuel, 3 février 2004, p. 4.

> précis en vertu de la transmission d'un savoir-faire et du maintien d'une filière de production particulière[9].

L'économie engendrée par les produits des terroirs serait en quelque sorte soutenue par notre attachement à nos racines rurales collectives ; elle est liée à une reconnaissance et à une mise en valeur des ressources d'un milieu et de ses habitants, de toutes origines, mobilisés dans un projet commun à long terme. Après avoir suivi pendant de nombreuses années les activités de l'organisation Solidarité rurale, la journaliste Françoise Kayler analyse ainsi l'économie des terroirs :

> C'est une économie basée sur la transformation des matières premières locales, à partir des forces de la région, en misant sur l'innovation et le savoir acquis dans le passé, en s'appuyant sur une démarche collective plutôt qu'individuelle, en favorisant les réseautages. C'est la richesse des différences. Le produit du terroir, c'est celui dont l'authenticité rassure[10].

Chaque semaine, de nombreux agriculteurs choisissent de sortir de la filière agricole productiviste pour se tourner vers une agriculture en concordance avec leurs valeurs. Certains se spécialisent dans une production à échelle humaine, familiale et bien ancrée dans la vie communautaire locale et régionale. D'autres décident de transformer le fruit de leurs élevages ou de leurs cultures et de développer leur propre mise en marché. Ils s'identifient au territoire et à la culture qui s'y rattache par des façons originales de produire et de transformer ; leur mode de distribution se distingue complètement des règles d'approvisionnement du marché agroalimentaire. Pour réussir ce choix de vie, plusieurs vont mobiliser des réseaux d'intervenants actifs à divers niveaux de gouvernance. Au plan régional, ils interpellent leur MRC et leur centre local de développement ; au plan national, ils réclament des législations et des programmes de financement adaptés à ces marchés alternatifs et, sur la scène internationale, ils militent avec des réseaux paysans ou biologiques sur la base d'une affirmation positive de leur identité locale. La persévérance dont ils font preuve pour mobiliser les réseaux de tous les

9. Cité par Kayler, F. « Terroirs et territoires », *La Presse*, Actualités, 4 décembre 1999.
10. *Ibid.*

paliers du territoire est un facteur clé de leur réussite. Elle encourage la mise en place d'autres initiatives rurales.

La chercheuse Marie-Joëlle Brassard y voit plusieurs avantages. Selon elle, ce que les produits du terroir suscitent comme modes d'intervention et de gestion environnementale de la part des acteurs ruraux oppose clairement les deux paradigmes théoriques du développement local, c'est-à-dire le développement endogène (à partir du bas) qui fait référence aux actions menées par les acteurs locaux et le développement exogène (à partir du haut) qui se rapporte à l'État et aux grandes entreprises, voire au syndicalisme agricole corporatif, comme celui qui est pratiqué par l'UPA, même s'il est structuré avec des syndicats locaux réunis autour de fédérations.

Rappelons finalement que les activités agricoles du terroir et leur commercialisation locale (de plus en plus grâce à des marchés publics saisonniers) est une source de revenus directs profitables aux fermes familiales. Elles sont aussi d'importants incitatifs positifs pour les jeunes qui veulent prendre la relève de la ferme familiale. Ils y voient une ouverture pour exprimer leur vision de l'agriculture et leurs talents, et l'opportunité de s'associer à la transformation de modes de production et de commercialisation.

Une étude commandée par le MAPAQ au groupe Réjean Dancause évalue les revenus découlant de ces productions alternatives et du terroir à un milliard de dollars par année[11]. Certes, certains esprits malicieux diront que cette somme demeure encore limitée par rapport aux revenus globaux générés par les marchés agroalimentaires traditionnels. Il n'empêche que ce sont des revenus en croissance constante qui éveillent l'espoir de pouvoir vivre en harmonie avec la nature et le voisinage dans les milieux ruraux.

## L'agriculture soutenue par la communauté (ASC)

L'agriculture soutenue par la communauté (ASC) pourrait être considérée comme une autre expression de l'identité collective et d'un

11. Ministère de l'Agriculture, des Pêcheries et de l'Alimentation du Québec (MAPAQ). « Plan d'action pour la mise en valeur des produits régionaux et des produits de niche », page thématique publiée dans *La Terre de Chez Nous*, juin 2005, reprise sur le site du MAPAQ, http://www.mapaq.gouv.qc.ca/NR/rdonlyres/651A9189-5C03-447C-9BCC-7FA792A65F76/0/TCN23juin2005.pdf.

choix de mode de vie communautaire pour les personnes sensibles aux valeurs culturelles rurales et environnementales.

Encouragée et soutenue dans son développement par l'organisme environnemental Équiterre, le mouvement de l'ASC s'appuie sur l'agriculture locale, biologique et traditionnelle, respectueuse de l'environnement et du savoir-faire intergénérationnel. Le consommateur accepte de partager les risques et les bénéfices d'une agriculture qui introduit la notion de « fermier de famille », comme on en trouvait des milliers, il y a un siècle. À l'été 2007, 99 fermes ont participé au réseau de l'ASC au Québec, en fournissant le fruit de leurs récoltes et de leurs élevages (poulet, porc, bœuf, agneau, lapin) et en offrant du miel, des produits de la pomme et des fromages à plus de 26 000 personnes au Québec (8 700 paniers biologiques), à travers 13 régions du Québec[12]. Mentionnons également qu'un nombre indéterminé de producteurs biologiques entretiennent des relations commerciales et amicales avec des consommateurs, sans être membres du réseau Équiterre.

Ce choix de consommation consciente de produits locaux et régionaux reflète le phénomène culturel que nous avons évoqué précédemment. La mise en valeur de ces aliments a donné naissance à une diversité d'activités promotionnelles (journées des saveurs, festivals des fromages, fêtes des vendanges, festival du cochon, etc.) qui remplacent, d'une certaine manière, les anciennes fêtes villageoises, où la communauté célébrait les récoltes qui assuraient sa sécurité alimentaire. La vente directe à la ferme, la recherche de nouveaux produits et l'agrotourisme sont autant de manière de faire revivre ces traditions qui, autrement, seraient passées aux oubliettes.

Ces choix alimentaires soutiennent également d'autres valeurs sociales de la part des consommateurs. Ils répondent directement au désir de vivre en santé et de voir prospérer de petites fermes qui, autrement, trouveraient difficilement une place de choix sur les marchés de la consommation agroalimentaire[13]. En effet, dans

---

12. Équiterre, *op. cit.*
13. Joncas, I. « Les nouvelles tendances de mise en marché directe des produits biologiques », rapport d'analyse présenté en format power point, *Journée d'information sur l'agriculture biologique* organisée par Équiterre, 9 février 2005.

l'esprit de beaucoup de consommateurs, la petite entreprise agricole est gérée selon les principes d'une économie plus équilibrée que celle des grosses fermes. Les petites fermes sont également plus attrayantes pour les jeunes et pour tous ceux et celles qui, attirés par l'agriculture, souhaitent faire partie de la relève agricole. Selon Sophie Bélisle, productrice laitière et présidente du Groupe-conseil agricole des Basses-Laurentides, une grosse ferme valant des millions de dollars et qui doit se plier aux diverses règles de gestion de l'offre et de la concurrence internationale, offre peu de marge de manœuvre à une personne qui veut entrer en agriculture et faire preuve de créativité dans le développement de son entreprise.

Les agriculteurs qui choisissent de gérer une petite entreprise traditionnelle ou biologique, centrée sur les produits du terroir ou de proximité, ont également compris l'importance de développer des alliances avec d'autres agriculteurs pour faciliter leur travail au quotidien. C'est ainsi que dans plusieurs régions sont nées des coopératives d'achat et de services, notamment pour l'utilisation de la machinerie, pour l'embauche de main-d'œuvre et pour la mise en marché[14]. La coopérative La Mauve dans Bellechasse[15] ou le Marché de Solidarité régionale en Estrie[16] sont des exemples de coopératives qui réunissent à la fois des producteurs et des consommateurs.

Plusieurs groupes de citoyens opposés au développement de l'industrie porcine sont attachés aux valeurs associées à une agriculture à dimension humaine. Il apparaît clairement qu'ils privilégient ce type de relations socio-écologiques au sein du milieu rural et entre le milieu rural et le milieu urbain.

## Alimentation transgénique

La popularité des produits biologiques, fermiers et du terroir constitue également une réponse à l'inquiétude des consommateurs devant l'introduction, sans aucun étiquetage, de produits transgéniques. Ceux-ci se retrouvent dans près des deux tiers des aliments industriels, notamment sous forme d'huiles (soya et canola) ou de sirop et de fécule (maïs). C'est en effet à l'insu des consommateurs que des produits transgéniques sont utilisés dans la fabrication de

14. *Ibid.*
15. http://lamauve.com.
16. http://atestrie.com.

mélanges à gâteaux, de simili crème fouettée, de pains, de céréales, de glaçages ou de friandises[17].

Or, non seulement bon nombre de consommateurs sont maintenant soucieux de préserver les produits du terroir qu'ils valorisent au plan écologique et culturel, mais ils s'inquiètent de voir la transgénèse menacer leur santé et celle de leur famille, tout en provoquant une pollution génétique de l'environnement, susceptible de compromettre même la possibilité de tout autre type d'agriculture. C'est ainsi que tout le rapport à l'environnement est bousculé. Des sondages indiquent que les consommateurs seraient disposés à accepter l'introduction d'aliments nutraceutiques[18], d'alicaments[19], d'aliments fonctionnels[20], d'anticancérigènes ou d'oméga-3[21] dans leur alimentation. Par contre, en matière d'aliments transgéniques, ils continuent à afficher une attitude de méfiance et un certain cynisme face à la résistance des gouvernements à étiqueter les

17. Maltais, M. « Dans notre assiette, que faisaient les gouvernements ? Rien », *Le Droit*, 30 décembre 1999, p. 14.
18. Un aliment nutraceutique est un produit isolé ou purifié à partir d'aliments, il est habituellement vendu sous formes galéniques comme des capsules qui ne sont pas généralement associées à des aliments, et il a été démontré qu'il avait un effet physiologique bénéfique ou assurait une protection contre les maladies chroniques. http://www.agrojob.com/dictionnaire/definition-Nutraceutiques--2506.htm.
19. Alicament : né de la contraction d'aliment et de médicament, ce mot français signifie ce qu'on désigne sous le nom d'aliments fonctionnels en Amérique du Nord. http://www.agrojob.com/dictionnaire/definition-Alicaments-2397.htm.
20. Aliment fonctionnel : aliment semblable en apparence à un aliment conventionnel ou peut être un aliment conventionnel. Il fait partie de l'alimentation normale et il a été démontré qu'il procurait, au-delà des fonctions nutritionnelles de base, des bienfaits physiologiques précisés par la documentation scientifique et qu'il réduisait le risque de maladies chroniques. http://www.agrojob.com/dictionnaire/definition-Aliment-fonctionnel-2398.htm
21. OMEGA-3 : Les études épidémiologiques et cliniques ont démontré que les oméga-3 ont des effets bénéfiques spécifiques sur la santé cardiovasculaire et pourraient même s'avérer des nutriments clés lors du développement de l'être humain en période néonatale. Il a été démontré que les acides gras oméga-3 réduisent les niveaux de triglycérides plasmatiques et sont associés à une réduction du risque d'arrêt cardiaque primaire et de récidive d'infarctus du myocarde.

produits alimentaires qui en contiennent[22]. Est-il nécessaire de rappeler que ces attentes des consommateurs entrent en conflit direct avec l'agriculture productiviste ? La production porcine industrielle implique une grande consommation de céréales transgéniques et les ténors de ce mode d'élevage n'ont aucune gêne à valoriser la transgénèse pour augmenter la performance des troupeaux.

Cette tendance à choisir des aliments « santé » a d'ailleurs donné lieu à l'émergence d'un nouveau langage et d'une nouvelle culture du divertissement. Des émissions de télévision portant sur les plaisirs de bien manger et les produits du terroir sont présentées à des heures de grande écoute. Une nourriture raffinée et de qualité est dorénavant associée non seulement aux vertus de la santé, mais aussi à une distinction culturelle et sociale; à cet effet, le statut des appellations d'origine contrôlées est un autre outil de mise en marché. Dans ces émissions de divertissement culinaire, on célèbre la saveur des produits frais du terroir, ce qui témoigne d'un désir de reconstruire une relation harmonieuse avec la terre, comme avec la nature en général. Pourrait-on croire que ces tendances témoignent également d'une résistance à la perte des repères culturels imposée par l'industrialisation de l'alimentation ?

## Protection du patrimoine rural

Nous avons expliqué précédemment que les oppositions citoyennes et celles des consommateurs témoignent d'un désir de renouer avec un certain mode de vie en milieu rural. Abordons maintenant une autre question qui montre que les porcheries industrielles affectent l'identité culturelle d'une région. Plusieurs leaders de groupes d'opposition à ce type d'élevage soulignent les effets négatifs des installations porcines sur la qualité des paysages et des communautés villageoises.

En effet, pour répondre aux exigences réglementaires concernant la gestion du lisier, plusieurs fermes porcines ont eu à défricher des territoires qui, traditionnellement, faisaient partie de la ferme familiale. Des milliers d'hectares de boisés disparaissent chaque année[23].

22. Greenpeace. *Guide des produits avec ou sans OGM*. Greenpeace Canada, 2006. http://guideogm.greenpeace.ca/index.php.

23. Bérubé, G. « 737 hectares de forêt ont été rasés en cinq ans », *Le Canada Français*, 25 janvier 2006, p. A-18.

La perte des boisés, dont plusieurs contenaient des érablières, se jouxte à une perte totale de la culture acéricole artisanale qui était, au printemps, une occasion privilégiée pour renforcer les liens sociaux et culturels d'une communauté. Des sols sont nivelés, des cours d'eau redessinés (souvent remblayés), des bâtiments anciens démolis et ce, pour faciliter la création de grandes parcelles d'épandage de lisier capables d'accueillir des équipements aratoires de grand calibre. Les fossés se comblent avec les nouvelles pratiques d'irrigation et les haies brise-vent ont disparu le long des routes et ruisseaux, accentuant le « désert » agricole. Tous ces travaux artificialisent le paysage rural et le remodèlent, éliminent des bâtiments patrimoniaux ou les défigurent.

En fait, l'application de devis de construction moderne et l'adoption de modes d'élevage productivistes affectent la relation de l'humain à son environnement et privent les générations futures de la transmission de connaissances et de reconnaissances historiques. En août 2006, la Commission des biens culturels du Québec posait un regard sur cette question, dans le cadre d'une étude sur la préservation du patrimoine rural de l'île d'Orléans :

> Le patrimoine rural présente une grande diversité selon l'historique de l'occupation du territoire. La topographie, les voies de communication, la composition des sols et les cultures caractérisent les paysages humanisés. L'ancienneté de l'occupation est aussi déterminante sur l'organisation du territoire et les rapports entre les espaces agricoles et les secteurs urbanisés. Les enjeux sont ainsi extrêmement variés, tant au Québec qu'ailleurs en Amérique ou en Europe, où la sauvegarde du patrimoine rural interpelle un nombre croissant d'intervenants des milieux culturels, agricoles et environnementaux. Si leur objectif de préservation est commun, leurs préoccupations et considérations diffèrent sensiblement[24].

La Commission des biens culturels du Québec rappelle le grand attachement de la population à son patrimoine rural, ici au Québec comme ailleurs dans le monde. L'organisme paragouvernemental

---

24. Commission des biens culturels du Québec, *Patrimoine et paysage agricoles de l'arrondissement historique de l'Île-d'Orléans*. 2006. http://www.cbcq.gouv.qc.ca/patrimoine_et_paysage_agricoles.html#conservationpatrimoinerural.

rapporte, à titre d'exemple, les résultats d'un sondage réalisé dans le cadre d'un premier Forum d'acteurs du patrimoine rural, tenu à Clermont-Ferrand en France, en 2002 : 95 % de la population française considère important d'assurer la protection et la mise en valeur du patrimoine rural :

> Pour la majorité d'entre eux, ce patrimoine est lié aux bâtiments et aux édifices traditionnels (61,7 %) ; viennent ensuite la nature et les paysages (39,3 %). L'opinion est partagée en ce qui concerne la préservation du patrimoine rural national : 51,2 % pensent qu'il est suffisamment bien préservé ; 47,2 % de ceux qui estiment qu'il ne l'est pas assez accusent les coûts élevés, l'urbanisation et l'industrialisation d'être responsables d'une préservation et d'une mise en valeur déficientes. Près d'un Français sur deux déclare être particulièrement attaché à un élément de patrimoine rural de sa région d'appartenance (36 %, un édifice, 30 %, un paysage). Par ailleurs, les agriculteurs sont deux fois plus attachés à la nature et aux paysages de leur région qu'à ses bâtiments et édifices traditionnels. Quant à la responsabilité de la protection et de la valorisation du patrimoine rural, 49 % la délèguent aux autorités locales, 33 % à l'État et 24 % estiment qu'elle incombe à tous les Français [...] Il serait intéressant de sonder la population québécoise sur ces questions[25].

La Commission des biens culturels partage l'inquiétude de citoyens qui voient disparaître des éléments essentiels à la reconnaissance identitaire des Québécois au nom de la rationalisation économique :

> Les arguments qui militent plus particulièrement en faveur de la protection du patrimoine architectural en milieu rural s'avèrent généralement peu convaincants par rapport aux impératifs économiques et agricoles. Est-il utile, s'objecte-t-on, de conserver des éléments de l'architecture rurale, témoins culturels importants, s'ils ont perdu leur fonction sociale ou productive d'origine[26] ?

Concluons enfin ce portait en formulant une question fondamentale : notre pays, notre patrimoine et notre identité profonde sont-ils menacés par le développement d'une agriculture intensive qui ne

25. *Ibid.*
26. *Ibid.*

mise que sur la rentabilité économique comme valeur de développement régional ? Hélas, poser la question dans le contexte actuel suggère déjà la triste réponse.

Deuxième partie

# Regards croisés sur la question porcine

## Chapitre 8

# De dérive en dérive

## *L'évolution récente de la production du porc au Québec*

Paul-Louis Martin

Saint-André-de-Kamouraska, hiver 1996. Accompagné de quelques concitoyens, je frappe aux portes pour convaincre nos gens d'appuyer une pétition contre la venue de deux porcheries industrielles à quelques centaines de mètres de la rivière Fouquette. Ce petit cours d'eau, au bassin versant d'à peine 70 km, traverse tout le territoire de Saint-André ; il est aussi devenu l'une des plus importantes frayères de l'éperlan arc-en-ciel de la Côte-du-Sud, surtout depuis l'intoxication totale de la rivière Boyer par les lisiers de porc produits dans les comtés voisins de Dorchester et de Bellechasse. On l'oublie facilement : ce petit poisson constitue l'aliment, le fourrage en quelque sorte, de plusieurs autres espèces de poissons de l'estuaire, en plus de réjouir les pêcheurs sportifs riverains, de Rimouski à Beaumont. Or, de l'avis des biologistes du ministère de l'Environnement et de la Faune, le taux de pollution des eaux de la Fouquette frôle déjà le seuil critique, et on doit impérativement ne rien ajouter à la charge déjà trop élevée des rejets d'origine agricole.

Le projet des deux porcheries, joliment appelées pouponnières, est piloté par un grand « intégrateur » beauceron, un « développeur » qui est habile à repérer les petites municipalités dépourvues de réglementation pertinente. Depuis le début de cette décennie, la multiplication de ces porcheries industrielles un peu partout dans la vallée du Saint-Laurent suscite de plus en plus d'inquiétude, voire d'opposition, chez les habitants du monde rural. Et pour cause : en moins de 10 ans, le nombre de porcs produits chaque année est passé de 1,7 à 7 millions de têtes. Et le nombre d'établissements porcins semble croître sans limite : à l'Union des producteurs agricoles (UPA), nous dit-on, on s'est donné pour mission de nourrir la planète...

Notre opposition citoyenne ressemble à toutes celles qui ont surgi ici et là au Québec pour freiner ce type de développement agricole hautement discutable. À défaut d'autres moyens, on fait des assemblées de cuisine, on élabore des dossiers, on débat avec le conseil municipal. Bref, on agit sur plusieurs fronts. On utilise toutes les tribunes et diffuse des communiqués dans les médias pour sensibiliser le plus de décideurs possible à cette question et pour rejoindre un grand nombre d'acteurs concernés par la qualité des milieux de vie.

Les mois passent, la mobilisation s'essouffle, les appuis officiels ne viennent pas. Peine perdue, nous devons concéder la bataille et la guerre : faute de règlements appropriés et parce que le conseil municipal n'ose pas s'opposer à un « si bel investissement », les porcheries sont finalement construites. Les deux « pouponnières » opèrent depuis maintenant 10 ans, sur le site initialement convoité, à proximité de la rivière Fouquette.

Notre Comité d'action pour le développement harmonieux (CADH) remporte malgré tout un prix de consolation : à la suite de tout le brasse-camarade que nous avons occasionné, et grâce aussi à l'implication de certains biologistes, le Comité de bassin de la rivière Fouquette s'est mis en place afin de contrer la détérioration de la rivière et d'éviter la catastrophe. Aujourd'hui, après 10 ans d'efforts et d'actions pionnières, le Comité de bassin peut se féliciter d'avoir, au mieux, stabilisé la situation et l'état de santé de la rivière : la patiente est sous étroite surveillance ; on prend son pouls régulièrement, mais son état reste préoccupant. On n'est pas près d'y pêcher la truite, comme il y a 50 ans. Toutefois, la rivière Fouquette accueille encore chaque printemps, tout près de son embouchure et durant une dizaine de jours, la fraie d'un demi-million d'éperlans. Elle doit cependant sans conteste rester sous observation : sa rémission est encore loin d'être confirmée.

Hiver 2006. 10 ans ont passé, le sujet des porcheries me rattrape bien malgré moi : ayant été élu à la mairie de Saint-André en novembre 2005, je me retrouve rapidement à la Commission d'aménagement et d'urbanisme de la MRC de Kamouraska, alors en pleine consultation publique et en processus d'élaboration d'un règlement de contrôle intérimaire (RCI) pour tous les élevages à forte charge d'odeurs, soit les visons, les renards et... les porcs. Ainsi, de janvier à juin 2006, les membres de cette commission entendent et analysent à peu près tous les arguments des uns et des autres, des « petits » producteurs aux grands intégrateurs, les opposants, les élus, les représentants des syndicats et des groupes organisés, les comités locaux et les conseils de défense de l'environnement.

On y aborde les mêmes sujets et on y présente, à peu de choses près, les mêmes arguments, pour ou contre, qu'il y a 10 ans ; on reprend les mêmes thèmes : marché mondial, productivité, coûts de main d'œuvre, litière ou lisier, plan de fertilisation, plantation d'arbres, etc. Toutefois, la situation des producteurs et le contexte global ont changé. L'assurance et la confiance d'il y a 10 ans ont fait place à une grande inquiétude qui a gagné, avec raison, les 2 000 producteurs de porcs du Québec. Parmi les soucis : une devise trop élevée et un taux de change qui nuisent aux exportations, de nouveaux concurrents plus agressifs à l'échelle mondiale, des producteurs états-uniens indirectement subventionnés, des règles environnementales jugées trop sévères ici alors qu'elles sont absentes ou plus souples dans les autres pays, l'obligation prochaine de produire des porcs plus lourds, la tendance accrue à augmenter l'espace vital des animaux, les nouveaux virus qui déciment les pouponnières, la nécessaire consolidation du réseau de transformation, etc.

La liste des problèmes n'est évidemment pas complète, mais elle suffit pour me pousser à me demander ce que l'agriculture québécoise est « allée faire dans cette galère ». Y a-t-il eu une véritable analyse du risque au ministère (MAPAQ) et à l'UPA avant de se lancer dans l'aventure mondiale du marché du porc ? N'est-on pas en présence d'une série de dérives ? Les erreurs de pilotage s'accumulent dangereusement. Il me vient l'image d'un navire sans gouvernail qui glisse au gré des vents dans une mer de hauts-fonds.

Et, comble d'aberration, au moment d'écrire ces lignes, j'apprends que la ministre des Affaires municipales et des Régions du Québec rejette la proposition de notre MRC de limiter la production porcine sur lisier aux 22 porcheries déjà en place et de n'admettre, à l'avenir, que des élevages sur litière, ou fumier solide.

Je ne suis assurément pas le seul à croire que nous avons là un bel exemple des dérives du capitalisme. Adam Smith a eu raison de l'affirmer : il y a 200 ans, l'agriculture constituait (comme elle constitue encore) une partie importante de « la richesse d'une nation ». En deux siècles, le système capitaliste a certes permis à l'agriculture d'accomplir d'incroyables progrès, en jouant sur tous les facteurs de production, soit le capital, les ressources, l'énergie, etc. Mais la première finalité de l'agriculture d'une nation reste toutefois de préserver l'autonomie alimentaire de sa population. Les surplus, quand ils existent, ne doivent servir qu'aux échanges et à l'acquisition, à l'extérieur des frontières, d'aliments et de denrées non disponibles ou impossibles à produire sur son territoire.

Or, voici que surgissent les premières dérives du système, issues évidemment de la mondialisation et de l'extension des marchés : pour répondre à la demande asiatique, et surtout japonaise, de viande de porc, les producteurs de quelques pays industrialisés – Danemark, Hollande, France, États-Unis – entreprennent d'accroître considérablement leur production porcine domestique. Ils créent alors une nouvelle filière industrielle, principalement destinée à l'exportation, qui intègre littéralement tous les aspects et toutes les étapes de production, de la naissance et de l'engraissement des bêtes jusqu'à l'abattage, la découpe, la congélation et la livraison à l'autre bout du monde. Empruntant ce modèle, le Québec s'est lancé il y a 20 ans dans l'arène des grands joueurs internationaux, sans trop mesurer la fragilité causée par son voisinage avec le géant américain, ni les risques associés à ce genre de marché.

Où sont les dérives ? D'abord dans le détournement de ces activités d'agriculture et d'élevage, axées dorénavant non plus sur la satisfaction des besoins internes mais sur l'exportation : en 2006, ce furent 60 % des porcs québécois qui ont été vendus hors frontière. Or, pour générer de meilleures marges de profit, il devient tentant de manipuler les principaux facteurs de la production : les intrants, les ressources et la main-d'œuvre. On le voit dans l'utilisation abusive de l'élément de base que sont les sols, car il a bien fallu les soumettre à une surfertilisation en raison de l'abondance et de la concentration locale des lisiers, avec comme conséquences additionnelles, en bout de ligne, la pollution des rivières et la contamination des nappes phréatiques. Ont surgi d'autres dérives, totalement imprévues à l'origine, comme l'élimination des derniers boisés de ferme et la création de terres neuves gagnées sur les friches, les marais et les tourbières encore intactes, afin de multiplier les superficies nécessaires à la disposition de ces encombrants lisiers.

Enfin, comble des dérapages, après avoir bénéficié depuis des années de centaines de millions de dollars à même les fonds publics pour construire des fosses à lisier, soutenir la demande interne et favoriser l'ouverture de nouveaux marchés, voilà qu'à leur tour, les grands acteurs de la filière porcine, dont Olymel, tentent maintenant de réduire de 30 à 40 % les salaires des travailleurs de leurs abattoirs. Leur intention évidente est de s'aligner sur la plupart des autres abattoirs, à l'étranger ou au Québec, qui paient déjà de maigres salaires et offrent des conditions de travail peu respectueuses de leurs employés. Pourquoi Olymel, cette entreprise « bien de chez nous », au capital en partie d'origine coopérative, se priverait-elle de revoir à la baisse ce facteur de production ? Surtout que les concurrents mondiaux, eux, ne se privent aucunement de pratiques délinquantes : en Allemagne, les patrons des abattoirs importent une main-d'œuvre illégale et sous-payée des pays de l'Est, de la Pologne plus précisément, tandis qu'aux États-Unis, non seulement la production de maïs est-elle indirectement subventionnée, mais les règles du travail ne sont pas respectées. À preuve, les autorités viennent de fermer un grand abattoir de la compagnie Swift, qui importait illégalement une main-d'œuvre bon marché du Mexique et même d'Afrique, tout comme il y a deux siècles.

Pendant longtemps, l'agriculture et l'élevage ont été à l'origine et au cœur du développement des espaces ruraux : c'est d'ailleurs à ces deux activités que l'on doit la création de la majeure partie des magnifiques paysages de nos campagnes. Mais si la production agricole maintient une présence encore hautement visible, son poids relatif dans l'économie des territoires est devenu beaucoup moins important : elle ne crée plus que 1,5 % des emplois en production directe et 2 % en transformation, l'un et l'autre ne représentant que 3,1 % du PIB du Québec. En d'autres mots, les champs et les fermes des agriculteurs composent peut-être encore près de 80 % des paysages ruraux, mais eux-mêmes ne représentent guère plus que 10 à 12 % de la population qui occupe ces espaces.

D'où ce constat troublant qu'un très vieil équilibre a été rompu : avant la venue, il y a moins de 20 ans, de cette industrie porcine mal contrôlée, personne ne soulevait le problème des nuisances causées par l'agriculture, ni celui des odeurs (on humait même avec plaisir le bon vieux fumier de vache), ni celui des cours d'eau pollués, ni celui des nappes phréatiques contaminées, ni celui de la diminution en valeur des habitations avoisinant les secteurs et les établissements porcins. Pourquoi la situation a-t-elle à ce point changé ?

Une partie de la réponse tient à ceci. Les producteurs industriels de porc, et tous ceux qui les soutiennent, ont perdu de vue une importante réalité, un fait implicitement convenu de tout temps : ils ne sont pas les seuls propriétaires des territoires qu'ils occupent. Il est faux de croire que dans nos sociétés démocratiques, un propriétaire foncier a tous les droits sur le sol, l'eau, l'air et tous les attributs d'un paysage. L'ancien droit coutumier français, le droit civil qui en est issu, les règlements locaux et habituellement le simple bon sens encadrent ou contraignent de diverses façons le droit de propriété de tout individu, précisément parce que son bien foncier est entouré de biens voisins, et que les autres résidants peuvent aussi prétendre à une jouissance saine et paisible.

Hélas, la quête immodérée du profit et la recherche effrénée de la productivité ont fini par contaminer presque toute la filière. Les multiples dérives qui ont été associées, depuis le début, à l'essor de la production porcine ont entraîné dans l'esprit d'une forte majorité de résidants des zones rurales la conviction qu'une minorité de fermiers abusent de leur milieu de vie commun, sans égard pour l'avenir des campagnes. Et quand, au surplus, les médias ajoutent à ce tableau déjà sombre la description de certaines pratiques et conditions largement discutables, soit d'insémination, d'élevage ou de transport des bêtes, ce sont les populations urbaines qui viennent appuyer les citoyens des milieux ruraux et qui manifestent à leur tour leur réprobation.

Que surviennent un taux de change défavorable, un régime avantageux de subvention du maïs dans le pays voisin, un abattoir étranger qui exploite des immigrants illégaux, des clients japonais qui exigent des porcs plus lourds et moins stressés, et voilà nos éleveurs industriels aux abois, prédisant la catastrophe. Il y a quelques années, pressés par un syndicat omnipotent, nos gouvernants à courte vue ont accordé légalement à ces industriels de l'alimentation un sacro-saint droit de produire. Ils ont tout simplement oublié de l'assortir du devoir de respecter la nature, de prendre soin des travailleurs, et de maintenir un bon voisinage.

Voilà un bien triste épisode de l'histoire récente de notre agriculture.

## Chapitre 9

# L'industrie porcine a tourné le dos à l'agriculture

Maxime Laplante

Dans le monde rural québécois, la seule évocation de l'industrie porcine est synonyme de conflit et de débat. On peut d'abord s'interroger sur le pourquoi de cette situation conflictuelle, et ensuite envisager le lendemain de l'industrie porcine. Parce qu'il y aura un lendemain.

À dire vrai, l'industrie porcine a su réunir les conditions gagnantes pour provoquer la colère de la société. En plus d'avoir réussi à s'installer en contournant toute forme de consultation populaire, elle a pris soin d'éliminer un à un tous les mécanismes de consultation qui ont tenté de voir le jour en cours de route. La Loi sur le droit de produire (Loi 23), la Loi modifiant la Loi sur la protection du territoire et des activités agricoles et d'autres dispositions législatives (Loi 184) et le Règlement sur les exploitations agricoles (REA) en sont les plus récentes démonstrations. Le comble d'un tel bâillonnement public, ce sont les pseudo soirées de consultation précédant l'implantation de projets porcins, au cours desquelles les citoyens apprennent que le permis de construire sera donné quoi qu'il arrive.

Ensuite, cette industrie a su toucher les cordes sensibles des populations rurales en affectant la qualité de l'air avec ses odeurs nauséabondes, la qualité des routes par le transport fréquent de lourdes charges d'animaux, de lisier ou de moulées, en menaçant la qualité de l'eau; bref en atteignant à la qualité de vie des citoyens des alentours.

De plus, elle a su piquer les contribuables au vif en réclamant sans cesse de nouvelles subventions, que ce soit pour garantir des prix par le biais de l'assurance-stabilisation des revenus agricoles (ASRA), ou en dédommagement pour les épidémies de circovirus.

Mais surtout, son mépris envers les communautés, envers les citoyens qui demandaient au moins un débat, a mis le feu aux poudres. Cette industrie a même osé camoufler des feuillets de propagande sous la forme de fiches pseudo-pédagogiques[1] au sein des écoles primaires, utilisant les notions du plan cartésien pour faire avaler aux tout-petits qu'une industrie porcine, c'est quelque chose de minuscule et bucolique.

Mais il y aura un « après-l'industrie porcine ». Nul besoin d'être devin pour prédire cela. Il n'y a qu'à jeter un coup d'oeil du côté des pays qui se sont lancés comme nous, et avant nous, dans ce secteur. Après l'euphorie et le *boom* de construction provoqués par l'annonce du Klondike, où chaque pays dévoilait son intention de conquérir le môôôônde avec ses surplus de porc, survinrent les épidémies et les chutes de prix. En Europe, l'image des producteurs industriels porcins en prit un coup, à un tel point que les demoiselles en quête d'un mari prenaient soin de stipuler dans leur annonce que les éleveurs porcins feraient mieux de s'abstenir. Devant l'ampleur des problèmes, financiers et autres, plusieurs allèrent jusqu'au suicide. Ces pays sont maintenant dans une phase de réduction de la production. Qu'il s'agisse de la Bretagne, de l'Allemagne, du Danemark ou de la Belgique, les dommages causés par l'industrie porcine sont les mêmes.

## Ne pas apprendre de l'erreur d'autrui

Il est si difficile de tirer profit des erreurs d'autrui. Qu'il s'agisse de la gestion de la forêt, du nucléaire ou de l'industrie porcine, le discours se répète, s'enlise, inexorablement, de la même façon.

---

1. Voir le site de la Fédération des producteurs de porcs du Québec: www.leporcduquebec.qc.ca/fppq/education-1.html.

Chaque pays réaffirme avoir les meilleures normes, la meilleure expertise, le meilleur avenir. Il faut regarder à nouveau le film *Bacon*[2], des années plus tard, pour réentendre le président de la Fédération des producteurs de porc affirmer sans sourciller que la situation québécoise diffère grandement de celle de l'Ontario, et que Walkerton ne pourrait se produire ici. Et pourtant, le scénario est si prévisible. En 2001, j'ai affirmé que l'industrie porcine serait frappée de plein fouet par des épidémies animales et par un effondrement des prix. Ces affirmations étaient pourtant à la portée de n'importe qui. Partout sur le globe où ont proliféré les usines à viande, les maladies sont apparues. La circulation des aliments, des animaux, du fumier et des humains, en plus des conditions de promiscuité, de sevrage hâtif et de diversité génétique réduite des porcs, constituent un milieu de croissance idéal pour tout pathogène. Quant à la baisse des prix, il était écrit dans le ciel que de telles usines apparaîtraient bientôt dans des pays œuvrant à moindre coût, que ce soit en Amérique du Sud, en Asie ou en Afrique. Et nous n'avons pas encore atteint le moment où les consommateurs japonais vont apprendre que le porc québécois est nourri avec du soya et du maïs transgéniques. À ce moment, le Japon risque fort de bloquer l'accès à notre porc, et nous n'aurons aucun moyen pour y changer quoi que ce soit. Les producteurs se retrouveront dans l'impasse, aux prises avec des surplus de porc non écoulé et une baisse des prix. Il y a fort à parier que l'industrie réagira en imposant un autre système de quotas, comme pour le lait, les œufs, la volaille, le sirop d'érable ou le lapin. Nous aurons alors franchi un nouveau seuil dans l'industrialisation de la production, et fait disparaître nombre de fermes.

Ce qui est également prévisible, c'est la volonté de l'industrie de forcer le gouvernement à financer le traitement du lisier de porc[3]. Après avoir subventionné la construction de fosses à lisier, le contribuable devra éventuellement payer de nouveau pour retourner le

2. *Bacon, le film*, scénario, texte et réalisation par Hugo Latulippe. Produit par André Gladu, Office national du film du Canada, 2001. Voir site Internet : http://www.onf.ca/trouverunfilm/fichefilm.php?v=h&lg=fr&id=50599.

3. On appelle « lisier » le fumier lorsqu'il est surtout liquide, souvent en raison de l'eau qui y est ajoutée.

lisier sous forme solide, comme le permet l'élevage sur litière (ou compostable). Pourtant, il serait beaucoup plus simple de gérer le fumier sous forme solide dès le départ. On éviterait les fosses et le traitement. On éviterait aussi les lourdes citernes sur les routes, les odeurs, le compactage des sols, le lessivage des nitrates, etc.

## Toute forme de monoculture est fragile

Pour beaucoup de citoyens, écœurés devant l'ampleur de la situation et l'absence totale d'écoute de la part des décideurs publics, la crise qui frappe l'industrie porcine peut sembler une bonne nouvelle. Je me méfie d'une telle conclusion. En effet, si le cadre actuel de subventions axées sur le volume de production ne change pas, un autre type de production va remplacer l'industrie porcine lorsque celle-ci sera à bout de souffle. Les intégrateurs porcins et les grands propriétaires terriens, devant l'échec financier, ne vont pas se lancer dans la paysannerie ou la mise en marché directe de légumes à petite échelle. Tout le secteur entourant la monoculture de maïs va chercher de nouveaux débouchés, exactement comme l'industrie des armes chimiques qui, il y a un siècle, s'est convertie à la production de pesticides. Ce nouveau débouché risque fort d'être celui des agrocarburants. Remplacer le pétrole par du combustible provenant de plantes cultivées sur d'immenses surfaces constitue le nouveau rêve de l'industrie agroalimentaire, un autre Klondike, un prochain dérapage. Alors qu'il n'est même pas établi que la production de bioéthanol à partir de maïs produit plus d'énergie que ce que les tracteurs et les engrais consomment pour en faire la culture, l'industrie, en accord avec le gouvernement fédéral, s'est déjà lancée dans cette voie. Pourquoi ? Pour sauver la planète ? Plutôt pour être branchée à vie sur le goulot des subventions versées au maïs. Et que ferons-nous, une fois que 5 % ou 10 % de la consommation d'énergie sera obtenue à partir du maïs, même si cette culture est une aberration ? À quoi nous servira-t-il d'expliquer que la culture du maïs n'aura pas contribué à réduire notre dépendance à l'égard du pétrole, ou de démontrer tous les problèmes engendrés par cette monoculture ? Et les problèmes arriveront, avec certitude. Toute monoculture amène des problèmes. Comme par hasard, la région de la Montérégie, pendant l'été 2006, a requis une fortune en compensations versées par l'assurance-stabilisation. La raison évoquée: l'abondance de pluie. Pourtant, la pluie n'est pas un phénomène nouveau. Mais lorsqu'on tente de cultiver une plante sub-tropicale comme le maïs dans un climat nordique comme le nôtre, il faut s'attendre à ce que la pluie soit à l'occasion une source de difficulté. Tout fermier qui se respecte sait qu'il ne faut pas mettre tous ses œufs dans le même panier, et que Dame Nature n'est pas prévisible et ne se laisse pas encarcaner.

Ce n'est donc pas tant l'industrie porcine qui est en cause que toute l'industrie agroalimentaire, avec son cortège de subventions et de monocultures. En Europe, au cœur des régions productrices de porc comme la Hollande ou le centre de l'Allemagne, les nitrates, les phosphates et les autres contaminants ont fini par atteindre la nappe phréatique, comme par hasard. Pour satisfaire les besoins en eau potable de la population, le gouvernement a dû recourir à un système complexe de gestion des pesticides, en fonction de la distance par rapport aux zones de captage d'eau. Et l'entreprise privée a mis la main sur des parcelles de terrain où l'on procède au captage de l'eau de pluie, non encore contaminée, pour ensuite la revendre aux municipalités. Le citoyen-contribuable, véritable vache à lait, paie donc plusieurs fois : pour l'agriculture industrielle (en subventions), pour la décontamination des ressources et pour acheter son eau.

## Distinguer agriculture et industrie agroalimentaire

Finalement, cette situation de crise va bientôt forcer la société québécoise à faire des distinctions et à mieux définir le type d'agriculture qu'elle entend appuyer. Promettre en campagne électorale de soutenir l'agriculture ne veut rien dire si ce n'est pas nuancé. La population fait assez rapidement la différence entre agriculture et industrie agroalimentaire. Il n'y a jamais eu de manifestation contre une ferme de 40 vaches, ou contre un producteur de légumes biologiques, ni contre un comptoir de fruits aux abords de la route. Et lorsqu'il y a protestation contre l'implantation d'un complexe porcin, des fermiers font partie des manifestants, parce qu'ils voient les conséquences sur la spéculation des terres, les odeurs, l'état des routes.

Les nuances apparaissent également au sein des éleveurs porcins. On commence à faire la distinction entre un petit éleveur, un éleveur indépendant et un intégrateur[4]. Si la situation doit changer, un virage majeur s'impose dans les politiques agricoles, qui devront tenir compte de ce que la société civile veut soutenir. L'industrie agroalimentaire continue de se servir du capital de sympathie envers l'agriculture. Il ne faut pas oublier que les emplois ont été créés par l'agriculture, et non par l'industrie qui « rationnalise ». Et si on demandait aux contribuables s'ils préfèrent soutenir le biologique ou le maïs transgénique en monoculture, on saurait à l'avance à quoi ressemblerait la réponse, non ?

Le défi sera donc de doter le Québec d'une politique agricole cohérente, conforme à la volonté populaire. Soutien à l'agriculture diversifiée ou biologique, retrait graduel de l'aide à l'industrie, modification des mécanismes de gestion de l'offre et de mise en marché des denrées agricoles pour donner une chance à l'agriculture de proximité, révision des règles d'accès à la terre pour permettre la relève, mise en place de mécanismes de consultation populaire en matière d'agriculture. La cohabitation sociale sera à ce prix, ou ne sera pas. Le Québec agricole aurait tout intérêt à amorcer ce virage rapidement au lieu de persister à inciter de nouveaux fermiers à signer des contrats avec un intégrateur. C'est précisément ce genre de virage que réclame le Québec.

---

4. Un intégrateur est généralement une grande entreprise du secteur meunier, qui diversifie ses opérations en donnant à contrat l'élevage des porcs. Pendant que l'intégrateur est au loin, le contractuel a une faible marge de manœuvre et doit faire face à sa communauté. L'intégrateur fournit généralement les porcelets, la moulée, les médicaments et le support technique. Il peut aussi financer la construction de l'usine. Le contractuel reçoit un montant par porc et assume les problèmes de production et d'épandage de lisier. Il va de soi que les subventions sont versées au propriétaire des porcs, donc à l'intégrateur...

CHAPITRE 10

# Développement des productions animales au Québec :

## *La santé publique mise de côté*

BENOÎT GINGRAS

AU COURS DES DERNIÈRES ANNÉES, les préoccupations de santé publique à l'égard du développement des productions animales au Québec ont été transmises régulièrement aux instances concernées tant au niveau national, régional que local. L'approche de santé publique concernant les impacts possibles de ce type d'agriculture s'appuie entre autres sur le *Cadre de référence en gestion des risques pour la santé*[1] élaboré par le réseau de la santé publique. Une synthèse des principes directeurs de ce cadre de référence est présentée en annexe au présent chapitre. Parmi ces principes, on considère comme essentielle, notamment, la possibilité pour les citoyens de participer activement aux décisions concernant l'agriculture, et en particulier la production porcine, dans leur milieu.

1. Ricard, S., Poulin, M., Bolduc, D., Delage, G., Plante, R. *et coll. Cadre de référence en gestion des risques pour la santé dans le réseau québécois de la santé publique*, Québec, Institut national de santé publique du Québec, 2003.

## Les risques pour la santé

Les principaux risques estimés relativement aux productions animales intensives dont a fait part le réseau de la santé publique sont ceux reliés à l'exposition à des micro-organismes pathogènes, aux nitrates, aux sous-produits de chloration, aux toxines des cyanobactéries, aux odeurs et aux particules respirables. Les avis de santé ont aussi fait état des impacts sociaux impliquant une fragilisation des relations entre citoyens dans certains milieux affectés par la production porcine[2]. L'importance de ces risques pour la population exposée n'est cependant pas établie avec certitude.

## La Commission du BAPE sur la production porcine

Ces avis et les recommandations qui leur sont liées ont été réitérés dans un mémoire élaboré par des intervenants provenant de plusieurs directions de santé publique, et présenté par le directeur national de santé publique devant la Commission du BAPE sur le développement durable de la production porcine au Québec, en 2003[3]. Dans son rapport, la Commission formule plusieurs avis, constats et recommandations portant sur la santé, dont la plupart sont issus du mémoire en question[4]. Quelques directeurs régionaux

---

2. Gingras, B., Leclerc, J.-M., Bolduc, D., Chevalier, P., Laferrière, M. et Hamel-Fortin, S. *Les risques à la santé associés aux activités de production animale*, Rapport scientifique du Comité de santé environnemental pour le ministère de la Santé et des Services sociaux, 2000, 45 p. http://www.inspq.qc.ca/publications/environnement/doc/RAPP-Risques-prod-anim.pdf. Gingras, B. *Productions animales : l'eau, l'air et la santé*, présentation de la thématique santé publique dans le cadre des audiences du BAPE sur le développement durable de la production porcine au Québec, le 4 novembre 2002, ministère de la Santé et des Services sociaux. http://www.bape.gouv.qc.ca/sections/mandats/prod%2Dporcine/documents/SANTE8-1.pdf.
3. Gingras, B., Hamel-Fortin, S., Jacques, L., Lévesque, G., Masson, É. et M. Provost, *Mémoire national de santé publique présenté à la Commission sur le développement durable de la production porcine au Québec*, présenté par Dr Alain Poirier, ministère de la Santé et des Services sociaux du Québec, avril 2003, 64 p. http://ftp.msss.gouv.qc.ca/publications/acrobat/f/documentation/2003/memoire.pdf.
4. Bureau d'audiences publiques sur l'environnement. *L'inscription de la production porcine dans le développement durable. Consultation publique sur le développement durable de la production porcine au*

de santé publique ont aussi présenté un mémoire à cette commission, reprenant essentiellement les positions évoquées dans les documents cités plus haut[5];[6].

Par ailleurs, des médecins cliniciens préoccupés par le développement de l'industrie porcine, qu'ils estimaient mal encadrée dans diverses régions, ont sensibilisé l'Association médicale du Québec, qui considéra le problème suffisamment important pour produire un mémoire à la Commission du BAPE[7].

## Les recommandations du BAPE peu retenues

À la suite de la publication du rapport de la Commission sur le développement durable de la production porcine, le gouvernement a élaboré un plan d'action détaillé visant à donner suite à la plupart des recommandations du BAPE sur les aspects environnementaux, de santé et sociaux[8]. Mais finalement, très peu d'éléments de ce plan d'action ont réellement été mis en application. Parmi les plus importants ayant été omis, mentionnons :

---

*Québec*, Rapport d'enquête et d'audience publique/Rapport principal, septembre 2003, 277 p.

5. Martin, R., Gingras, B., Lainesse, P., Vigneault, J.-P. et P. Lessard. *Santé de la population et production porcine en Chaudière-Appalaches ; perspectives conciliables ? Mémoire présenté dans le cadre de la consultation publique sur le développement durable de la production porcine au Québec par le directeur de santé publique de la Chaudière-Appalaches*, Direction de santé publique, Régie régionale de la santé et des services sociaux de la Chaudière-Appalaches, 2003, 65 p. et annexes.
6. Fortin, S. *Agriculture et risques à la santé dans la région de Lanaudière, Consultation publique sur le développement durable de la production porcine au Québec (BAPE), Présentation de la Direction de la santé publique de Lanaudière,* Direction de santé publique, Régie nationale de la santé et des services sociaux de Lanaudière, 7 et 8 janvier 2003.
7. Association médicale du Québec, *Production porcine et santé. Mémoire de l'Association médicale du Québec présenté à la Commission sur le développement durable de la production porcine au Québec*. 2003, 7 p. et annexes. http://www.bape.gouv.qc.ca/sections/mandats/prod-porcine/documents/MEMO380.pdf
8. Gouvernement du Québec. *Développement durable de la production porcine. Plan d'action gouvernemental, Volet 1 du plan d'action ; conditions de levée des restrictions*, 2004, 6 p.

- la mise en place d'un mécanisme d'analyse des répercussions environnementales et sociales des projets, faisant appel à la participation du public ;
- un engagement en faveur d'une plus grande transparence du processus d'autorisation et d'implantation des porcheries ;
- la prise en compte des charges d'élevage par bassin versant.

## Une mesure essentielle de planification des élevages écartée

Au cours des 15 dernières années, le réseau de la santé publique a régulièrement évoqué la nécessité de considérer la pression d'élevage à l'échelle des territoires, principalement celle des bassins versants, comme un principe essentiel à la gestion sécuritaire des productions animales et du développement de la production porcine en particulier. Or, alors que nous considérions la prise en compte de ce principe comme un acquis gouvernemental, cette recommandation de santé publique, parmi les plus importantes croyons-nous, et d'ailleurs reprise par le BAPE, a finalement été écartée au profit d'une gestion dite ferme par ferme, suivant les revendications du milieu agricole. Il s'agit ici d'une rupture avec l'approche qui a prévalu depuis plusieurs années, visant à tenter de limiter le développement porcin là où la production est trop importante, et de le contrôler sur les autres territoires.

## L'étude sur la qualité de l'eau dans sept bassins versants

Au lendemain de l'émission d'un avis de santé publique concernant les risques pour la santé reliés aux activités de production animale dans la région Chaudière-Appalaches en 2001, le gouvernement annonçait la mise sur pied d'une étude portant sur la qualité de l'eau de consommation et les impacts potentiels sur la santé, sur le territoire des sept bassins versants où l'on retrouve la plupart des productions animales au Québec. Les résultats de cette étude coordonnée par le ministère de l'Environnement et menée avec la collaboration du ministère de la Santé et des Services sociaux, de l'Institut national de santé publique (INSPQ) et du ministère de l'Agriculture, des Pêcheries et de l'Alimentation ont été rendus publics en 2004[9]. Ils concluent qu'au moment de l'étude, le niveau de contamination n'est pas alarmant et ne semble pas menacer la santé de la population.

Néanmoins, certains résultats demeurent préoccupants lorsqu'on compare les secteurs concernés par les productions animales aux zones témoins. Par exemple :

- augmentation de la contamination en nitrates de l'eau des puits domestiques ;
- augmentation de la contamination des sources d'approvisionnement en eaux souterraines des puits municipaux par l'azote ammoniacale et les micro-organismes ;
- concentrations plus élevées des eaux de surface municipales en nitrates-nitrites et en phosphore ;
- corrélation entre la présence de *E. coli* et de nitrites-nitrates dans ces mêmes eaux de surface municipales ;
- taux plus élevé d'hospitalisation pour maladies entériques potentiellement transmissibles par l'eau de consommation (période 1995 à 1999) principalement chez les enfants, de même que pour les maladies à déclaration obligatoire chez les enfants des municipalités où on s'approvisionne principalement par des puits privés. (Toutefois le lien avec les activités agricoles n'est pas établi dans ce cas.)

De plus, nous estimons que certains biais dans la méthodologie de recherche ont sans doute influencé les résultats. En particulier, le volet de l'étude concernant le suivi mensuel de la qualité de l'eau des puits a démontré que les épisodes de contamination étaient plus fréquents en été, alors que la majorité des échantillons d'eau des puits ont été prélevés à la fin du printemps. Aussi, l'imprécision de la méthodologie permettant d'identifier les municipalités en surplus a sans doute eu pour effet d'inclure dans le groupe des municipalités « exposées » un nombre significatif de territoires non en surplus ou

---

9. Ministère de l'Environnement, ministère de l'Agriculture, des Pêcheries et de l'Alimentation, ministère de la Santé et des Services, Institut national de santé publique du Québec. *Étude sur la qualité de l'eau potable dans sept bassins versants en surplus de fumier et impacts potentiels sur la santé*, 2004, 9 rapports et 1 sommaire.

trop faiblement en surplus de fumier pour avoir un impact sur la qualité de l'eau.

Les conclusions de l'étude ne contredisent pas les avis de santé publique concernant la présence de risques potentiels pour la santé de la population reliés aux productions animales intensives. (Nous rappelons que ces risques ne sont pas bien établis). Elles ne donnent qu'un portrait instantané, certes rassurant (et c'est tant mieux!), mais qui ne permet pas d'écarter l'existence d'un potentiel d'impact sur la santé relié à l'eau pour les populations concernées. Par ailleurs, diverses caractéristiques spécifiques à un milieu peuvent le rendre plus vulnérable à une contamination, et ainsi augmenter le risque d'exposition de sa population. L'étude n'a pas tenu compte de cet aspect.

Malheureusement, il semble bien que ce sont les résultats de cette étude qui aient le plus influencé la décision de mettre fin à ce qui était convenu d'appeler le moratoire sur les nouveaux élevages porcins, mais aussi de lever pratiquement toutes les contraintes au développement de la production, geste sans précédent depuis plus de 20 ans dans la gestion des activités agricoles au Québec. Cette décision va directement à l'encontre de l'application du principe de précaution dont la Commission du BAPE, entre autres, a reconnu la pertinence en ce qui concerne le développement de la production porcine.

## D'autres sources d'information

Par ailleurs, d'autres éléments d'information contribuent aussi à estimer que les risques reliés aux surplus d'élevage ne sont pas négligeables. Rappelons par exemple que des études réalisées par des directions de santé en région agricole, et rapportées dans le mémoire national de santé publique à la Commission sur la production porcine, ont démontré que les puits privés d'alimentation en eau potable dans les secteurs d'élevage sont fréquemment contaminés par des micro-organismes et des nitrates[10]. Cependant, ces études ne

10. Chartrand, J., Levallois, P., Gauvin, D., Gingras, S., Rouffignat, J. et M.-F. Gagnon. *La contamination de l'eau souterraine par les nitrates à l'île d'Orléans, Vecteur Environnement*, vol. 32, n° 1, 1999, p. 37-46. Polan, P. et M. Henry, *Qualité de l'eau souterraine dans la MRC de Coaticook*, Direction de la santé publique, Régie régionale de la santé et des services sociaux de l'Estrie, 1998, 47 p.

permettent pas d'établir clairement la contribution des fumiers et lisiers à cette contamination. Par ailleurs, diverses études traitant des effets sur la santé reliés aux émissions d'odeurs par des installations de production porcine de grande dimension, conduites principalement aux États-Unis et rapportées dans les différents documents déjà cités, sont aussi préoccupantes[11]; [12].

## Le MSSS: le conseiller du gouvernement en matière de santé

L'article 54 de la Loi sur la santé publique[13] stipule que: « Le ministre est d'office le conseiller du gouvernement sur toute question de santé publique[14]. » Le principe sous-jacent à l'adoption de cet article veut que le processus de prise de décision de tous les secteurs d'activité devrait, par conséquent, tenir compte de leurs impacts potentiels sur la santé et le bien-être des Québécois. Il semble bien qu'après avoir effectivement été consulté sur la question de la production porcine, le ministère de la Santé et des Services sociaux n'a pas, à tout le moins, insisté sur les recommandations qu'il avait pourtant clairement formulées dans le mémoire présenté au BAPE par le directeur national de santé publique.

## Des mécanismes insatisfaisants

Seul un processus dit de consultation publique a été instauré dans le cadre de la Loi sur l'aménagement et l'urbanisme[15]. Les séances

11. CDC. *Public Health Issues Related to Concentrated Animal Feeding Operations. Workshop*, Washington, D.C., National Center for Environnmental Health, Centers for Disease Control and Prevention, 1998.
12. Wing, S. and S. Wolf. *Intensive Livestock Operations. Health and Quality of Life: Among Eastern North Carolina Residents*, Chapel Hill, University of North Carolina, 1999, 20 p.
13. Gouvernement du Québec, *Loi sur la santé publique*, 2001, art. 54.
14. « Le ministre est d'office le conseiller du gouvernement sur toute question de santé publique. Il donne aux autres ministres tout avis qu'il estime opportun pour promouvoir la santé et adopter des politiques aptes à favoriser une amélioration de l'état de santé et du bien-être de la population. À ce titre, il doit être consulté lors de l'élaboration des mesures prévues par les lois et règlements qui pourraient avoir un impact significatif sur la santé de la population. »
15. Gouvernement du Québec, *Loi sur l'aménagement et l'urbanisme*, art. 165.4.1 à 165.4.19.

de consultations qui se tiennent en vertu des articles 165.4.4 à 165.4.12 de cette loi ne portent cependant que sur quelques mesures relativement mineures d'atténuation des impacts reliés aux odeurs (mesures qui, de toute façon, devraient être mises en œuvre systématiquement) dans le cadre d'un projet précis de construction d'une porcherie. Le projet, tel que présenté au cours de l'assemblée publique, ne peut être contesté, puisque le promoteur a déjà reçu du ministère du Développement durable, de l'Environnement et des Parcs son certificat d'autorisation attestant que son projet rencontre les dispositions du Règlement sur les exploitations agricoles, et qu'il a déjà été jugé conforme à la réglementation municipale applicable.

Donc, en vertu de ce processus, les consultations publiques n'ont pas pour but de recueillir l'opinion des citoyens sur l'acceptabilité globale du développement de la production porcine sur leur territoire, ni sur les questions qu'ils considèrent parmi les plus importantes, comme le risque de contamination des eaux de surface et souterraines par les déjections animales. Les citoyens risquent donc de se retrouver avec plusieurs projets individuels sur leur territoire, dont les impacts s'accumuleront.

Bien que les *Orientations gouvernementales en matière d'aménagement* aient accordé aux municipalités régionales et locales la possibilité d'intervenir davantage dans la planification de la production porcine, on constate souvent que les mécanismes mis en place ne permettent pas aux citoyens concernés par le développement des élevages intensifs de vraiment se faire entendre. Aussi, dans bien des cas, les municipalités régionales voient leur règlement de contrôle intérimaire portant sur les élevages de porcs refusé dès que, à la discrétion du ministère des Affaires municipales et des Régions, il est jugé trop contraignant pour l'industrie. Finalement, tout porte à croire qu'un grand nombre de conditions qui ont justifié la mise sur pied de la Commission du BAPE sur la production porcine prévalent toujours.

## Une question qui n'est pas limitée aux porcs

Mais cette vaste question environnementale et sociale de l'agriculture ne se limite pas, bien sûr, à la seule production porcine. Elle concerne le mode industriel de la pratique agricole, qui tend à toucher la plupart des secteurs de production compte tenu des enjeux économiques reliés, entre autres aux techniques de production, elles-mêmes imposées par les impératifs des marchés mondiaux.

La Commission sur l'avenir de l'agriculture et de l'agroalimentaire québécois[16], dont les travaux sont actuellement en cours, est chargée de faire un état de situation sur les enjeux et défis de l'agriculture et de l'agroalimentaire québécois. Son mandat prévoit que la démarche doit tenir compte, notamment, des questions touchant l'environnement, la santé, l'occupation du territoire et le développement régional lors des consultations qu'elle tiendra dans l'ensemble des régions.

Il faut souhaiter que les travaux de cette commission privilégient un juste équilibre entre productivisme et agriculture saine, pour des raisons de santé physique, psychologique et sociale, tant pour la population agricole elle-même que pour l'ensemble des citoyens.

Durant ce temps, des groupes de citoyens continuent à militer pour s'assurer une juste place dans le processus de décision concernant le développement de l'agriculture chez eux, développement que souhaitent généralement la grande majorité des ruraux en milieu agricole. C'est en grande partie par ce type d'implication populaire responsable que les décisions sur ces enjeux imbriqués de la société rurale que sont l'agriculture, l'environnement, la santé et la saine cohabitation auront le plus de chance d'être équitables.

16. Voir: www.caaaq.gouv.qc.ca.

## Synthèse des principes directeurs de gestion des risques pour la santé

(Source : Ricard, S. *et coll.*, 2003)

| PRINCIPE | ÉNONCÉ |
|---|---|
| Appropriation de ses pouvoirs | La gestion des risques par la santé publique doit favoriser le renforcement de la capacité des individus et des collectivités à prendre des décisions éclairées et à agir quant aux risques qui les concernent. |
| Équité | La gestion des risques par la santé publique doit garantir la juste répartition des bénéfices et des inconvénients des risques au sein des communautés. |
| Ouverture | La gestion des risques par la santé publique doit permettre aux parties intéressées et touchées de participer au processus afin qu'elles puissent exprimer leur point de vue, faire connaître leurs perceptions et leurs préoccupations face à la situation, contribuer à la recherche de solutions et influencer les décisions de gestion. |
| Primauté de la santé humaine | La gestion des risques par la santé publique doit accorder la priorité à la protection de la santé humaine. |
| Prudence | La gestion des risques par la santé publique doit prôner la réduction et l'élimination des risques chaque fois qu'il est possible de ce faire et l'adoption d'une attitude vigilante face aux menaces éventuelles. Cette attitude peut s'exercer tant dans un contexte de relative certitude (prévention) que d'incertitude scientifique (précaution). |
| Rigueur scientifique | La gestion des risques par la santé publique doit être basée sur les meilleures connaissances disponibles, doit reposer sur des avis scientifiques d'experts issus de toutes les disciplines pertinentes, doit considérer les points de vue minoritaires et les opinions provenant de diverses écoles de pensée, et doit suivre une démarche structurée et systématique. |
| Transparence | La gestion des risques par la santé publique doit assurer un accès facile et le plus rapide possible à toutes les informations pertinentes pour les parties intéressées et touchées, tout en respectant les exigences légales de confidentialité |

Troisième partie

# Luttes locales et laboratoire démocratique

CHAPITRE 11

# Une porcherie industrielle à Richelieu : une bataille perdue, mille citoyens retrouvés

JOHANNE DION

L'ANNONCE DE L'IMPLANTATION D'UNE PORCHERIE industrielle à Richelieu, à la une du journal local, le 6 septembre 2005, causa toute une surprise. Nous pensions être à l'abri de ce type d'industrie, du moins jusqu'en décembre 2005, date prévue de la levée du moratoire sur les porcheries au Québec.

Bien naïvement, je croyais que le refuge faunique provincial dédié à la protection du chevalier cuivré (une espèce de poisson menacée) et l'état d'eutrophisation déjà avancé de la rivière Richelieu, bien documenté depuis 1998, auraient du poids. Puis, beaucoup d'actions avaient été entreprises pour l'assainissement de la rivière. À lui seul, le programme d'assainissement des eaux du Québec a dépensé 85 millions de dollars entre 1979 et 1992, et les efforts transfrontaliers avec les États-Unis pour améliorer la qualité des eaux de la baie Missisiquoi, du lac Champlain et de la rivière Richelieu ont coûté au Québec 23,5 millions de dollars entre 1993 et 2003. De plus, en 2000, une partie des dépenses, soit 1,7 million de dollars (fonds provenant de sources fédérales, provinciales et d'organismes environnementaux), a déjà été engagée pour la passe migratoire des poissons à Saint-Ours. Tous ces efforts consentis me laissaient croire que les gouvernements allaient agir avec cohérence, et que les différents ministères ne prendraient pas des décisions qui entreraient en conflit direct les unes avec les autres. Je me trompais.

## Richelieu : entre la ville et la campagne

Richelieu est une petite ville qui compte environ 5 000 habitants (la porcherie, une fois terminée, comptera 5 800 porcs). Elle est issue de la fusion, en l'an 2000, de la ville elle-même et de sa campagne, autrefois appelée Notre-Dame-de-Bon-Secours. Richelieu s'étend maintenant sur une bande d'environ 4 km de large sur 10 km de profondeur, longeant la rive est de la rivière. Plus de 70 % de l'assiette fiscale de la Ville est de source résidentielle, mais 90 % du territoire est en zone agricole. La majorité de la population active travaille à l'extérieur de la municipalité, ce qui pourrait lui conférer le statut de ville-dortoir. C'est peut-être la raison pour laquelle on n'y perçoit pas l'« esprit de corps » si caractéristique des petits villages isolés et autosuffisants. Il est probable que les liens les plus importants qui unissent maintenant les Richelois sont ceux se tissant entre les parents des enfants qui fréquentent l'école. Ces parents sont aussi des citoyens aux horaires chargés, et le temps dont ils disposent pour militer en faveur d'une cause commune est restreint, voire inexistant. La proximité des grandes villes et des hôpitaux, de même que le CLSC sur place, les nombreuses résidences pour personnes autonomes ou semi-autonomes et les résidences spécialisées font qu'une grande majorité des résidants planifiaient vivre une retraite dorée et sans problème à Richelieu.

## Une porcherie près de chez vous !

Mais voilà que le 20 août 2005, le maire suppléant a vu passer sur son bureau les plans du projet de porcherie. Quel ne fut pas son étonnement d'apprendre qu'il en était le voisin et qu'il n'en avait jamais entendu parler ! Pourtant, le certificat d'autorisation du MDDEP (ministère du Développement durable, de l'Environnement et des Parcs) était déjà émis ! En principe, pour éviter des problèmes avec les voisins, la Fédération des producteurs de porcs du Québec (FPPQ) recommande aux futurs promoteurs de porcheries d'aller leur parler avant de demander le permis du MDDEP. Ce n'est pas ce qui s'est passé à Richelieu.

Alerté par cette nouvelle, le maire suppléant est allé rencontrer un autre conseiller de la ville, lui aussi voisin du projet. Ensemble, ils se sont rendus, documents en main, aux locaux du *Journal de Chambly* (journal local distribué gratuitement à toutes les résidences de la région). Par la suite, accompagnés d'une autre voisine du projet, ils ont commencé à faire circuler une pétition dans le voisinage. Le 6 septembre 2005, le *Journal de Chambly* présentait cette histoire en première page. La pétition contre la porcherie comptait déjà plus de 300 signatures.

## Solidarité villageoise

Le même soir, c'était l'assemblée mensuelle de la municipalité, et la salle de l'hôtel de ville, habituellement vide, était remplie de monde. Après l'assemblée, je me suis mêlée à un groupe de personnes. La voisine du projet de la porcherie, qui avait initié la pétition, parlait à une dame du « village » qui, comme moi, était prête à donner un coup de main pour passer la pétition dans le secteur. Les gens de Notre-Dame-de-Bon-Secours étaient loin de s'imaginer que les « urbains » de Richelieu se sentiraient concernés par le projet de porcherie. On nous a remis des photocopies de la pétition et le samedi suivant, nous avons colligé les résultats : plus de 95 % des gens ne voulaient pas de porcherie. À peine 3 % souhaitaient assister à la consultation publique avant de se prononcer, et un autre 2 % préféraient ne pas signer ni émettre de commentaire. Ce travail de compilation a donné lieu à la toute première réunion du Comité richelois pour une meilleure qualité de vie (CRMQV).

## Le noyau dur

En quelques semaines, plusieurs personnes se sont ajoutées au groupe militant du CRMQV (le noyau dur, comme l'ont appelé les promoteurs de la porcherie). Assemblée générale, scrutin pour élire un conseil d'administration, élaboration d'une charte et incorporation de l'organisme à but non lucratif se sont réalisés en quelques mois. Ouf ! Rapidement, nous avons aussi formé des comités, chacun avec son propre plan d'action.

Une des dames ayant fait circuler la pétition au tout début a choisi de se présenter aux élections municipales de novembre 2005. Victoire ! C'est tout l'ancien conseil qui a basculé. Le seul conseiller à avoir été réélu est celui qui avait rendu le dossier de la porcherie public. Un des membres du CRMVQ, appuyé par le conseil d'administration et familier avec les dédales de la fonction publique provinciale, a commandé une étude scientifique et a entrepris de faire pression auprès du MDDEP. D'autres membres, convaincus que le problème touchait l'ensemble de la province, ont tout de suite approché des organismes déjà engagés dans une lutte similaire et d'autres comités de citoyens, de même que la Coalition citoyenne santé et environnement, pour initier un mouvement de protestation à la grandeur de la province. Plusieurs personnes qui sentaient que leur droit à un environnement sain était menacé et qui estimaient que la démocratie était brimée par le processus d'acceptation des usines porcines ont voulu entamer des procédures judiciaires. Toutefois le manque de participants, le coût de ce projet (financé par les citoyens eux-mêmes) et, ultimement, la crainte de devoir assumer personnellement la responabilité légale de l'initiative ont fini par jeter une douche froide sur cette option coûteuse.

## L'opposition se durcit

Plusieurs pétitions ont été envoyées aux différents ministères, dont une au premier ministre Jean Charest. Une campagne de cartes postales, des lettres enregistrées et des courriels ont fusé de toutes parts. Nous avons ensuite enchaîné : communiqués de presse, conférences de presse, participation à des colloques et à des forums sur la question des porcheries industrielles, visionnement du film *Bacon*, présence bien sentie aux consultations publiques sur les porcheries (la nôtre et celle des villes avoisinantes), lettres à l'éditeur du journal local, appels aux tribunes radiophoniques, manifestations, macarons et pancartes devant les maisons. Nous avons dû organiser des campagnes de financement, parce que le Comité richelois avait besoin d'argent pour payer les envois postaux à ses membres, les photocopies, les enveloppes, etc. Avec l'expérience, nous savons maintenant que l'organisation d'un souper spaghetti est beaucoup plus profitable qu'une soirée casino.

La signature du registre pour le nouveau plan d'urbanisme ainsi que la journée des élections municipales ont été une source de conflits et de questionnements additionnels pour plusieurs d'entre nous. Certains de nos membres ont rencontré, parfois à l'improviste, les députés des comtés et les ministres de la Santé, de l'Environnement et des Affaires municipales. Nous pouvons affirmer avoir tout essayé, sauf la désobéissance civile et la violence. Il y a bien eu quelques actes isolés de vandalisme sur des affiches provinciales et municipales, mais ces actions ne furent pas encouragées par le comité.

## Une eau potable menacée

L'une des grandes craintes exprimées par les citoyens à l'égard des projets de porcheries industrielles était le risque de contamination de leur source d'eau potable. À Richelieu, le risque est double. À la campagne, les puits privés sont de plus en plus contaminés par les coliformes, surtout en raison de l'épandage de lisier qui se fait depuis quelques années. Dans les villes de Richelieu, de Chambly et de Marieville, l'aqueduc puise sa source à même la rivière Richelieu, par une prise de surface située quelques kilomètres en aval du projet de porcherie. Ce qui est d'autant plus inquiétant, parce que les terres qui recevront l'épandage de lisier sont bien drainées par des ruisseaux qui se déversent directement dans la rivière. On observe déjà, lorsqu'il tombe plus d'un centimètre de pluie, que les ruisseaux et la moitié de la rivière se colorent en un rien de temps. Quand on sait tout ce qu'on peut épandre sur un champs de maïs-grain, il y a de quoi réfléchir. Nous regardons aussi d'un œil très craintif l'érection des deux fosses à purin, l'une pouvant contenir quatre millions de litres et l'autre, deux millions. Elles seront situées à la fourche de ruisseaux qui se déversent dans la rivière non loin de là : nous sommes en droit de nous demander combien de temps durera l'étanchéité de la structure de béton dans notre climat, surtout si celle-ci est assise sur un sol glaiseux. La firme d'ingénieurs qui travaille pour l'usine de filtration a confirmé qu'une étude sur les impacts environnementaux serait de mise, afin d'évaluer les effets que pourraient causer la porcherie industrielle et ses pratiques sur la qualité de l'eau.

## La qualité de l'air affectée

En l'absence de données à cet effet, le CRMVQ a fait réaliser (et a payé) une étude de dispersion des odeurs par la firme Nove[1]. Les

---

1. Étude de dispersion atmosphérique – Installations porcines, NOVE ENVIRONNEMENT INC., mars 2006.

résultats montrent que les odeurs émanant des bâtisses et des fosses se répandent à des kilomètres à la ronde, ce qui va bien au-delà des distances séparatrices exigées par le ministère. Ils confirment l'importance d'imposer des biofiltres aux porcheries, comme c'est le cas pour toute usine qui rejette des gaz nocifs et qui pollue l'air. Le MDDEP a reconnu la validité scientifique de cette étude. Depuis, nous talonnons le ministère pour qu'il en tienne compte lorsqu'il octroie des certificats d'autorisation.

## Des coûts sociaux importants

Plusieurs personnes ne pouvaient s'imaginer à quel point la lutte allait être ardue, non seulement pour les militants, mais aussi pour tous les Richelois. Plusieurs personnes s'inquiétaient de la perte de valeur de leur maison. Quelques propriétaires effectuaient alors des rénovations dans le but de revendre leur propriété ; or, selon des agents immobiliers, une maison située près d'une porcherie trouverait difficilement un acheteur. Il y avait aussi de nouveaux Richelois ayant fui les conditions de vie sur les rives de la Yamaska, et qui voyaient maintenant leur cauchemar se répéter. Plusieurs voisins qui avaient recours aux services des promoteurs de la porcherie pour le déneigement en hiver ont tout de suite annulé leur contrat. Que ce soit à l'école ou dans l'autobus, les enfants aussi se chamaillaient à cause de la porcherie : autant les enfants des promoteurs que ceux des membres du CRMVQ étaient victimes de la situation. Certains couples, voyant que ce stress additionnel menaçait l'harmonie familiale, ont décidé d'être discrets, alors que d'autres ont tout simplement choisi de vendre leur maison, en espérant trouver des cieux plus cléments ailleurs.

En ce qui me concerne, à deux portes de chez moi, un voisin s'était nouvellement installé, et je croyais que nous partagions des intérêts similaires : la passion du jardinage avec des aménagements paysagers et un potager bio. Malheureusement, j'ai vite appris qu'en tant qu'avocat, il avait été embauché pour défendre la cause des promoteurs !

À ma connaissance, huit avis de mise en demeure ont été envoyés à certains de nos membres. L'hôtel de ville de Richelieu et chacun de ses conseillers ont également reçu des mises en demeure. Les agriculteurs appuyant ouvertement le CRMQV et les voisins du projet ont été victimes d'intimidation de la part de représentants de l'UPA et des promoteurs. La controverse suscitée par la porcherie s'est vite dressée comme un mur entravant le bon voisinage.

## La démocratie bafouée

Le manque d'écoute et le peu d'impact de toutes nos démarches auprès des élus et des fonctionnaires de tous les ministères concernés (Santé publique, Environnement, Affaires municipales, Protecteur du citoyen, Directeur des élections) en ont déçu plusieurs. Ils sont ressortis désenchantés de tout le processus soi-disant démocratique de notre province. Nous avons pourtant essayé de changer les choses à l'hôtel de ville, à la MRC, et au niveau provincial ! J'ai alors perçu un bris de confiance au sein de la population de Richelieu en ce qui concerne la capacité des citoyens d'avoir gain de cause, alors que déjà, la participation était faible. La phrase que l'on entendait au départ et qui revient de plus en plus souvent, c'est « *qu'est-ce que ça donne ?* ».

À Richelieu, probablement comme ailleurs, nous avons le sentiment de nous être « fait avoir ». Les promoteurs ont divisé le projet de porcherie en deux, de façon à garder une certaine distance entre les bâtisses ; ils ont de plus savamment calculé le nombre d'animaux afin d'éviter l'étude d'impacts environnementaux. Il reste que les soi-disant deux projets de la ferme appartiennent à deux frères, que l'épandage se fera sur les mêmes terres, et que l'impact se fera « sentir » sur les mêmes gens. Il faut aussi savoir que cette porcherie est la plus grosse « nouvelle » porcherie à être construite au Québec en 2006.

## Des résultats positifs

Néanmoins, après un an, notre comité compte plus de 600 membres. Nous avons quand même réussi quelques bons points : lors de l'octroi du permis de construction pour la porcherie, nous avons obtenu de la Ville qu'un comité de vigilance soit créé afin de vérifier la construction et le fonctionnement de l'usine, et le CRMQV a pu y nommer un représentant. En contrepartie, au début de 2007, ce comité de vigilance n'avait toujours pas tenu sa première réunion, et seule l'inspectrice municipale a pu se rendre sur les lieux pour prendre des photos. Pourtant, au moment d'écrire ces lignes, la porcherie est presque à moitié terminée : certaines bâtisses ont déjà accueilli leurs premiers pensionnaires porcins. Aussi, dernièrement, le député de notre comté a annoncé avec fierté la mise en place d'un projet pilote pour tester une technique d'épandage de purin avec enfouissement simultané, qui devrait diminuer les odeurs. À cet effet, une somme de près de 250 000 dollars, soit plus de 70 % du coût de ce projet qui s'élève à 350 000 dollars, sera puisée à même les fonds publics.

## Le défi : détermination et persévérance

Étant moi-même militante pour l'assainissement de la rivière Richelieu depuis 1985, je savais, par expérience, que la lutte ne serait pas facile. Habituée à écrire des lettres aux différents paliers gouvernementaux et aux médias, je savais qu'on aurait à faire face au barrage d'une langue de bois. Je me suis mise à téléphoner pour tirer les ficelles de tous les contacts que j'avais établis durant toutes ces années de militantisme. Mon conjoint nous a aussi beaucoup aidés en faisant des recherches afin de trouver des documents techniques, en créant le site Internet du groupe et en encourageant tout le monde à communiquer par courriel. Partager les informations et garder le contact avec tous ceux qui voulaient s'impliquer fut tout un défi : le téléphone commençait à sonner dès 8 heures le matin, et j'entendais parfois mon conjoint parler au téléphone tard dans la nuit. Mais notre insistance à vouloir communiquer par courriel et à demander à tous de consulter le site afin de s'informer régulièrement des événements ont eu pour effet de ralentir les ardeurs de certains militants : nous avons perdu bien des joueurs au fil du temps.

## Le prix personnel à payer

Réussir à garder une distance et à me réserver du temps personnel était devenu essentiel. J'avais perdu plus de 20 livres et je commençais à éprouver des problèmes de thyroïde, de haute pression et d'insomnie. Et je ne suis pas la seule à avoir abîmé ma santé dans cette lutte : étrangement, mais peut-être parce qu'elles hésitent moins à en parler, plusieurs femmes du comité souffrent maintenant de problèmes de santé. Ceux-ci se sont manifestés lorsqu'il y a quelques années, on a commencé à importer du purin d'autres municipalités pour l'épandre dans les champs de maïs-grain qui se multiplient. La crise causée par l'annonce du projet n'a fait qu'empirer les problèmes de santé déjà existants, en plus de provoquer l'apparition de nouveaux malaises : palpitations, nausées, maux de tête, boursouflements, congestion, faiblesse générale et angoisse. Tous des symptômes qui se sont aggravés avec les épandages. Les puits voisins des champs arrosés, qui étaient sains il y a trois ans, commencent maintenant à montrer des signes de contamination aux coliformes. On observe des cas de gastro-entérites dans plusieurs familles. Les jeunes enfants éprouvent davantage de problèmes respiratoires tels que l'asthme, la laryngite et la congestion ; ils sont sujets aux otites.

## Une nouvelle solidarité municipale

Le mouvement d'opposition a malgré tout eu des bons côtés. Plusieurs Richelois qui ne se connaissaient pas avant le 6 septembre 2005 sont maintenant devenus amis et se côtoient en organisant des repas, des feux de joie et des pique-niques. Après le visionnement de *Bacon, le film*, plusieurs membres ont changé leurs habitudes alimentaires : nous avons trouvé une source d'approvisionnement de porc « alternatif », et ouvert un comptoir à Chambly pour aller cueillir nos provisions alimentaires. Les œufs et les croustilles biologiques sont maintenant privilégiés chez moi.

## Pour survivre à la lutte

Pour survivre, tout comité de citoyens bénévoles et néophytes en ce genre de lutte doit s'armer de persévérance et de courage. On le constate, une personne qui est réellement convaincue continuera la lutte, malgré les embûches et la lenteur du système. Néanmoins, le manque de temps est sans doute un obstacle majeur. La routine « métro-boulot-dodo » remplit amplement les 24 heures du travailleur moyen. Si on ajoute à cela le temps consacré à la famille et aux loisirs de fin de semaine, il devient difficile de sacrifier son temps précieux pour une lutte citoyenne. Parce que militer contre une porcherie industrielle est encore, à ce jour, une cause pratiquement perdue à l'avance. Et la défaite est décourageante. Les gens ont tendance à se démobiliser ; c'est normal. Ce sont les moments de crise, les « tournants » de situation, les échéances, les nouvelles fraîches qui font bouger les citoyens. Chaque jour apporte son lot d'exigences, et nous sommes sollicités par tant de formes d'engagement personnel et social... Pas facile de maintenir une mobilisation constante quand il n'y a pas d'événement, pas d'urgence, quand le problème s'est fondu dans le quotidien, quand il a pris l'allure d'une fatalité, quand il se fait discret... pour l'instant, incitant plusieurs à oublier le socle de l'iceberg, celui d'une production agroalimentaire insoutenable. Pas facile de garder en tête que le combat contre les porcheries industrielles prend tout son sens dans la protection globale de nos rivières. Mais on peut croire que la lutte collective que nous avons menée si fort a mis en place un rhizome de solidarité dans notre communauté, duquel surgiront des élans de résistance quand, à nouveau, on sentira qu'il y a de la place pour nous faire entendre et pour changer les choses.

Au CRMQV, nos activités sont actuellement en « veille ». Nous n'avons pas mis de côté l'éventualité d'un recours en justice. On en est encore au stade des préparatifs. On tente toujours de tisser de nouveaux liens et de maintenir ceux qui nous sont acquis. Nous exerçons une vigie collective avec des « fiches odeur » que nous remplissons à chaque épandage. Aussi, de nouveaux joueurs apparaissent et commencent à dénoncer publiquement les usines de porc. Certaines avancées deviennent également une source d'encouragement. À la fin d'octobre 2006, le Manitoba a instauré un moratoire complet sur l'industrie porcine pour l'ensemble de la province, en plus de restreindre l'épandage de toute source de phosphore autour des plans d'eau naturels. La MRC de Nicolet-Yamaska a intégré dans son schéma d'aménagement, en novembre 2006, des bandes riveraines de 10 mètres en zone agricole, pour protéger trois rivières qui sont des sources d'eau potable. Également en novembre, la Ville de Québec a obligé le reboisement des cinq mètres en bordure des lacs qui sont les sources de son eau potable.

Nous allons continuer à nous faire entendre et à insister pour qu'on respecte notre environnement et notre santé. La prolifération des algues bleues nous donne raison. Nous donnent aussi raison le nombre toujours croissant de problèmes respiratoires en Montérégie, de même que le taux de décès de porcelets au stade de post-sevrage. Il faut encourager les méthodes alternatives pour élever le porc au Québec. Continuer à implanter des usines à haute densité avec production de lisier ne cadre pas avec ce qu'on appelle le « développement durable »: tous sont perdants avec ce mode d'élevage dénoncé à travers le monde.

CHAPITRE 12

# Implantation d'une porcherie à Sainte-Angèle-de-Monnoir en Montérégie : à un cheveu d'une fracture du tissu social en milieu rural

JACQUES DUCHESNE

LES CITOYENS « ORDINAIRES », ceux qui ne sont pas agriculteurs, voire grands producteurs agricoles, ont-ils toujours leur place dans les campagnes québécoises, ou sont-ils devenus des obstacles, sinon carrément des nuisances, dans un monde qui appartient de fait aux seuls producteurs agricoles ? Récentes, les citations suivantes portent à penser que la ségrégation et le rejet des citoyens non agriculteurs caractérisent malheureusement de plus en plus le monde agricole, mettant ainsi en péril l'intégrité et l'harmonie du milieu rural :

> En réaction aux citoyens obsédés par les odeurs animales, il est demandé au gouvernement de réviser les orientations gouvernementales afin de préciser que les activités agricoles en zone verte sont normales[1].
>
> Élu municipal et agriculteur, Roland Daneau a exprimé le point de vue de plusieurs en disant ce qui suit : « Il faut remettre

1. Résolution adoptée au congrès de l'Union des producteurs agricoles (UPA) de Saint-Hyacinthe, septembre 2006, comme le rapporte le journal *La terre de chez nous*, le 5 octobre 2006.

l'agriculteur sur sa terre et le citoyen au village, ou bien il devra vivre avec les contraintes du milieu. Il faut ramener le respect des gens qui pratiquent l'agriculture »[2].

Quant au producteur de porcs, il estime que tout ce branle-bas est le fait de gens qui habitent la campagne, mais qui ne tolèrent pas l'agriculture[3].

Malgré la levée du moratoire sur la production porcine au Québec en début d'année, à la FPPQ [Fédération des producteurs de porcs du Québec], on continue de s'inquiéter de l'acceptabilité sociale. Les fermes existantes peuvent croître, mais si la charge de phosphore atteint 3200 Kl, un producteur doit retourner en assemblée publique dans sa localité ou sa région pour obtenir le feu vert. À plusieurs endroits, les oppositions demeurent et cela décourage les producteurs, souligne M. Corbeil [président de la FPPQ][4].

Le président de l'UPA s'en prend aussi « aux militants qui s'opposent à tout ». [...] Mais il est forcé de reconnaître que la grogne contre l'industrie porcine a gagné les producteurs laitiers: ils en ont assez de la pollution qu'elle entraîne et de la pression qu'elle exerce sur les terres en raison de l'épandage massif de lisier. « Il y a beaucoup d'émotions et d'idées reçues là-dedans », temporise-t-il. Laurent Pellerin prend ses exemples aux États-Unis. En Iowa, un État américain qui produit 30 millions de porcs par an, et en Caroline, où prospèrent de grandes multinationales totalement intégrées, les récriminations sont quasi inexistantes, argue-t-il. « Ici, c'est la réaction du gros village. Tout le monde veut avoir son mot à dire. On prend le Québec pour un grand site de *villégiature*[5]. »

2. Propos tenus dans le cadre du congrès de la Fédération québécoise des municipalités et rapportés par le journal *La terre de chez nous*, le 5 octobre 2006.
3. Catherine Bachaalani, extrait de l'article « Sainte-Angèle-de-Monnoir: Branle-bas autour de l'implantation d'une porcherie », *La terre de chez nous*, 4 janvier 2006.
4. Claude Turcotte, extrait de l'article « L'industrie porcine sous haute tension », *Le Devoir*, 11 novembre 2006.
5. Robert Dutrisac, extrait de l'article « L'agriculture dans tous ses états », *Le Devoir*, 8 juillet 2006.

M. Dutrisac conclut son article en précisant que « *justement, la Commission sur l'avenir de l'agriculture et de l'agroalimentaire a été créée en grande partie pour permettre à tout le monde d'avoir son mot à dire* ». Mais dans les rangs de l'UPA, en tout cas chez ses dirigeants, l'on entend de plus en plus souvent, depuis quelques années, le message que les citoyens préoccupés de l'impact des pratiques agricoles sur l'environnement physique, humain et social sont des empêcheurs de tourner en rond qui s'évertuent à entretenir des préjugés au sujet de l'agriculture et, en particulier, de la production porcine québécoise.

Quand des citoyens qui vivent en milieu rural depuis plusieurs décennies, sans être agriculteurs ou paysans, se sentent ou se voient méprisés et considérés comme des citoyens de seconde zone par des producteurs agricoles très minoritaires et certains élus, dans un ensemble social où le développement de l'agriculture, voire sa survie, est largement tributaire de l'occupation du territoire par ces mêmes citoyens, l'équilibre de cet ensemble social s'en trouve indubitablement ébranlé. Quand, de surcroît, ces citoyens, qui ont grandement contribué à construire et à développer cette campagne prospère, constatent que certains de leurs concitoyens, les « vrais » agriculteurs, bénéficient de privilèges multiples à maints égards, auxquels les non-agriculteurs ne peuvent avoir accès sur le même territoire et dans des conditions similaires, en plus d'en défrayer en partie les coûts à même leurs taxes, c'est à un début de fracture sociale à laquelle nous assistons et dont nous ne pouvons prévoir jusqu'où elle ira et quelles en seront toutes les conséquences. C'est précisément la situation dans laquelle se sont retrouvés beaucoup de citoyens vivant dans la campagne de Marieville, où ils vivaient jusqu'à maintenant en harmonie avec leur milieu et leurs voisins : on a voulu les contraindre à accepter, sans aucune modification, l'implantation d'une porcherie industrielle à deux pas de chez eux, une zone résidentielle déstructurée érigée dans les années 1970, avant l'adoption de la Loi sur la protection du territoire agricole.

Le texte qui suit relate les différents moments d'une période fort douloureuse et inquiétante pour plusieurs, mais qui se termine heureusement sur une note d'espoir quant à la suite des choses. Les citoyens, dont on rejetait du revers de la main les arguments les mieux fondés, ont finalement été entendus et ont eu raison de l'entêtement inexplicable et inexpliqué d'un producteur porcin.

Les différents pans de cette histoire touchant le développement de la production porcine québécoise n'ont que peu d'intérêt en eux-mêmes, étant donné qu'on y verra certainement beaucoup de ressemblance avec d'autres histoires d'implantation agricole dans lesquelles les citoyens « ordinaires » qui peuplent les campagnes ont été floués au nom du sacro-saint « droit de produire ». Cependant, au-delà des problèmes, des angoisses et des frustrations, il apparaît utile d'observer, dans ce cas précis, comment s'est organisée la lutte citoyenne, et, à la suite de ces observations, d'essayer de tirer des leçons quant à la pertinence et à l'efficacité de la participation citoyenne.

Voici donc le résumé chronologique des principaux moments d'une histoire rocambolesque où, d'une part, on a tout mis en œuvre pour satisfaire les intérêts d'un producteur porcin, et, d'autre part, on s'est efforcé sans répit de garder à l'écart et dans l'ignorance des citoyens désireux de contribuer à la résolution d'un problème dont ils seraient les premiers à faire les frais.

## Une histoire rocambolesque

Un producteur porcin souhaite accroître sa production par plus de sept fois, mais il ne peut le faire à Sabrevois, où se situent ses installations, en raison de la réglementation municipale qui l'en empêche. C'est donc vers Sainte-Angèle-de-Monnoir qu'il se tourne, là où il possède un petit lopin de terre (59 m par 1707 m), situé entre deux rangs habités, près d'un étang protégé, tout juste aux limites de la ville de Marieville, sans aucune végétation pour servir d'écran brise-vent ou brise-odeurs et, de surcroît, trop étroit pour en ériger un qui soit efficace.

En 2001, il obtient du ministère de l'Environnement un certificat d'autorisation pour implanter sur ce lopin de terre (que jamais aucun fonctionnaire n'aura visité avant la délivrance du certificat) des installations (bâtiments et réservoir à lisier) pouvant accueillir 2 700 porcs générant plus de 3 300 000 litres de lisier annuellement, devant être érigées à 230 mètres d'une zone résidentielle déstructurée de la municipalité voisine, Marieville, où habitent environ 40 familles. On prévoit accéder à ces installations industrielles par un chemin qui permettra la réduction des distances pour le transport du lisier à épandre ; l'épandage se fera sur le territoire de la ville de Marieville et, en partie, à proximité de zones résidentielles urbaines densément peuplées.

Les citoyens les plus touchés (une centaine) apprennent l'existence du projet durant l'été 2005, soit plus de quatre ans après la délivrance du certificat d'autorisation par le ministère de l'Environnement du Québec. C'est une conseillère de la ville de Marieville, résidant près de ces citoyens, qui les en informe après avoir elle-même pris connaissance de ce fait lors de discussions avec ses collègues conseillers. Peu de temps après, le promoteur demandera à rencontrer ladite conseillère pour lui exposer les vertus de son projet.

À la suite de cette rencontre, la conseillère[6] a entrepris un ensemble de démarches afin de bien comprendre les tenants et les aboutissants de ce projet qui, de toute évidence, allait grandement affecter la quarantaine de familles vivant tout près du lieu d'implantation projeté. Par ailleurs, elle s'est mise à travailler, avec l'aide de deux autres citoyennes directement touchées, pour organiser la lutte pour la défense des droits et de la qualité de vie des concitoyens immédiatement visés, mais aussi la lutte contre la menace à la nécessaire cohabitation harmonieuse des agriculteurs et des non-agriculteurs que représente le projet de porcherie.

C'est ainsi que près de 210 citoyens (selon le rapport officiel) étaient présents lors de l'assemblée de consultation publique (qualifiée par plusieurs de simulacre de consultation), tenue le 16 janvier 2006, tel que l'exige la Loi sur l'aménagement et l'urbanisme, en regard à la détermination de mesures d'atténuation visant à favoriser la cohabitation sociale harmonieuse. Ce qu'il y a de vraiment particulier dans le cas qui nous occupe, c'est que les seuls citoyens affectés tant par les installations que par l'épandage du lisier sont tous de Marieville, alors que c'est la municipalité de Sainte-Angèle-de-Monnoir qui aura à décider des mesures d'atténuation auxquelles sera assujetti le projet du promoteur. Le député du comté d'Iberville reconnaîtra qu'il s'agit là d'une d'incohérence de la loi qui devra être corrigée, mais en attendant, ce sont les citoyens qui sont appelés à en faire les frais.

6. Même si son mandat en tant que conseillère municipale se terminera quelques mois plus tard, elle poursuivra sans relâche la lutte citoyenne pendant l'année et demie qu'il faudra pour en connaître l'aboutissement final.

## Assemblée de consultation houleuse

Dès le début de cette assemblée de consultation, sa légalité est contestée et des citoyens en demandent le report puisque, contrairement à ce qui est exigé par la loi, il n'y a pas de représentant de la Direction de la santé publique de la Montérégie. Mais la préfète de la MRC de Rouville, qui préside la commission, décide que l'assemblée doit se poursuivre. Une cinquantaine de citoyens quittent donc la salle en promettant de prendre des mesures pour faire invalider cette assemblée (elle ne sera jamais invalidée).

Les citoyens restés sur place entendent la présentation du promoteur et constatent avec stupéfaction que leur situation n'est pas du tout prise en considération, alors qu'on s'efforce même de les convaincre que le projet sera sans conséquence pour eux. Ils ont résolu de ne pas s'opposer catégoriquement au projet, considérant que c'était peine perdue. Néanmoins, ils ont convenu de demander avec insistance que les mesures d'atténuation soient déterminées en tenant compte des particularités physiques et sociales du lieu d'implantation. Dans cette optique, ils demandent que la municipalité fixe une distance séparatrice d'au moins 450 mètres entre la façade du bâtiment d'élevage et l'habitation résidentielle la plus proche. De plus, ils réclament l'instauration d'une haie brise-odeurs conforme aux pratiques reconnues dans le domaine. Ils veulent aussi qu'une toiture rigide soit installée sur le réservoir de lisier. Ce sont là leurs principales demandes, qu'ils considèrent minimalistes étant donné le contexte et le lieu d'implantation qu'ils jugent complètement inadéquat pour accueillir un tel projet.

À la suite de cette assemblée, la conseillère a déposé une plainte au protecteur du citoyen en demandant son annulation, s'estimant lésée dans ses droits par la tenue de cette assemblée de consultation en l'absence d'un représentant du ministère de la Santé et des Services sociaux, comme l'exige la loi. Après étude de la plainte, le protecteur du citoyen a reconnu que la citoyenne avait pu être lésée, mais qu'aucune recommandation ne serait faite pour l'invalider, parce qu'une telle recommandation pourrait porter préjudice au promoteur [*sic*]. Néanmoins, sans qu'aucun organisme gouvernemental ni aucun tribunal ne se soit prononcé sur le caractère valide ou pas de la consultation, la MRC de Rouville et la municipalité de Sainte-Angèle-de-Monnoir (le promoteur) conviendront quelques mois plus tard de sa reprise, afin d'échapper à une procédure en injonction intentée à leur encontre par la ville de Marieville et quelques-uns de ses citoyens. Cette procédure aurait pu viser à démontrer devant la cour les nombreuses lacunes, irrégularités et dispositions illégales entachant non seulement le projet lui-même, mais aussi la résolution adoptée à la majorité (cinq voix contre une) par le conseil municipal de Sainte-Angèle-de-Monnoir, le 16 avril 2006, fixant les conditions de délivrance du permis de construction en faisant complètement fi des représentations des citoyens.

De fait, jamais les citoyens n'ont été considérés comme parties prenantes à quelque discussion que ce soit relativement à ce projet. Qui plus est, ils ont dû, tout au long de l'opération, supporter tantôt l'attitude paternaliste, tantôt le rejet pur et simple des élus qui allaient décider en leur nom, mais sans eux, de ce qui était juste et bon pour ces « inaptes » qui vivent à la campagne, mais qui n'ont pas droit de cité dans un monde n'appartenant qu'aux seuls agriculteurs, membres de l'UPA et de l'une de ses fédérations telle la FPPQ. Les citoyens se sont vu refuser l'accès à la documentation, produite par un « ingénieur agricole » pour le compte de la municipalité de Sainte-Angèle-de-Monnoir, sur laquelle s'est fondée la décision de cette dernière d'accorder le permis de construction sans l'assujettir à d'autres conditions que celles déjà convenues avec le promoteur. Une requête a été adressée au début du mois de mai 2006 à la Commission d'accès à l'information par l'ex-conseillère municipale à l'origine de la lutte citoyenne, mais la requérante devra attendre jusqu'au mois d'avril 2007 pour y avoir enfin accès, soit trois mois après la conclusion de l'affaire.

## Actions en catimini

Pendant ce temps, la municipalité de Sainte-Angèle-de-Monnoir a dû abroger sa résolution fixant les conditions auxquelles est assujettie la délivrance du permis de construction, puisqu'il a été convenu avec le promoteur de reprendre l'assemblée de consultation publique. On estimait cette solution bien préférable à celle de devoir démontrer devant un juge de la Cour supérieure que la démarche avait été bel et bien effectuée dans le respect de l'esprit et de la lettre de la Loi sur l'aménagement et l'urbanisme. Nous sommes à la fin du mois d'août 2006.

Les citoyens se préparent de leur côté à vivre une deuxième assemblée de consultation, et certains y travaillent pratiquement à temps plein, sachant qu'ils ne peuvent compter que sur eux-mêmes pour trouver l'information utile, faire l'analyse de différentes données afin d'étayer leurs demandes ou de contrer les allégations du promoteur, de ses représentants et des représentants ou des experts engagés par la municipalité, qui avaient déjà pris le parti du promoteur. Le travail à accomplir est considérable, et les citoyens sont fréquemment enclins au découragement et portés à penser que leurs efforts seront vains, étant donné l'entêtement manifeste du promoteur et toutes les décisions prises en faveur de ce dernier par la municipalité de Sainte-Angèle-de-Monnoir.

Finalement, cette deuxième assemblée de consultation s'est tenue le 13 novembre 2006. Cette fois, des représentants du ministère de la Santé et des Services sociaux y participaient pour répondre aux questions des citoyens présents, soit environ 80 personnes selon le rapport produit par la MRC de Rouville qui était, comme à l'occasion de la première assemblée, chargée de son organisation. Évidemment, c'est sans surprise que les citoyens ont entendu le promoteur et ses représentants, un ingénieur et un agronome, présenter exactement le même projet que 10 mois auparavant (16 janvier 2006), à la différence près que les installations accueilleraient 200 porcelets de plus que ce qui avait été annoncé lors de la première présentation. Pire, certains renseignements s'avéraient moins précis que la première fois, notamment à propos du toit devant recouvrir le réservoir de lisier, à propos de données parfois erronées ou confuses concernant les lieux de l'épandage et la durée de l'entente avec le « receveur » du lisier, et à propos de l'installation d'une haie brise-vent/brise-odeurs, dont les spécifications n'étaient pas décrites.

Quant aux citoyens, ils ont réitéré les demandes formulées lors de la première consultation. Ils ont insisté sur la nécessité d'augmenter la distance séparatrice entre les installations porcines et toute résidence à au moins 450 mètres, et l'installation d'une haie brise-vent/brise-odeurs conforme aux recommandations de la FPPQ, donc composée de trois rangées d'arbres entourant complètement les bâtiments et le réservoir à lisier. Certains ont souligné l'entêtement du promoteur à ne rien faire pour favoriser la cohabitation harmonieuse avec les voisins de ses installations industrielles. Dans le même ordre d'idées, d'autres ont contesté en détail les prétentions jugées fallacieuses du promoteur, voulant que les citoyens à proximité de la porcherie soient peu affectés par les odeurs émanant de cette dernière, compte tenu de la direction contraire des vents dominants[7]. Des citoyens ont par ailleurs exprimé leurs inquiétudes relativement aux impacts de la porcherie sur la nappe phréatique qui alimente leurs puits, et quant à ses incidences sur la santé physique et psychologique des personnes résidant à proximité. Sur ce dernier plan, une des personnes représentant la Direction de la santé publique s'est dite incapable de garantir que le projet de porcherie ne présentait aucun risque pour la santé des résidants. Enfin, diverses questions ont été soulevées sur le rôle et les modes d'intervention des fonctionnaires des ministères concernés, en ce qui a trait à la délivrance des certificats d'autorisation, au suivi du plan agro-environnemental de fertilisation (PAEF) en vertu duquel seront épandus annuellement à Marieville plus de 3 200 000 litres de lisier en provenance de la porcherie, à la vérification de la qualité de la construction, du maintien de l'intégrité des installations (dont le réservoir à lisier en particulier) et du respect des normes après la construction.

Des réponses reçues, il ressort que les fonctionnaires gouvernementaux ne visitent pas les lieux où l'on implantera des porcheries, quelle qu'en soit l'ampleur. La délivrance d'autorisation et de permis divers se fait quasi uniquement en fonction de l'étude de documents déposés, analysés selon des normes universelles ne prenant pas en compte les caractéristiques spécifiques du lieu d'implantation, tant sur le plan physique que sur le plan social. Le lecteur pourra prendre connaissance en détail du rapport de cette consultation en accédant au site Internet de la MRC de Rouville[8].

On notera toutefois que si ce rapport présente un résumé relativement fidèle des interventions des citoyens, et ce, tant celles faites en séance lors de l'assemblée que celles consignées dans des lettres

7. En vertu d'une étude que nous avons nous-même menée, couvrant la période du 1er janvier au 27 novembre 2006, il appert incontestablement que les citoyens de la zone résidentielle déstructurée, située à l'ouest des installations projetées, auraient été incommodés par les odeurs de la porcherie durant au moins 179 jours sur les 331 écoulés depuis le début de l'année 2006, et ce, en raison de périodes de temps d'une durée variable durant chacune de ces journées où les vents soufflaient en leur direction.

8. http://www.mrcrouville.qc.ca/?c=publications.

ou des mémoires écrits, on n'y trouve aucun des éléments de la présentation du promoteur, aucune des réponses ni aucun des commentaires formulés soit par le promoteur ou ses représentants, soit par les représentants gouvernementaux à la suite des interventions des citoyens.

## Désabusés et pessimistes

Les citoyens sont sortis de cette deuxième assemblée de consultation plutôt désabusés et pessimistes quant à la possibilité d'infléchir l'orientation de la municipalité de Sainte-Angèle-de-Monnoir à l'égard du promoteur, d'autant plus que ce dernier avait montré une attitude encore plus intransigeante que lors de l'assemblée précédente. Néanmoins, considérant qu'ils n'avaient rien à perdre à poursuivre leurs démarches, sauf leur temps, les citoyens ont transmis à la commission de consultation 65 lettres et mémoires, afin de lui faire part plus formellement de leurs préoccupations, analyses, recommandations et demandes spécifiques. Tel que souligné précédemment, la principale demande des citoyens visait l'augmentation de la distance séparatrice des maisons situées à proximité. C'est donc cette demande qui s'est retrouvée à l'avant-plan de l'ensemble des documents soumis à la commission de consultation à la fin du mois de novembre 2006.

Cette opération fut quelque peu déprimante pour les citoyens, privés d'information et se voyant à la merci de la collusion entre le promoteur et la municipalité de Sainte-Angèle-de-Monnoir. Mais la déprime les aurait gagnés sûrement davantage n'eut été de l'appui sans équivoque du conseil municipal de la ville de Marieville, qui engagea une procédure à l'encontre du producteur et de la municipalité de Sainte-Angèle-de-Monnoir. Cet appui avait manifestement été réitéré par les élus de Marieville présents à la deuxième assemblée de consultation.

Cependant, il devenait évident pour tous que les recours pour se faire entendre auprès des décideurs de Sainte-Angèle-de-Monnoir s'amenuisaient grandement à la suite de la deuxième assemblée de consultation, notamment parce que cette dernière avait été tenue conformément aux règles établies en vertu de la Loi sur l'aménagement et l'urbanisme, contrairement à la première consultation. Malgré cela, le conseil municipal de la ville de Marieville a adopté une résolution détaillée, résumant la situation injuste dans laquelle se trouvaient ses citoyens. Adressée au député libéral du comté d'Iberville, la lettre du conseil demandait instamment à l'élu d'intervenir de façon à assurer la cohabitation harmonieuse avec les citoyens touchés.

Le député s'est contenté de dire aux journalistes qu'il n'avait pas à s'immiscer dans ce dossier, qui relevait de la municipalité hôte du projet. Jusqu'au jour même de l'annonce de la décision du conseil municipal de Sainte-Angèle-de-Monnoir, le lundi 15 janvier 2007, le député a tenu le même discours devant les citoyens qui l'exhortaient à intervenir, ne serait-ce que pour inciter la municipalité de Sainte-Angèle-de-Monnoir à prendre en compte la situation exceptionnelle, non prévue dans la loi, dans laquelle elle se trouvait. Rappelons, en effet, que cette municipalité était seule à décider des conditions d'implantation d'un projet de porcherie, alors que les conséquences seraient vécues uniquement par les citoyens de la municipalité voisine.

## Ignorés malgré leur perspicacité

En réalité, plusieurs citoyens directement touchés par le projet de porcherie ont vécu beaucoup d'insécurité et d'angoisse dans l'attente de la décision de la municipalité de Sainte-Angèle-de-Monnoir. Ils ont été gardés dans l'ignorance et tenus à l'écart, jusqu'à la dernière minute, de toutes les discussions entourant le projet, pourtant entamées dès après l'assemblée publique de consultation du 13 novembre 2006, sinon avant. Ces discussions engageaient à peu près tous les intéressés, nous semble-t-il, à l'exception des citoyens les plus immédiatement affectés. En fait, il semble qu'on ait choisi de laisser ces citoyens dans l'attente et l'inquiétude, plutôt que de reconnaître qu'ils avaient pu, près d'un an auparavant, analyser le problème avec perspicacité et formuler des recommandations cohérentes. Non, ces citoyens n'avaient pas à savoir que, dès le 20 décembre 2006, le producteur porcin avait annoncé, dans une lettre à la municipalité de Sainte-Angèle-de-Monnoir, son intention de relocaliser ses installations à 643 mètres à l'est de la résidence marievilloise la plus rapprochée. Rappelons qu'augmenter la distance séparatrice était la demande essentielle des résidents touchés.

Les citoyens devaient sans doute être punis de leur engagement pour la défense de leur qualité de vie et de leur environnement ! On les a fait attendre jusqu'à l'assemblée municipale du lundi 15 janvier 2007, pour les informer de la nouvelle résolution faisant état de la position de la municipalité quant aux conditions de délivrance du permis de construction, laquelle incluait la bonne nouvelle de l'augmentation de la distance séparatrice. Comble du cynisme, à peine cinq jours avant la tenue de cette assemblée, alors que tout était déjà ficelé, le maire de la municipalité de Sainte-Angèle-de-Monnoir a grommelé son impatience lors d'un appel téléphonique de l'ex-conseillère, qui lui rappelait l'importance qu'accordaient les citoyens à la question cruciale de la distance séparatrice comme facteur essentiel de l'établissement d'une cohabitation harmonieuse. Allait-il chercher à la rassurer, à lui laisser entendre – sans lui révéler le contenu de la résolution – que le conseil municipal avait travaillé à mettre au point une solution susceptible de satisfaire tous les intéressés ? En aucune façon. Au contraire, il allait critiquer vertement les citoyens en les taxant d'intransigeants.

## La bonne nouvelle

Plus la journée de l'assemblée du conseil municipal approchait, plus les citoyens étaient tendus et anxieux. Plusieurs se préparaient au pire, et quelques-uns discutaient déjà des actions à entreprendre par la suite. Certains ne voulaient pas assister à l'assemblée par crainte de craquer psychologiquement. C'est dans ce contexte survolté, la journée même de l'assemblée, le lundi 15 janvier 2007, que le député a rendu visite aux trois seuls citoyens (dont l'auteur de ces lignes) qu'il a accepté de rencontrer après que l'ex-conseillère de Marieville le lui eut demandé avec insistance, depuis le milieu du mois de décembre précédent. Le député, alors au courant du projet de résolution, allait-il se faire plus rassurant que le maire de Sainte-Angèle-de-Monnoir quand à la prise en compte de nos revendications, notamment au sujet de la distance séparatrice ? Courtois, gentil, un brin paternaliste, il n'a point soufflé la bonne nouvelle : pas un iota, même à demi-mot, sur ce qui attend les citoyens à l'assemblée qui aura lieu dans quelques heures. Il se contentera de répéter, encore une fois, que la Loi 54 adoptée par son gouvernement pour favoriser l'acceptation par les communautés locales des projets de porcherie a bien fonctionné jusque-là, et blablabla. Voilà qui en dit long sur la considération que nos élus accordent à la participation citoyenne, et la confiance vouée aux citoyens. Pourtant, ces contribuables avaient consacré plus d'une année de leur temps à décortiquer les méandres d'un projet pour lequel le seul droit qu'on leur reconnaisse, c'est celui de le subir sans rechigner !

Le plus malheureux dans tout cela, c'est que des citoyens, dont l'ex-conseillère, avaient eu vent du contenu de la résolution quelques jours plus tôt (nous saurons plus tard que c'était bien après de nombreux citoyens peu ou pas touchés par le projet de porcherie). Personne n'osait tenir pour acquise l'information reçue, par crainte de vivre une amère déception le soir de l'assemblée municipale, où ils constateront qu'on leur avait effectivement donné des renseignements valides. Certains de ces citoyens, tellement tendus qu'ils n'arrivaient même pas à repérer le point les concernant dans l'ordre du jour, se sont mis à pleurer en entendant que la distance séparatrice était portée à 643 mètres.

Donc, tout est bien qui finit bien : les citoyens ont obtenu ce qui leur tenait le plus à cœur. Les élus ont sauvé la face en réparant l'erreur grossière commise un an plus tôt, soit d'avoir fait fi des indications et des recommandations des citoyens au sujet des caractéristiques du terrain. Le producteur est heureux parce que le fait de déplacer ses installations à l'est du ruisseau Saint-Louis (important cours d'eau verbalisé traversant sa terre) lui évitera d'avoir à se prémunir contre les risques de montée des hautes eaux à l'ouest du ruisseau et des conséquences pour ses installations, notamment le réservoir à lisier. Cela lui permettra aussi d'économiser plusieurs dizaines de milliers de dollars. Le promoteur s'en trouve d'autant plus heureux que la municipalité n'exige plus que le réservoir à lisier soit recouvert d'une toiture, comme le prévoyait le devis initial appuyant la demande du certificat d'autorisation, ce qui représente une économie supplémentaire de quelques dizaines de milliers de dollars.

Le hic dans cette affaire, car il y a un hic, c'est que l'économie de la toiture se fera au prix d'une augmentation de la production d'au moins 700 000 litres de lisier annuellement, ce qui implique, chaque année, le transport et l'épandage d'au moins une centaine de citernes de lisier supplémentaires sur les terres de Marieville. Mais les « vrais » exploitants agricoles, experts en matière de pollution, diront sans doute qu'il n'y a aucun mal à accroître d'autant la quantité de lisier produite, car il n'y a pas de meilleur engrais à moindre coût [*sic*] !

## Les leçons à tirer d'une démarche difficile

Au terme de cette épopée – car c'en est une pour plusieurs citoyens – le constat qui s'impose d'emblée, c'est que, grâce à l'engagement de citoyens déterminés, informés et compétents dans leurs interventions, on a finalement donné la primauté à l'acceptabilité sociale du projet plutôt qu'au seul « droit de produire » d'un individu. La rédactrice en chef du *Journal de Chambly* commente l'aboutissement de cette longue démarche collective dans son éditorial du 23 janvier 2006 sous le titre « Une victoire citoyenne » :

> Les citoyens qui s'opposaient au projet d'élevage porcin de Sainte-Angèle-de-Monnoir tel que présenté, ont eu gain de cause. Comme la décision du producteur d'éloigner considérablement le bâtiment des propriétés des plus proches voisins a été motivée par une étude faite à sa demande – du moins c'est l'information officielle –, on pourrait croire que les opposants ont remporté une victoire par défaut, sans gloire. Mais il faut éviter de sauter trop rapidement aux conclusions. Les opposants sont contents. Ils n'ont pas tout obtenu, mais ils ont atteint leur objectif principal. Comment ils ont réussi leur importe peu. Si des influences extérieures ont joué en leur faveur, tant mieux, se disent-ils. Et ils ont bien raison. Mais on aurait tort de penser que leur action a été inutile. C'est par leur ténacité et la poursuite inlassable de leur quête de respect, jusqu'en cour s'il le fallait, que les citoyens opposants et la Ville de Marieville ont convaincu la municipalité de Sainte-Angèle-de-Monnoir de reprendre à l'automne la consultation sur les mesures d'atténuation. [...] Il est également permis de penser que la pression exercée sur le conseil municipal de Sainte-Angèle-de-Monnoir, dont il était question sur toutes les tribunes – même à des émissions réputées favorables à l'agriculture – a pu faciliter les discussions avec le promoteur pour en arriver à un compromis. On ne sait pas toujours tout des pourparlers qui se font en l'absence de témoins et de caméras...

## Cohabiter en harmonie, c'est payant !

Évidemment, les citoyens ne sont pas dupes ! Beaucoup comprennent très bien que le promoteur n'a pas proposé d'éloigner davantage ses installations des résidences dans le but de favoriser la cohabitation harmonieuse avec ses futurs voisins, comme il le prétend maintenant, après avoir clamé pendant plus d'un an que ces derniers ne toléraient pas l'agriculture et n'y comprenaient rien. Non, le promoteur a finalement compris qu'il pouvait faire d'une pierre deux coups : réduire de façon appréciable ses coûts de construction tout en se montrant conciliant avec ses voisins. De fait, n'eut été de la ténacité des citoyens, la porcherie serait déjà construite sur un emplacement inapproprié sans que les graves lacunes que comportait le projet, ne serait-ce que sur le plan technique, n'aient été corrigées. Plus tard, le promoteur se montrera peut-être reconnaissant envers les citoyens qu'il a honnis. Il est néanmoins regrettable que l'on ait dû, pour en arriver à ce compromis, faire assumer au milieu une perte sur le plan environnemental, en renonçant à l'exigence de la toiture sur le réservoir à lisier, et ce, à la demande du promoteur.

## Une prise de conscience salutaire

Malgré tout, cette action citoyenne a permis à plusieurs de prendre conscience de l'extrême fragilité dans laquelle se trouvait le milieu rural québécois, tant socialement que sur le plan environnemental. Prise de conscience d'un clivage de plus en plus marqué entre les usages agricoles et non agricoles dans la campagne québécoise, sinon entre les agriculteurs (notamment ceux de type industriel) et les non-agriculteurs. Prise de conscience du pouvoir hégémonique qu'exerce l'UPA dans le milieu rural québécois, et de ses conséquences pour l'équilibre de l'organisation sociale. Prise de conscience de multiples lacunes et incohérences qui caractérisent la législation et la réglementation québécoises en matière d'agriculture, notamment en ce qui concerne la production porcine. Prise de conscience de la faiblesse des pouvoirs consentis aux élus municipaux relativement à la gestion et à l'aménagement du territoire. Enfin, prise de conscience de l'écart énorme qui existe entre le discours du politique sur l'importance de la participation citoyenne dans le débat social et la place qui lui est réellement faite dans la pratique.

Cette conscientisation renvoie à autant de dimensions et de problèmes qui demeurent sans solution. Certains se trouveront découragés devant l'ampleur de la tâche et des défis à relever. Mais d'autres considéreront, sur la base de l'expérience vécue, que la solidarité et la participation citoyennes sont des outils puissants non seulement pour préserver la qualité de notre environnement et de notre milieu de vie, mais aussi pour contribuer à en assurer le développement harmonieux et cohérent dans le respect de la terre et des personnes.

Note: au moment de mettre sous presse, en juillet 2007, les travaux de construction de la porcherie n'avaient pas encore débuté.

CHAPITRE 13

# Saint-Cyprien-de-Napierville : une problématique de cohabitation de l'espace rural

JEAN-PIERRE BROUILLARD,
en collaboration avec SYLVIANE SOULAINE-COUTURE
et PIERRE COUTURE

SAINT-CYPRIEN-DE-NAPIERVILLE a été fondé en 1823. Rattaché à la MRC des Jardins-de-Napierville, il compte un peu plus de 1 400 habitants. Traditionnellement voué à l'agriculture intensive, le village connaît actuellement une forte poussée d'urbanisation, qui amène à la fois de nouveaux résidants et des entreprises diversifiées.

Le territoire de Saint-Cyprien entoure totalement celui de Napierville. Les deux villages chevauchent une nappe phréatique unique, dont l'intégrité a été sérieusement compromise en 1968, par le déversement accidentel d'un chargement de 80 tonnes de dichlorobenzène destiné à l'usine de la société Recochem, implantée à Napierville. D'autres déversements sont survenus depuis, compromettant encore davantage la qualité des eaux souterraines.

En 1996 et 1997, Saint-Cyprien a connu un épisode de « crise porcine ». À l'époque, un projet de mégaporcherie prévoyait s'implanter à proximité de deux lieux voués à l'agrotourisme, soit une cabane à sucre commerciale et un vignoble. Ce projet a provoqué une forte levée de boucliers. Les deux entreprises concernées ont remué ciel et terre, et ont même convaincu les ministres de l'Environnement et de l'Agriculture de s'intéresser au dossier. Mais finalement, la crise a été résolue localement. Le maire de l'époque a modifié le règlement de zonage. Les propriétaires des deux sites touristiques se sont dits à peu près satisfaits. Le maire aussi, puisque le nouveau zonage lui permettait d'accueillir les deux porcheries chez lui, sur sa propre ferme… Le calme aura duré quelques années, renforcé par le moratoire de 2002 sur la construction de nouvelles porcheries au Québec.

Mais en 2005, à la suite des pressions qu'on peut imaginer, le moratoire était levé. Immédiatement, deux projets de mégaporcherie étaient annoncés sur le territoire de Saint-Cyprien-de-Napierville. Ces élevages industriels seraient implantés à proximité d'une garderie et près d'une zone résidentielle qui comprend plusieurs maisons patrimoniales.

Deux projets appartenant à deux cousins, situés à moins de deux kilomètres l'un de l'autre, dont chacun possédait une capacité de production d'un peu moins de 600 unités animales (3 000 porcs) afin d'éviter l'obligation de produire une étude d'impact environnemental. Comprenons bien que 599 unités n'exigent pas une telle étude ; c'est à partir de 600 unités que le ministère de l'Environnement demande l'évaluation des impacts. Par contre, les deux projets se situent côte à côte et, en principe, ils dépassent largement les 600 unités. Ne devrait-on pas exiger une étude d'impact ?

## 20 000 porcs sur le territoire, c'est assez !

La réaction populaire ne s'est pas fait attendre, et un comité de citoyens a été créé sur le champ pour s'opposer à ces projets qui semblaient ne présenter que nuisances et dangers. Dès le 31 août 2005, une réunion publique est convoquée pour examiner les tenants et aboutissants de l'affaire. À l'ordre du jour, tous les périls de l'entreprise sont passés en revue : les montagnes de déjections générées par ces élevages massifs et les menaces qui en découlent pour l'eau potable déjà hypothéquée, l'odeur insoutenable lors des épandages de lisier, le risque accru de transmission de nouveaux virus de grippe résistants, la dévaluation de la valeur des immeubles, etc. La conclusion est nette : il se produit déjà plus de 20 000 porcs par année sur le territoire de Saint-Cyprien, soit 14 fois la population humaine du village. C'est assez !

La rencontre fut aussi l'occasion de prendre la mesure des obstacles à surmonter pour faire entendre la voix des citoyens.

L'Union des producteurs agricoles (UPA) jouit d'un monopole de représentation qui lui confère des pouvoirs exorbitants et une capacité de nuisance qui semble infinie. L'UPA a d'ailleurs pris avantage d'une nouvelle loi pour accompagner la levée du moratoire : la Loi 54, qui n'accorde aux citoyens que des droits d'intervention risibles. Les résidants de Saint-Cyprien ont appris qu'ils n'étaient consultés qu'après l'approbation des projets de mégaporcherie, et qu'ils ne pouvaient se plaindre que des odeurs. Leurs craintes concernant la qualité de l'eau, la transmission de nouvelles maladies ou la valeur de leur maison ne pouvaient pas être prises en compte : la loi l'interdit !

## La lutte s'organise

Malgré les difficultés et les obstacles, la lutte s'est organisée. Le comité a invité ses adhérents à participer activement aux assemblées de consultation que le conseil municipal était tenu d'organiser au sujet des projets porcins. La première réunion est convoquée le 15 septembre 2005, par un conseil municipal alors très favorable aux porcheries industrielles. Le maire et un conseiller avaient vendu une parcelle de leur terre à des intégrateurs. Au moins 350 citoyens inquiets se sont présentés à l'assemblée. Ils auraient pu être plus nombreux, mais la municipalité avait pris soin de n'annoncer l'assemblée que dans le journal local, qui n'est pas distribué dans l'arrondissement l'Acadie de la ville de Saint-Jean-sur-Richelieu, où devaient pourtant être épandues de fortes quantités du lisier généré par les projets de porcherie. Ulcérée, la Ville a d'ailleurs acheminé une mise en demeure à la municipalité de Saint-Cyprien, lui enjoignant de n'émettre aucun permis de porcherie qui viendrait nuire aux intérêts de ses contribuables.

Lors de l'assemblée, le caractère factice de la consultation s'est révélé dans toute sa « splendeur ». Les soi-disant experts dépêchés par Québec avaient manifestement reçu la consigne de ne pas réagir aux inquiétudes exprimées par les citoyens ; chaque question venant de la salle a donné lieu à des réponses évasives et vides. Et quand les participants se sont mis à réclamer des réponses plus sérieuses, le maire a appelé la Sûreté du Québec pour faire évacuer la salle. En vain, par ailleurs, car le policier venu sur place a constaté que tout se déroulait dans le calme et n'a pas jugé utile d'intervenir. La manœuvre de diversion avait quand même joué, et la session a été levée peu de temps après. Amertume et déception étaient grandes: les citoyens comprenaient qu'ils devaient à la fois se battre contre leurs élus immédiats et contre les lois adoptées à Québec.

Bientôt, des contacts ont été établis avec d'autres groupes de citoyens vivant un problème semblable dans d'autres régions. Des manifestations ont été tenues conjointement, notamment à Montréal. Localement, une marche de protestation convoquée à Napierville, le 8 octobre 2005, a rassemblé 500 citoyens excédés.

## Le Parti des citoyens

Mais rien de semblait en mesure d'arrêter les implantations redoutées. Pourtant, une nouvelle idée se frayait un chemin. Les élections municipales s'en venaient. Le 6 novembre 2005, tous les sièges des élus de Saint-Cyprien devaient être comblés. Pourquoi ne pas créer un parti politique pour tâcher de remplacer le conseil municipal sortant? Aussitôt avancée, l'idée est adoptée. Le Parti des citoyens est né. Un candidat à la mairie, André Tremblay, directeur général du Club de golf de Napierville, est désigné, et six personnes se portent volontaires pour briguer les sièges de conseiller: mesdames Isabelle d'Avril, responsable en service de garde, et Sylviane Soulaine-Couture, institutrice, de même que messieurs Jean-Pierre Brouillard, directeur général de Filogix inc., Jean-François Côté, propriétaire de chantier naval, Raymond Simard, technicien en sécurité, et Mario Tremblay, notaire.

Entre-temps, la deuxième assemblée de consultation était reportée à plus tard pour ne pas nuire aux élections. Conscient de la colère qui grondait contre ses positions proporcines, le maire n'annonça pas ce report dans le journal local: il a préféré s'offrir à grand prix quelques lignes dans un journal de Montréal...

Le 6 novembre 2005, sans grande surprise, le conseil municipal qui avait mécontenté tant de citoyens était complètement balayé. Le Parti des citoyens remporta tous les sièges. Sa première tâche: organiser la séance de consultation déplacée par les élections. Le 21 novembre 2005, plus de 200 contribuables participaient dans le calme à cette rencontre, dont l'esprit avait changé du tout au tout. Le nouveau conseil connaissait les inquiétudes et les attentes de la population. Mieux, il les partageait. Il était toutefois menotté par la loi, qui ne se soucie que des odeurs et qui évacue toute autre considération.

Le 20 décembre 2005, les procureurs retenus par la municipalité faisaient parvenir une lettre sous toute réserve aux promoteurs. Ce document attestait qu'en raison du certificat d'autorisation émis par le ministère de l'Environnement, ils étaient en droit d'obtenir un permis de construction. Par contre, la lettre soulignait les réserves du Conseil : *le* certificat d'autorisation était jugé insuffisant et légalement douteux, compte tenu des risques que l'exploitation porcine peut faire peser sur l'écosystème de la rivière l'Acadie, les espèces aquatiques et la nappe d'eau souterraine, en plus de représenter un risque pour la sécurité publique régionale.

En conséquence, le conseil municipal de Saint-Cyprien-de-Napierville demandait une étude d'impact environnemental, en vertu du Règlement sur l'évaluation et l'examen des impacts, car il estimait que le projet d'établissement porcin comportait des erreurs de calcul :

> Après vérification des règles applicables quant au calcul du nombre d'unités animales, [...] nous sommes d'avis que le nombre d'unités animales réel en l'espèce, aux fins de l'application du Règlement sur les études d'impact, est plutôt de plus de 600 unités animales[9].

La municipalité contestait aussi la documentation relative aux superficies d'épandage réelles et la quantité de lisiers à épandre, qu'elle calculait supérieure à celle soumise par les promoteurs.

De plus, le conseil jugeait qu'une évaluation environnementale fédérale était nécessaire, car le projet devait se réaliser dans le bassin versant de la rivière l'Acadie, un cours d'eau tributaire de la rivière Richelieu. Or, cette dernière est non seulement une voie navigable fédérale, mais elle constitue de plus un milieu de vie et de reproduction de poissons comme le chevalier cuivré, dont les aires de reproduction sont protégées en vertu de la Loi sur les pêches fédérales. Au surplus, le chevalier cuivré est une espèce vulnérable et menacée de disparition, et donc visée par les dispositions d'une autre loi fédérale, soit la Loi sur les espèces menacées et vulnérables. Le procureur de la municipalité écrivit aux promoteurs que :

9. Tiré de la lettre envoyée par les procureurs de la municipalité à l'entreprise concernée.

> en conséquence de ce qui précède, vous devez être informés du fait que la municipalité envisage sérieusement, lorsque vous serez à débuter vos travaux de construction conformément au permis de construction que vous aurez obtenu de son inspecteur en bâtiments, des procédures en injonction pour que vous soit interdit par la Cour supérieure de procéder à telle construction tant et aussi longtemps que vous n'aurez pas obtenu, conformément aux lois applicables, un certificat d'autorisation du ministère fédéral de l'Environnement.

C'était en fait une seconde injonction qui serait demandée, car nous comptions en déposer une première lors de la demande de permis pour l'obtention des études d'impact environnemental. En d'autres mots, nous voulions nous assurer de connaître sérieusement les conséquences environnementales de l'implantation de ces deux porcheries non désirées.

Ceci, d'autant plus que le schéma d'aménagement de la MRC des Jardins-de-Napierville identifie, depuis longtemps déjà, le secteur où les promoteurs voulaient implanter les porcheries comme une zone extrêmement sensible au niveau hydrogéologique. Or, c'est précisément dans ce secteur que se trouve l'aire d'alimentation, ainsi que la zone de recharge, de la prise d'eau potable desservant la ville de Napierville. La réalisation des projets menaçait donc la qualité de cette eau potable. Prenant le risque très au sérieux, la Ville nous avait signifié par une mise en demeure qu'elle rendait la municipalité de Saint-Cyprien-de-Napierville responsable advenant la contamination de l'eau, en raison de l'émission d'un permis pour l'implantation des porcheries dans le secteur en cause.

En conséquence, nous avons envisagé sérieusement d'analyser le projet comme pouvant générer un sinistre et constituer une menace pour la sécurité publique. Pas question que se reproduise chez nous le drame vécu par les citoyens de la ville ontarienne de Walkerton, il y a quelques années. Nous entendions donc être très vigilants et nous assurer que la Loi sur la qualité de l'environnement soit respectée, et ses obligations en matière de protection de l'environnement et de sécurité publique, appliquées.

## Rallier les parties

Après la réception de cette lettre acheminée par les procureurs de la municipalité, les promoteurs ont réagi fortement en appelant les conseillers pour défendre leur position. Ils cherchaient à se faire rassurants, et promettaient de prendre toutes les dispositions pour que leurs projets soient conformes à toutes les lois et à tous les règlements.

Dans le souci de rallier les intérêts de tous, le conseil consacra de nombreuses rencontres de travail pour tâcher de trouver un fil conducteur. Une première version d'un projet de règlement pour élevage d'animaux a été présentée lors d'une séance régulière du conseil. Ce projet fut discuté par de nombreux agriculteurs, eux-mêmes soucieux des méfaits de l'élevage porcin. Tous ont convenu que le règlement ne devait aucunement viser à miner l'agriculture, au contraire, mais seulement à limiter les dégâts de certaines pratiques déplorables. Tout au long de ces discussions, le conseil a réitéré l'importance qu'il accordait aux assises agricoles du village et au développement des activités de ce secteur ; il a souligné que les démarches entreprises jusqu'ici n'étaient aucunement liées à une quelconque hostilité envers les agriculteurs. Considérant les discussions en cours, le conseil décida toutefois de ne pas adopter le règlement tout de suite, dans l'espoir de trouver une solution optimale. Cela lui valut la réprobation bruyante des citoyens opposés purement et simplement aux porcheries. Ceux-ci ne se sont pas privés de rappeler aux conseillers qu'ils avaient été élus pour empêcher de nouvelles implantations. Tout retard dans l'adoption du règlement était qualifié de capitulation. Finalement, le conseil a adopté un règlement modifié visant l'élevage à fortes charges d'odeur.

Le 3 avril 2006, après avoir soupesé l'ensemble des appréhensions énoncées, le conseil adoptait les conditions attachées aux permis de construction des établissements porcins, selon les normes d'atténuation prévues par la Loi 54 pour favoriser la cohabitation harmonieuse des porcheries et des humains. Comme la loi le prévoit, un conciliateur a été appelé pour intervenir dans cette affaire, car les promoteurs ne voulaient pas se plier à ces exigences. La conciliation a fait évoluer le dossier dans les deux cas, mais n'est jamais arrivée à ce que les deux parties s'entendent sur tous les points. Les promoteurs défendaient leur intérêt économique, et le conseil voyait plutôt l'intérêt de l'ensemble des citoyens.

Finalement, l'un des promoteurs est venu demander son permis. La directrice générale de la *Ville* lui a rappelé les conditions auxquelles il devait se soumettre. En réponse, il a tourné les talons et a décidé d'intenter, le 23 juin 2006, une poursuite contre la municipalité, alléguant en 56 articles que les conditions rattachées aux permis selon les mesures d'atténuation prévues par la loi étaient abusives. Il demandait leur annulation. En novembre 2006, le Conseil municipal lui répondait en rappelant toutes les étapes ayant mené à la décision, jugée responsable et éclairée.

## Une population en otage

Un juge de la Cour supérieure devra établir si la municipalité est abusive dans ses demandes, mais une chose est certaine : l'agriculture industrialisée vient à l'encontre de la « cohabitation harmonieuse » en milieu rural. Comment peut-on laisser une industrie qui demande à être subventionnée par tous les citoyens afin de subsister, tenir en otage une population qui est menottée par des lois promulguées par ces élus ? Pourrait-on donner aux élus municipaux le pouvoir de déterminer avec les citoyens ce qui est bon pour la collectivité ? Comment des industriels peuvent-ils être autorisés à polluer nos cours d'eau ? Il s'agit là pourtant d'un patrimoine collectif ! Nous espérons que la décision de la Cour supérieure fera jurisprudence, et qu'elle accordera ainsi plus de pouvoir aux élus municipaux qui travaillent pour le bien commun.

Chapitre 14

# Pas de cohabitation sociale sans consensus social

## *L'expérience citoyenne de la MRC de Kamouraska*

Roméo Bouchard

Le règlement de contrôle intérimaire (RCI) de la municipalité régionale de comté (MRC) de Kamouraska sur le développement de l'industrie porcine, adopté en juin 2006, fait l'envie de plusieurs régions qui n'ont pas réussi à reprendre le contrôle du développement des porcheries, à la suite de la levée du moratoire et au cadre restrictif établi par la Loi 54. Le règlement de Kamouraska est le résultat d'un consensus qui a été obtenu grâce à une démarche de consultation citoyenne, qui a impliqué toute la population pendant une année complète.

L'intérêt de la démarche menée dans la région de Kamouraska est avant tout stratégique. Beaucoup de gens n'ont pas vu que, dans le cadre réglementaire établi par la Loi 54 et les orientations gouvernementales en matière d'aménagement, c'est sur le plan de l'adoption obligatoire, par la MRC, d'un règlement de contrôle intérimaire spécifique à l'industrie porcine qu'il est possible d'intervenir efficacement sur le contingentement et le zonage des nouveaux développements. Les citoyens se sont limités, dans la plupart des cas, à intervenir dans les assemblées publiques que les municipalités doivent tenir sur des projets déjà autorisés, et qui peuvent tout au plus assujettir les projets à quelques mesures de mitigation des odeurs.

Kamouraska, à l'opposé, a choisi d'agir sur le RCI de la MRC, qui doit établir l'encadrement préalable à toute intervention municipale dans la réglementation et l'approbation des projets. Cette stratégie a impliqué la mise en place d'une vaste consultation de la population, telle que suggérée dans les orientations gouvernementales, et l'élaboration d'un consensus social qui puisse constituer une base solide à un contrat social et une cohabitation harmonieuse entre les usages agricoles et les usages non agricoles.

Reste à voir quel sera le dénouement final de l'exercice, désavoué en partie par Québec, qui se réserve toujours, au mépris des populations locales qui ont à vivre les conséquences, le droit de juger si ce consensus respecte le droit de produire tel que défini dans la Loi sur la protection du territoire et des activités agricoles... et tel qu'interprété et défendu par le monopole syndical de l'UPA.

## Le dossier porcin au Kamouraska à la suite de la levée du moratoire

Le Bas-Saint-Laurent, le Kamouraska en particulier, a été au cœur du débat sur les porcheries depuis le début des années 1990. La présence de terres disponibles et accessibles pour l'épandage des lisiers a suscité la venue de promoteurs porcins importants, notamment les Viandes duBreton au Témiscouata et à Rivière-du-Loup, la coopérative Dynaco au Kamouraska et la coopérative Purdel à Rimouski. Dans la MRC de Kamouraska seulement, une région à fort potentiel récréo-touristique et patrimonial, on compte 23 porcheries qui produisent environ 60 000 porcs annuellement. De plus, trois abattoirs majeurs dans la région abattent à eux seuls plus de 25 % des porcs au Québec. La pression pour accroître la production locale s'en trouve d'autant plus forte.

Par ailleurs, depuis le début des années 1990, la région est devenue le fer de lance du mouvement d'opposition aux porcheries industrielles. C'est notamment au Kamouraska que sont nées la coalition Sauver les campagnes et l'Union paysanne, qui ont fait de ce dossier leur cheval de bataille contre le monopole de l'agriculture industrielle, et obtenu, en fin de compte, le moratoire et les audiences du BAPE sur l'industrie porcine.

Les citoyens qui avaient mené la lutte se sont retrouvés particulièrement inquiets lorsque, à l'automne 2004, le gouvernement a adopté la Loi 54 qui ne retient du rapport du BAPE qu'un mécanisme réduit de réglementation et de consultation au niveau de la MRC et des municipalités, se limitant à favoriser la « cohabitation harmonieuse », sans égard à la protection de l'environnement et de la santé publique relevant exclusivement des ministères concernés. La publication des Orientations gouvernementales en matière d'aménagement, au début de 2005, vient préciser les balises de ces nouveaux pouvoirs municipaux. Le plan d'action environnemental prévu pour encadrer la protection des bassins versants n'est jamais venu : au contraire, le ministère de l'Environnement[1] fera disparaître à l'automne 2005 la norme « bassin versant », pour ne considérer désormais que la norme « phosphore ferme par ferme », dans son Règlement sur les exploitations porcines.

En somme, rien n'est changé dans le mode de production, ses objectifs et son financement, et le ministère de l'Environnement ignore sa politique de gestion par bassin versant, pour s'en tenir à des plans de fertilisation ferme par ferme autogérés par le producteur et son agronome, dont l'efficacité et la fiabilité sont hautement contestables. Si une MRC considère qu'elle a besoin, pour assurer une cohabitation harmonieuse, d'un encadrement qui tienne compte davantage de sa situation particulière, il lui revient désormais de zoner ou contingenter les porcheries sur son territoire, dans le règlement de contrôle intérimaire qu'elle doit adopter pour la levée du moratoire, et de justifier cet encadrement par une caractérisation de son territoire et une consultation visant à dégager un consensus des intervenants. La protection des cours d'eau et la gestion des épandages de lisier sont pratiquement exclues de ces pouvoirs et réservées au ministère de l'Environnement. Quant au mécanisme d'information et de consultation prévu lors de l'approbation municipale d'un projet déjà jugé conforme aux normes du ministère de l'Environnement, il est vite devenu un outil de discorde plutôt que d'harmonisation, du moment que les citoyens et les élus municipaux ont compris qu'ils ne pouvaient remettre le projet en question, mais tout au plus l'assujettir à cinq mesures de mitigation des odeurs et de prélèvement d'eau.

---

1. Nous parlons bien sûr de l'actuel ministère du Développement durable, de l'Environnement et des Parcs (MDDEP).

## La démarche du Kamouraska

Comme il fallait s'y attendre, une législation aussi tordue devait créer la confusion totale dans les MRC et les municipalités, de même que chez les producteurs et les citoyens. Au Kamouraska, le comité de citoyens, aguerri par une lutte de plusieurs années et proche de l'Union paysanne, estima que, compte tenu des nouvelles dispositions gouvernementales, il fallait faire porter l'action sur la consultation élargie devant conduire à l'adoption du RCI.

En juin 2005, le comité prépare donc une requête destinée au conseil des maires de la MRC, pour demander une consultation publique élargie à toute la population, selon les pouvoirs accordés dans la Loi 54 et le cadre établi dans les orientations gouvernementales, faute de quoi le RCI projeté, qui n'a fait l'objet d'aucune consultation « sera inévitablement contesté par différents acteurs de la communauté, dans des contextes de crise, et ne pourra être défendu par la MRC auprès des citoyens aussi bien que des autorités des Affaires municipales. »

La requête était appuyée par plusieurs autres comités de citoyens et de développement, ainsi que par une résolution de la Société d'aide au développement des collectivités (SADC) du Kamouraska. Les intervenants des secteurs de la santé, du tourisme, du développement économique et communautaire, de la gestion de l'eau et de la faune avaient également été informés.

La requête suscita un débat et un malaise évident au conseil des maires, mais en août, le conseil jugeait que cette démarche était plus susceptible d'assurer la paix sociale à long terme et acceptait, à l'unanimité, de tenir une consultation publique. Celle-ci comporterait une première assemblée publique à la fin de septembre, pour informer la population et lui fournir une caractérisation du milieu, et une deuxième à la fin d'octobre, pour recevoir les mémoires des groupes, agriculteurs et citoyens intéressés. Le comité d'aménagement de la MRC était mandaté pour gérer la consultation et proposer par la suite un projet de règlement. Quant au comité consultatif agricole, il serait consulté sur le projet de règlement tel que le prévoit la Loi sur l'aménagement et l'urbanisme.

Commença alors un travail intense pour mobiliser le plus grand nombre possible de groupes de citoyens et de commerçants, et mettre au point une plate-forme commune de propositions, en conformité avec le cadre proposé par les orientations gouvernementales. Des articles et des publicités payées dans les journaux furent produits pour informer le grand public et susciter la participation, les avis publics de la MRC étant jugés insuffisants. Dans de telles luttes, les citoyens, malgré leurs faibles moyens, doivent monter tous les dossiers s'ils veulent finir par obtenir l'adhésion des responsables. Et dans ce cas-ci, le travail de recherche et d'information réalisé par les citoyens tout au long de l'exercice fut colossal.

Plus de 100 personnes assistèrent à l'assemblée d'information. La rencontre s'est déroulée dans le calme, contrairement aux craintes de plusieurs. Les participants ont manifesté un vif intérêt pour l'excellent portrait que les aménagistes de la MRC tracèrent du territoire, de l'industrie porcine, des différents élevages et des différentes cultures, des cours d'eau, des boisés et de l'agriculture en général sur le territoire, ainsi que des objectifs et du cadre légal qui doit guider la préparation du nouveau règlement.

Fin octobre, devant une assistance de près de 200 personnes, plus de 30 mémoires furent présentés, autant du côté du monde agricole que des autres secteurs d'activité. Même le Centre local de développement (CLD) déposa un mémoire, qui étonna par ses propositions en faveur d'une réorientation de l'industrie porcine pour lui permettre de cohabiter avec les autres usages. Les agriculteurs défendirent l'importance de consolider une industrie qui occupe une position-clé dans la région. Les citoyens, pour leur part, firent valoir la nécessité de limiter le développement porcin aux agrandissements réglementaires d'entreprises existantes et de contrôler les épandages de lisier, compte tenu du niveau de saturation atteint dans la MRC, tant au niveau de la dégradation des cours d'eau que de l'impact des odeurs et des épandages de lisier. Tout nouveau développement signifierait un surplus d'épandage qui menacerait les cours d'eau, l'eau potable, le développement touristique et la cohabitation harmonieuse.

Le débat portait de plus en plus sur la capacité de support et les niveaux de saturation du milieu, bases incontournables pour dégager des consensus. Malheureusement, nous ne pouvions d'aucune façon compter sur le ministère de l'Environnement pour nous fournir les paramètres et les données: analyses des cours d'eau et des puits privés, densité animale, pourcentage d'espaces en cultures annuelles, bilans de phosphore, mode de gestion des fumiers, état des bandes riveraines et des sorties de drainages souterrain dans les cours d'eau, etc.

Concernant la gestion des épandages de lisier, la coalition des groupes citoyens proposait l'instauration d'un permis municipal d'épandage, de façon à permettre aux municipalités de connaître l'origine, le volume, le trajet, le calendrier et les lieux d'épandage, et d'intervenir au besoin.

La période qui suivit le dépôt des mémoires s'avéra très angoissante. La MRC n'avait pas prévu la démarche démocratique au-delà des assemblées de consultation. Qu'allait faire la MRC des mémoires ? On demanda qu'en soit préparée une synthèse devant servir de base à la rédaction d'un projet de règlement, et que cette synthèse soit rendue publique. Mais elle fut gardée confidentielle au conseil des maires. Le projet de règlement qui fut présenté à ce conseil en avril, tout en protégeant les zones sensibles, autorisait pratiquement de doubler la production porcine existante, en gros ce que demandait l'industrie. Il comportait même plusieurs incohérences. Aucune nouvelle consultation autre que celle du comité consultatif agricole n'était envisagée.

S'engagea alors un véritable bras de fer. L'industrie et l'UPA produisirent divers scénarios de développement et de réglementation, en donnant une extension considérable au concept de consolidation des entreprises existantes. Du côté citoyen, nous avions eu la prudence de nous assurer de la présence de l'un des nôtres comme représentant citoyen au comité consultatif agricole. Nous pouvions ainsi être informés des positions défendues par l'UPA et par certains maires. Nous avons obtenu que les principaux groupes consultés puissent comparaître de nouveau devant le comité d'aménagement pour discuter de leurs réactions relativement au projet de règlement. Nous avons entrepris une campagne auprès des maires et conseils municipaux de chacun des villages, conscients que les maires étaient ceux qui adopteraient ou refuseraient le projet. Ces comités de village ont joué un rôle majeur auprès des maires. À mesure que la campagne progressait, même les chambres de commerce et les gens d'affaires de la région, ainsi que plusieurs agriculteurs importants, prirent part discrètement au débat avec les maires. Nous avons élargi notre coalition de citoyens à deux MRC voisines, soit celle du Témiscouata, qui s'orientait vers un RCI audacieux et que nous avons soutenu, et celle de Rimouski, où la MRC avait procédé sans consultation. Nous avons collaboré avec le Conseil régional de l'environnement du Bas-Saint-Laurent, qui a décidé de devancer la publication d'une étude qu'il venait de mener sur l'état de dégradation des bassins versants dans la région. Cette étude, basée sur la méthode du professeur Gangbazo, établit que dans les bassins versants où les cultures annuelles occupent plus de 5 % des terres cultivées, le taux de phosphore des cours d'eau concernés dépasse le taux d'eutrophisation. Enfin, nous avons organisé une manifestation regroupant 150 opposants de toute la région à Kamouraska, dont l'impact fut déterminant dans les médias et les instances régionales.

À notre grande surprise, le projet définitif fut totalement modifié. Dans ce projet, contre toute attente, en dehors des agrandissements réglementaires d'installations existantes, les seules nouvelles porcheries autorisées sont celles qui fonctionneront sur fumier solide et ne dépasseront pas 80 ou 125 unités animales, en dehors des périmètres et corridors protégés. La MRC s'engageait également à créer une table élargie pour évaluer le suivi, à créer un service de gestion intégrée de l'eau, et à préparer une réglementation sur la protection des boisés et des milieux humides.

Le règlement fut adopté à l'unanimité par les 17 maires de la MRC. Les éléments qui ont fait basculer le dossier : les résolutions d'opposition adoptées par sept municipalités, le rapport du Conseil régional de l'environnement sur l'état des bassins versants concernés, la nécessité d'arriver à une décision unanime des maires, l'importance d'adopter un règlement selon le principe de précaution, en attendant de disposer des outils et dispositifs permettant de protéger efficacement l'eau et le milieu, et enfin, la volonté largement majoritaire des citoyens.

Le sort d'un règlement qui impose d'aussi sérieuses et inhabituelles restrictions à l'industrie (gestion solide des fumiers), auprès du ministère des Affaires municipales, repose essentiellement sur le document justificatif produit au cours de l'été par les aménagistes de la MRC. Cette justification s'appuie sur les éléments suivants : la caractérisation du territoire, le niveau élevé de porcheries en place et l'importance de la charge agricole, la consultation réalisée et le consensus établi même chez les agriculteurs concernant la priorité à donner à la consolidation des entreprises existantes, la volonté clairement exprimée de sept municipalités et des groupes de citoyens à l'encontre de nouvelles installations sur lisier, l'importance des autres usages et les problèmes de cohabitation qui en résulteraient, l'état inquiétant des cours d'eau et le principe de précaution en attendant que les mesures de suivi soient mises en place.

Si Québec devait le désavouer pour céder au lobby agricole, c'est la crédibilité même du mécanisme de RCI tel que préconisé dans les orientations gouvernementales et la Loi 54 qui serait remise en cause; l'exercice apparaîtrait au grand jour comme un paravent trompeur pour cacher l'asservissement des politiciens aux intérêts de quelques gros producteurs de porcs.

## Québec désavoue le consensus régional

C'est pourtant ce qui s'est produit. En septembre, la ministre Normandeau désavouait le RCI sous prétexte qu'il ne permettait pas de nouveaux établissements porcins sur lisier. Elle et ses fonctionnaires ignoraient (ou n'avaient pas compris) le fait que tout le milieu, y compris les dirigeants agricoles, avait convenu de réserver la marge de développement sur lisier aux agrandissements réglementaires prévus pour les producteurs existants, de façon à garantir leur consolidation. Cela, plutôt que d'ouvrir la porte à des mégaprojets d'intégrateurs sur lisier; le tout, dans le but de ne pas aggraver le niveau déjà élevé de saturation de phosphore dans nos cours d'eau et d'odeurs d'épandage dans notre milieu.

La marge d'agrandissements calculée totalisait rien de moins que 60 000 porcs supplémentaires sur lisier. Mais le ministre Béchard, qui ne s'embarrasse pas de nuances, s'empressa d'affirmer que les règlements des MRC ne devaient pas ralentir la croissance de l'industrie, et que, de toute façon, le ministère de l'Environnement, avant d'autoriser une porcherie, s'assurait lui-même que l'établissement respectait la capacité d'absorption des sols. En d'autres mots, le contingentement prévu par la Loi 54 et les RCI sont inutiles.

Le premier réflexe de la MRC et des groupes de citoyens fut de réaffirmer leur volonté de préserver le consensus établi. Des appuis arrivèrent de tout le Québec pour désavouer un tel mépris du travail consciencieux d'une MRC et d'une population pour protéger son milieu de vie, à l'heure même où on fait miroiter la décentralisation dans les régions. Les dirigeants agricoles ont profité de la situation pour tenter de briser le consensus des maires. Ils contestent la ministre Normandeau d'accepter la marge de développement sur lisier prévue pour les seules porcheries existantes, et d'exiger de l'ouvrir aux nouveaux projets. Ils demandent une nouvelle marge pour les nouveaux projets sur lisiers, et font pression auprès des maires pour qu'ils soustraient leur municipalité à l'article qui limite les nouveaux projets au fumier solide. En d'autres mots, ils refusent les règles du jeu parce qu'elles ne jouent plus pour eux.

Mais la MRC tient le cap, décide d'engager une firme de consultants pour l'aider à solutionner l'impasse, maintient que le travail a été bien fait et qu'elle ne prendra pas l'initiative de le défaire, si ce n'est peut-être en ouvrant la marge de développement sur lisier à tous, dans des conditions bien précises. C'est finalement le compromis retenu: la marge de développement réservée aux producteurs existants a été partagée moitié-moitié entre existants et nouveaux projets devant se réaliser dans les sept municipalités consentantes, après consultation du conseil municipal, à recevoir de tels projets. L'UPA prétend avoir été bafouée dans ce compromis et multiplie les dénonciations et les pressions, comme quoi elle refuse l'exercice démocratique et exige d'imposer ses solutions, comme par le passé. L'approbation du RCI révisé ne devrait être qu'une formalité de la part de la ministre Normandeau, à moins d'une intervention de force du ministère de l'Agriculture, ce qui créerait une situation politique extrêmement grave.

Le problème, c'est que le gouvernement, toujours à la remorque de l'UPA, s'entête dans une vision simpliste de croissance à tout prix, pour une industrie qui n'est même plus en mesure d'assurer sa position concurrentielle sur les marchés. On ne pourra pas indéfiniment demander aux MRC de régler les problèmes sans leur donner le pouvoir et les moyens de le faire, et sans respecter leur travail. Il faut souhaiter également que la Commission sur l'avenir de l'agriculture aura le courage de remettre en question le contrôle de l'UPA sur les politiques gouvernementales et les pouvoirs d'aménagement des instances locales.

## Les leçons d'une lutte

Le RCI de la MRC de Kamouraska, quelle que soit son issue, constitue une victoire à de multiples point de vue.

D'abord, une victoire pour toute la population, qui, en acceptant de se prêter à un tel exercice démocratique, a surmonté les conflits et a franchi un grand pas dans la prise en charge collective de son milieu. Tout le monde, aussi bien élus, agriculteurs que citoyens, a dû y mettre des efforts et est sorti gagnant et fier. Le climat a changé au sein de la population, et les agriculteurs eux-mêmes réalisent chaque jour un peu plus qu'il n'est pas souhaitable que l'industrie porcine, dans sa forme actuelle, prenne toute la place et mette en péril une agriculture de proximité et d'appellation de plus en plus présente dans la région. D'ailleurs, les problèmes que rencontre présentement l'industrie donnent raison à beaucoup de critiques qui lui étaient adressées. La MRC, de son côté, ne pourra plus ignorer cette démarche démocratique dans la façon de gérer les dossiers à venir. Quant à l'UPA, son refus de participer de bonne foi à un processus démocratique et d'abandonner le contrôle qu'elle exerçait jusqu'ici sur les sociétés rurales est apparu de moins en moins acceptable, tant auprès des élus que des autres citoyens.

Également, les résultats obtenus confirment que dans le contexte légal actuel, c'est d'abord et avant tout au niveau de la MRC qu'il faut faire porter l'intervention citoyenne. Mieux vaut prévenir par un RCI adéquat et consensuel que d'essayer de bloquer des projets déjà autorisés et conformes. Il y a bien sûr des risques dans une telle stratégie, mais il n'y a rien à attendre de consultations publiques bidon sur des projets locaux. Si la MRC a un bon RCI, ces projets susciteront d'ailleurs beaucoup moins d'irritants. Et il n'est jamais trop tard pour le faire : les RCI sont modifiables. Les orientations gouvernementales demandent même d'effectuer un suivi attentif pour les réévaluer et les modifier au besoin. Les citoyens peuvent donc, n'importe quand, exiger de la MRC une révision du RCI, précédée d'une consultation élargie et d'une véritable caractérisation du milieu, dans le genre de celle que nous venons d'évoquer. Ceci dit, la réforme de l'industrie porcine reste à faire, dans le sillon des recommandations du BAPE : concentration excessive, gestion liquide des fumiers, mainmise des intégrateurs, bien-être animal et conditions sanitaires, pollution des sols et de l'eau, monoculture de maïs, financement public et exportation, etc. En attendant l'instauration d'un nouveau modèle de production et d'une nouvelle politique agricole socialement responsable, le seul choix qui nous reste est d'utiliser les pouvoirs qui nous permettent de limiter et contingenter cette production.

En ce sens, le RCI de la MRC de Kamouraska introduit plusieurs éléments qui sont absents de la réglementation du ministère et réclamés depuis longtemps par les citoyens. Pensons notamment aux petites unités de production et à la gestion solide du fumier comme solutions alternatives à l'expansion illimitée d'unités industrielles sur fumier liquide, dont on ne peut plus contrôler les impacts sur les cours d'eau et la cohabitation. La municipalité de Saint-Germain-de-Kamouraska avait d'ailleurs adopté en 1998 un règlement exigeant que toute nouvelle porcherie soit sur fumier solide (toujours en vigueur). Du même coup, la démarche du Kamouraska met en lumière l'insuffisance et l'incohérence des pouvoirs délégués aux MRC et aux municipalités, notamment sur les épandages de lisier. Elle révèle aussi l'insuffisance de la réglementation du ministère de l'Environnement, notamment l'abandon de la norme de bassin versant, l'absence de règlements sur les sorties de drainage souterrain et la mollesse dans l'application de la réglementation sur les bandes riveraines, les boisés et les milieux humides.

Plus globalement, cette démarche a permis de comprendre qu'il ne faudra pas attendre de Québec la prise en charge concrète de notre environnement local, et qu'une véritable décentralisation des responsabilités, contrairement à ce qu'on redoute souvent, est la seule façon d'avancer dans la protection de nos milieux. Dans les mesures de suivi, il a même été question de comités locaux de cohabitation et de gestion de l'eau. La collaboration n'est pas facile sur le terrain, surtout là où les luttes antérieures ont gâté le climat social. Mais ce n'est sûrement pas Québec qui s'occupera du ruisseau qui passe derrière chez nous ! Il faut s'en occuper nous-mêmes. La prise en charge locale de notre environnement, c'est peut-être là où nous sommes rendus !

Quatrième partie

# À la recherche de solutions : de méprises en dérives

CHAPITRE 15

# La réglementation agroenvironnementale ou comment notre gouvernement entend limiter les impacts environnementaux négatifs de l'agriculture

VÉRONIQUE BOUCHARD

LA PRODUCTION PORCINE est incontestablement l'exploitation agricole la plus préoccupante en matière d'environnement au Québec. En effet, puisqu'il s'agit d'une production non contingentée, contrairement aux productions laitières et avicoles, il a été possible d'accroître rapidement le cheptel porcin, de façon plus ou moins concentrée dans plusieurs régions. La production porcine s'est ainsi développée suivant un modèle de production souvent indépendant de l'utilisation des sols agricoles. Ensuite, la nécessité de disposer des déjections a entraîné l'accroissement des cultures annuelles comme le maïs, lesquelles présentent des risques plus grands pour la population (fertilisants, pesticides, antibiotiques[1]). De plus, l'industrie porcine utilise presque exclusivement une gestion liquide des déjections, gestion dont les risques d'incidences sur l'environnement sont également considérés comme plus importants, comparativement à la gestion sous forme solide, en ce qui a trait à la contamination des eaux et au dégagement d'odeurs[2].

---

1. Gangbazo, Roy et Le Page, *op. cit.*, 2005.
2. Ministère de l'Environnement du Québec, *Synthèse des informations*

La multiplication des ces facteurs de risque et les effets subséquents sur la qualité de l'environnement ont amené le gouvernement du Québec à accroître progressivement son intervention en matière d'agroenvironnement. Cette intervention est caractérisée par une approche de type réglementaire, et vise principalement la protection des eaux par un contrôle de la gestion des déjections animales[3]. Outre les normes et règlements, il faut mentionner que les politiques agroenvironnementales comprennent également des mesures d'accompagnement, telles que l'assistance technique, la vulgarisation, la recherche-développement ainsi que les paiements agroenvironnementaux. Ceux-ci servent cependant en grande majorité au support financier des entreprises non conformes, pour qu'elles rencontrent les exigences réglementaires[4].

Le Québec a connu depuis 1981 trois règlements qui visaient à limiter la pollution d'origine agricole : le Règlement sur la prévention de la pollution des eaux par les établissements de production animale (RPPEEPA), le Règlement sur la réduction de la pollution d'origine agricole (RRPOA) et le Règlement sur les exploitations agricoles (REA). Le tableau suivant présente brièvement le contenu de ces règlements successifs.

*environnementales disponibles en matière agricole au Québec*, Québec, Direction des politiques du secteur agricole, 2003, Envirodoq ENV/2003/0025.

3. Baril, P. Les politiques environnementales en matière agricole au Québec : historique, contexte actuel et perspectives d'avenir, conférence présentée dans le cadre du Forum de l'Institut canadien d'agriculture, 7 novembre 2005.
4. Boutin, *op. cit.*, 2004.

Tableau 1. Évolution de la réglementation en matière d'agroenvironnement
(Adapté de Nolet, Sauvé et Thériault, 2005)

| | RPPEEPA (1981) | RRPOA (1997) | REA (2002) |
|---|---|---|---|
| Structure d'entreposage | Étanchéité<br>Capacité de 200 jours | Étanchéité<br>Capacité de 250 jours | Étanchéité<br>Aucun débordement. Sans restriction en nombre de jours |
| Période d'épandage | Aucun épandage sur sol gelé ou enneigé sauf si enfouissement immédiat | Aucun épandage du 1er octobre au 31 mars | Aucun épandage du 1er octobre au 31 mars, sauf si autorisé par un agronome (jusqu'à 35 % des déjections) |
| Distances d'épandage | 30 m d'un cours d'eau protégé ou source d'eau potable<br>5 m des autres points d'eau ou fossé | 30 m d'un cours d'eau protégé ou source d'eau potable<br>5 m des autres points d'eau ou fossé | 3 m d'un cours d'eau, lac, étang<br>1 m du fossé ou bande riveraine définie par la municipalité |
| Localisation des installations et structures d'entreposage des déjections | 100 m des cours d'eau protégés<br>30 à 75 m pour les autres cours d'eau | 15 m de tout cours d'eau, lac, étang | 15 m de tout cours d'eau, lac, étang dont le débit est supérieur à 2 $m^2$ |
| Disposition des déjections | Disposer des superficies nécessaires pour l'épandage des déjections | Disposer des superficies nécessaires pour l'épandage des déjections | Disposer des superficies nécessaires pour l'épandage des déjections |
| Gestion des matières fertilisantes | Registre d'épandage<br>Norme azote | Registre d'épandage<br>PAEF*<br>Analyse de sol (au 5 ans)<br>Norme azote et quantité maximale de phosphore | Registre d'épandage<br>PAEF<br>Analyse de sol (au 5 ans)<br>Norme phosphore*<br>Analyse des déjections (chaque année) |
| Restrictions supplémentaires | Moratoire pour certaines régions | Moratoire porcin | Moratoire porcin (2002-2005) Accès au cours d'eau interdit Limitation des superficies en culture |

**Légende du tableau 1 :**

| | |
|---|---|
| * PAEF : | Plan agroenvironnemental de fertilisation. Ce plan doit être réalisé par un agronome et vise l'atteinte d'une fertilisation équilibrée et d'une utilisation adéquate des matières fertilisantes pour chaque ferme. |
| * Norme phosphore : | La norme phosphore se base sur la quantité de phosphore maximale permise en fonction du taux de saturation des sols en phosphore, des besoins des cultures et du contenu en phosphore des déjections. Les superficies d'épandage nécessaires sont calculées en fonction de la capacité de support des sols en phosphore, visant l'atteinte d'un équilibre (ou d'une saturation maximale des sols en phosphore !) d'ici 2010. |

Ce tableau de l'évolution de la réglementation environnementale montre que les impacts environnementaux de la production porcine font l'objet d'une préoccupation de longue date. Pourtant, les divers règlements et normes adoptés par le gouvernement n'ont pas réussi à rassurer la population sur les risques environnementaux et de santé qu'engendre l'exploitation porcine de type industriel. Le resserrement de la nouvelle réglementation du REA réside principalement dans l'adoption de la norme phosphore pour la gestion des matières fertilisantes, une norme considérée comme plus contraignante que la norme azote appliquée dans les précédents règlements. Cependant, la réglementation environnementale en vigueur depuis 1981 a connu des assouplissements concernant, entre autres, les distances séparatrices des bâtiments et les périodes d'épandage, de même que la localisation des structures et des installations d'élevage.

S'il est essentiel de se doter de normes et règlements pour encadrer les pratiques agricoles dommageables pour l'environnement, il semble que cette approche réglementaire soit insuffisante pour régler, à elle seule, les problématiques environnementales et sociales liées à la production porcine. D'abord, la réglementation contient plusieurs éléments qui ont été contestés par divers intervenants, notamment lors des consultations du BAPE[5]. De plus, le suivi des résultats est à peu près inexistant, et les modalités de son application n'ont rien pour rassurer la population. Cette approche réglementaire

5. CRE BSL, 2003 ; Coalition québécoise pour une gestion responsable de l'eau, 2007 ; Breune et Bibeau, 2005 ; ROBVQ, 2003 ; OAQ, 2003.

semble même envenimer le conflit social qui oppose depuis déjà trop longtemps les populations rurales aux producteurs porcins de même qu'à l'ensemble des agriculteurs qui se voient imposer constamment de nouvelles normes.

## La logique de la norme phosphore

Pour justifier la levée complète du moratoire en 2005, le gouvernement du Québec s'est appuyé sur le contenu du REA pour rassurer la population, en ce qui concerne les risques environnementaux que représentait la reprise de l'expansion de l'industrie porcine. Selon nos gouvernants, si chaque ferme est conforme à la norme phosphore (disposer des superficies d'épandage suffisantes pour épandre le lisier produit par l'exploitation), alors la protection de l'eau est assurée. Suivant cette approche, qualifiée de « ferme par ferme », il serait donc possible d'augmenter la production sur le territoire, même dans un bassin versant déjà dégradé, avec un impact nul ou non significatif sur l'environnement[6]. Pourtant, selon le REA, les fermes ont jusqu'en 2008 pour rencontrer individuellement à 75 % la norme phosphore, et jusqu'en 2010 pour être totalement conformes à la norme (si cette exigence n'est pas encore reportée à une date ultérieure). Ainsi, le règlement nous assure plutôt que les épandages pourront légalement être supérieurs à la capacité de support des sols au moins jusqu'en 2010, dans le meilleur des scénarios.

Pour faciliter l'application de la norme phosphore, le REA contient des abaques[7] de dépôt maximum[8]. Ces abaques servent de balises pour l'agronome qui réalise le bilan de phosphore total de la ferme, contenu à l'intérieur du plan agroenvironnemental de fertilisation (PAEF) qui est obligatoire pour la majorité des exploitations[9]. Ainsi, une ferme respecte la norme phosphore si son bilan phosphore est nul ou négatif pour l'ensemble de ces champs. Dans

6. Breune et Bibeau, *op.cit.*
7. Quantités permises en fonction des paramètres à considérer.
8. Voir l'annexe I du REA, 2002.
9. La détention d'un PAEF est obligatoire pour toute entreprise sous gestion liquide des déjections, pour les entreprises sous gestion solide dont la production annuelle de phosphore (P2O5) est supérieure à 1 600 kg, ainsi que pour les entreprises dont la superficie totale d'épandage (excluant les pâturages) est supérieure à 15 ha, ou 5 ha dans le cas des productions maraîchères ou fruitières.

les faits, puisqu'ils sont compensés au bilan total par d'autres champs moins fertilisés, il arrive souvent que certains champs de la ferme soient surfertilisés, présentant alors un risque environnemental significatif. Les recommandations du PAEF se basent sur les analyses de sols faites à intervalle de cinq ans, lesquelles fournissent une mesure du phosphore avec une marge d'erreur de l'ordre de 20 %[10]. Selon le Conseil régional de l'environnement du Bas-Saint-Laurent, cette imprécision, si elle est acceptable pour la planification d'une fertilisation, devient inacceptable si elle sert à l'application réglementaire et à la détermination de la taille des élevages.

Le rapport de la consultation publique sur le développement durable de la production porcine au Québec, produit par le BAPE en 2003, soulignait également le risque environnemental que constitue la fertilisation par le lisier sur les sols pauvres. Pour permettre un enrichissement de ces sols et améliorer leur productivité, les abaques autorisent une fertilisation qui dépasse les besoins des plantes. Ainsi, en utilisant les dépôts maximums permis selon les abaques du REA sans tenir compte de l'enrichissement graduel des sols en phosphore, plusieurs fermes « risquent de se retrouver en situation de surplus et de devoir disposer, à plus ou moins brève échéance, de superficies supplémentaires pour parvenir à épandre tous leurs fumiers et lisiers ». De plus, sachant que la majorité du phosphore représente un risque environnemental si aucune mesure n'est prise en parallèle pour diminuer l'érosion des sols (bandes riveraines adéquates, voies d'eau engazonnées, travail réduit du sol, rotation des cultures).

Autre fait inquiétant, les abaques de dépôt maximum de phosphore prévoient des quantités d'épandage supérieures pour le maïs, en comparaison avec d'autres cultures, puisqu'il s'agit d'une plante exigeante en phosphore. Pourtant, les matières fertilisantes peuvent être perdues par volatilisation, ruissellement et lessivage, ou encore elles peuvent être stockées temporairement (microbes, organismes vivants, engrais verts) ou à plus long terme (humus, fixation) en fonction du type d'engrais utilisé et du travail du sol pratiqué[11]. En effet, les cultures à grandes interlignes comme le maïs présentent des risques plus importants de pollution diffuse, autant en ce qui

10. CREBSL, 2003.
11. CREBSL, *op. cit.*

concerne le phosphore que les autres polluants[12]. Néanmoins, en fonction du REA, la culture de maïs apparaît comme un moyen de réduire les superficies nécessaires à l'épandage pour rencontrer la norme phosphore.

Si la norme phosphore prétend assurer une certaine protection contre la pollution des cours d'eau en phosphore, cette norme ne protège en aucun cas contre les autres polluants, notamment l'azote et les pesticides. Dans un sol pauvre en phosphore, par exemple, il se peut que l'azote soit un facteur plus limitant, si l'on utilise les valeurs de l'abaque du REA[13]. De plus, selon Giroux et Royer[14], les pertes en phosphore varient peu selon la culture et le mode de fertilisation, alors que les pertes en azote ($N\text{-}NH_4$) sont plus élevées avec une fertilisation de type lisier qu'avec le fumier ou la fumure minérale. Les pertes d'azote (N-total dissous, $N\text{-}NO_3$, N organique dissous) sont également plus élevées pour la culture de maïs, comparativement aux cultures de canola et d'orge. Ainsi, la norme phosphore du REA ne prend pas en considération les risques environnementaux associés à la gestion liquide des déjections et à la monoculture du maïs (qui nécessite l'utilisation importante de pesticides et une fertilisation riche en azote), mais semble au contraire encourager cette dernière.

Il est certes essentiel de se préoccuper du caractère unique de chaque ferme, et d'améliorer les rendements agroenvironnementaux par une responsabilisation individuelle des agriculteurs. En ce sens, il est important de fournir des objectifs progressifs et réalistes pour les agriculteurs afin que le respect des normes ne leur impose pas de contraintes financières qui nuisent à leur entreprise. Cependant, l'approche ferme par ferme, basée sur les besoins des cultures, néglige complètement le caractère écosystémique des sols et des phénomènes hydriques, tant au niveau du champ que du bassin versant :

> Le bassin versant ne peut pas être considéré comme une somme d'émetteurs dont les apports s'additionnent dans la rivière jusqu'à l'exutoire pour influencer l'évolution du milieu récepteur. Il faut plutôt concevoir les bassins versants comme des systèmes

12. Gangbanzo, Roy et Le Page, *op. cit.*
13. *Ibid.*
14. Giroux et Royer, *op. cit.*, 2006.

> englobant un territoire sur lequel sont répartis divers stocks et émetteurs de phosphore [et d'autres substances polluantes] susceptibles de s'alimenter en cascade et d'interagir, notamment au niveau du réseau hydrographique[15].

Et si c'était une question d'approche : ferme par ferme ou bassin versant ?

En 2002, le ministère de l'Environnement a adopté la Politique nationale de l'eau, qui promettait l'essor d'une nouvelle approche, voire d'un véritable changement de paradigme, par la gestion intégrée par bassin versant (GIBV) :

> Le bassin versant ne se veut pas une nouvelle limite administrative mais plutôt un repère territorial pour réunir, sur la base d'un territoire qui est le bassin versant, les acteurs et les informations dans le but d'échanger et d'arriver à une meilleure solution en prenant en compte l'ensemble des usages et des ressources du bassin, dans une approche écosystémique[16].

Depuis de nombreuses années, plusieurs intervenants du milieu agricole et environnemental au Québec réclamaient la gestion de l'eau à l'échelle du bassin versant. Il semble en effet essentiel de revoir le mode de gestion des activités agricoles, puisque les nombreuses subventions, les efforts de promotion, les mesures volontaires et incitatives, combinés à la réglementation en vigueur, n'ont pas permis de résoudre le problème de la production porcine au Québec. Il semble au contraire s'être intensifié. Pourtant, le MDDEP a persisté dans son choix d'adopter une approche ferme par ferme. Cette option, prônée par le secteur agricole, va complètement à l'encontre de sa propre politique nationale de l'eau et du concept de GIBV.

L'approche ferme par ferme utilisée pour l'application du REA repose sur quelques prémisses de base : les impacts environnementaux de l'agriculture proviennent des mauvaises pratiques agricoles

15. Dorioz et Blanc, 2001, cité par Breune et Bibeau, *op. cit.*, 2005.
16. Regroupement des organisations de bassin versant du Québec (ROBVQ), Mémoire du Regroupement des organisations de bassin versant du Québec, présenté à baie-Saint-paul, dans le cadre de la consultation publique sur le développement durable de la production porcine au Québec, 2003, p. 21.

des producteurs ; l'adoption de bonnes pratiques agricoles permet donc de réduire les impacts négatifs de l'agriculture à des niveau nuls ou non significatifs ; si chaque ferme réduit ses impacts à ce niveau nul ou non significatif, l'expansion des activités agricoles peut se poursuivre sur un territoire, et ce, peu importe l'état de dégradation des cours d'eau qu'alimente ce territoire. Ainsi, en fonction de cette approche ferme par ferme, il serait possible d'augmenter la production dans la majorité des bassins versants. Pourtant, si l'on se base sur le critère établi par le MDDEP pour la prévention de l'eutrophisation des cours d'eau (0,03 mg/l), il faudrait réduire les apports en phosphore d'environ 550 tonnes, ce qui représente l'équivalent de 490 fermes ayant chacune 2 000 porcs en inventaire[17].

L'approche ferme par ferme semble également envenimer les relations entre les producteurs et le ministère, d'une part, puis les producteurs et la population avoisinante, d'autre part. Cette approche fait porter le fardeau de la réduction de la polution essentiellement sur le dos des producteurs, qui ont le sentiment d'investir toujours plus d'efforts dans l'amélioration de leurs pratiques, alors que la pression sociale demeure très présente et que la qualité des cours d'eau est toujours aussi problématique, sinon davantage[18]. Il en résulte ainsi un profond sentiment de frustration et d'incompréhension, autant de la part du producteur que des autres citoyens. Les auteurs Breune et Bibeau font d'ailleurs remarquer que plusieurs groupes citoyens ont bien compris l'esprit de l'approche ferme par ferme, puisque « l'essentiel de leurs revendications vise le resserrement des contrôles des pratiques à la ferme, notamment par le renforcement des inspections et le renforcement des mesures d'écoconditionnalité[19] », ce qui n'est pas de nature à améliorer la situation conflictuelle de la cohabitation sociale en milieu rural.

Pourtant, les bonnes pratiques individuelles des agriculteurs ne peuvent assurer à elles seules l'atteinte des objectifs de dépollution, et encore moins l'absorption des surplus engendrés par l'établissement de nouvelles entreprises ou l'agrandissement d'un élevage voisin. En effet, les facteurs influant sur la pollution dépendent

---

17. Breune et Bibeau, *op. cit.*
18. *Ibid.*
19. *Ibid.*

également de la nature du sol (dont le taux de matière organique et la compaction), de la topographie, du réseau hydrographique, des aléas climatiques de même que de la présence d'écosystèmes tampons. Ainsi, les pratiques individuelles des agriculteurs n'auront pas le même impact d'un bassin versant à l'autre.

Pourtant, la norme phosphore pourrait facilement être couplée avec une GIBV, en se basant sur l'engagement collectif des acteurs au niveau local. Breune et Bibeau proposent l'adoption d'une approche collective par l'entremise de plans d'aménagement agroenvironnementaux régionaux. Ces plans permettraient, dans un premier temps, d'établir un diagnostic territorial et de fixer des objectifs de résultats mesurables. Dans un deuxième temps, ils cibleraient des actions prioritaires pour le territoire, comme la régénération d'écosystèmes ou la limitation de nouvelles exploitations. Et, dans un troisième temps, ces plans assureraient un suivi des résultats pour évaluer l'efficacité des actions déterminées collectivement et mises en œuvre. Ainsi, cet outil permettrait de développer une stratégie agroenvironnementale efficace (puisque basée sur des objectifs de résultats mesurables) qui n'alourdirait pas inutilement les contraintes réglementaires, mais se traduirait plutôt par des mesures indirectes agissant sur le milieu, telles que la régénération des bandes riveraines, la protection ou restauration de milieux humides, la détermination de zones protégées, etc[20].

Une telle approche collective ne vise pas une confrontation des agriculteurs avec les autres acteurs du milieu, mais, bien au contraire, elle permet de rétablir la communication et d'encourager la mise en commun des connaissances respectives de chacun. Les agriculteurs pourraient même se voir confier un rôle de leader dans ce processus, puisqu'ils possèdent une connaissance unique du milieu, à la fois essentielle pour le diagnostic, la mise en œuvre et le suivi des plans. Ainsi, « la concertation permettrait de développer la synergie nécessaire pour mettre à profit l'expertise par les échanges et la collaboration requise pour décloisonner les disciplines habituées à des visions sectorielles, segmentées et verticales[21] ».

La situation actuelle est malheureusement tout autre: la population se sent exclue de la question et s'inquiète de la qualité de

20. *Ibid.*
21. ROBVQ, *op. cit.*, 2003.

l'environnement; le ministère exige la conformité des exploitations en fonction de son règlement (sur papier du moins), et les agriculteurs, noyés dans la paperasse administrative, se sentent constamment tiraillés entre la nécessité de produire toujours plus et l'émergence de nouvelles exigences environnementales de la part du citoyen et du gouvernement.

## L'application du règlement : déresponsabilisation de l'État et position inconfortable de l'agronome

Pour qu'une réglementation soit efficace, il faut inévitablement qu'elle fasse l'objet d'un suivi et d'un contrôle adéquat. Or, dans le cadre de la consultation du BAPE en 2002-2003, de nombreux intervenants ont vivement critiqué les faiblesses du REA, autant en ce qui a trait à son suivi qu'à son contrôle. Alors que le suivi de l'application réglementaire est principalement sous la responsabilité de l'agronome qui conçoit et signe le PAEF, le contrôle effectué par le MDDEP est centré sur la vérification de la conformité de ces PAEF et des permis d'exploitation.

## Le rôle de l'agronome

La nécessité, pour l'agriculteur, de disposer d'un PAEF signé par un agronome constitue une force indéniable de la réglementation environnementale. La généralisation de ces PAEF a certainement contribué à une amélioration substantielle des pratiques agroenvironnementales au Québec, notamment en encourageant l'adhésion des agriculteurs à un club-conseil en agroenvironnement (CCAE).

Les CCAE existent depuis 1997 au Québec, et sont financés conjointement par le Conseil de développement de l'agriculture du Québec et le MAPAQ. Les CCAE sont des regroupements volontaires de producteurs agricoles dont « l'objectif est de favoriser le développement durable des exploitations agricoles québécoises en adoptant des pratiques respectueuses de l'environnement[22] ». Pour la majorité des membres des CCAE, le suivi agronomique s'inscrit dans le cadre d'un plan d'accompagnement agroenvironnemental, lequel est basé sur une démarche en quatre étapes comprenant le diagnostic, le plan d'action, la mise en œuvre et l'évaluation de

22. CCAE, *op. cit.*, 2007.

l'exploitation. Ces plans sont basés sur l'atteinte de trois objectifs, soit la gestion du surplus de phosphore, le respect des pratiques relatives au REA et l'adoption de pratiques agroenvironnementales. Outre la gestion des fertilisants, les CCAE offrent un encadrement visant la réduction de l'utilisation des pesticides, l'adoption de pratiques culturales de conservation, l'aménagement et la protection des cours d'eau.

En 2005, 48 % des exploitations porcines étaient membres d'un CCAE et possédaient au total 53 % des unités animales porcines au Québec, ce qui représente un nombre d'unités animales par ferme supérieur à la moyenne provinciale. Ainsi, plusieurs agronomes, via l'exigence réglementaire du PAEF, offrent un suivi rigoureux de plusieurs exploitations porcines, généralement de grosseur supérieure à la moyenne, et jouent un rôle important de sensibilisation auprès des agriculteurs.

Les entreprises agricoles ont ainsi fait des progrès énormes en agroenvironnement depuis quelques années. Si une part du progrès réalisé en agroenvironnement est liée à la réglementation, il faut reconnaître également la contribution apportée par l'implication proactive de plusieurs agriculteurs dans leur milieu et par le travail de sensibilisation des conseillers en agroenvironnement qui ont amené des entreprises à modifier en profondeur certaines de leurs pratiques. Les clubs conseils sont d'ailleurs administrés par des producteurs pour la plupart impliqués « activement dans leur milieu, avant-gardistes et au fait des problématiques, ce qui a pour effet positif d'orienter les actions de leurs groupes[23] ». Selon les auteurs de l'association des CCAE de la Chaudière-Appalaches, la réglementation doit permettre d'intervenir rapidement auprès des entreprises qui contreviennent de façon importante et récurrente aux normes environnementales. Ils constatent cependant que, pour diverses raisons, le MDDEP s'attarde trop souvent sur de petites entreprises moins bien outillées pour se défendre et a peu d'emprise sur des entreprises mieux organisées.

23. Les présidents des CCAE de la Chaudière-Appalaches, *Les clubs conseils en agroenvironnement : une formule efficace à laquelle nous tenons*, mémoire présenté dans le cadre de la Commission sur l'avenir de l'agriculture et de l'agroalimentation au Québec, 2007.

L'intervention de l'État en matière d'agroenvironnement ne doit donc pas se limiter à l'imposition de normes et de règlements mais elle doit comprendre également un soutien financier adéquat pour assurer le maintien de services conseils indépendants et efficaces en agroenvironnement. Pourtant, l'avenir des CCAE est remis en question aux trois ans environ, de même que son financement. De plus, le gouvernement procède actuellement à une restructuration des services conseils en agriculture au sein d'un réseau nommé Agriconseil qui laisse planer un doute concernant l'implication financière de l'État dans les services agroenvironnementaux.

La formule des CCAE est dégagée de tout intérêt financier lié à la vente de produits. Les gains sont difficilement chiffrables parce qu'ils se mesurent en partie par l'amélioration de la qualité de notre milieu de vie. Il faut comprendre que cette formule dérange parce qu'elle limite à l'occasion par ses diagnostics et conseils l'utilisation d'intrants, que ce soit des pesticides ou des engrais minéraux par une optimisation des produits disponibles sur la ferme et la modification des pratiques culturales. La santé financière des entreprises s'en trouve par contre améliorée. Sans la subsistance des entreprises agricoles, tout le système parallèle qui en vit pourrait s'effondrer[24].

Il existe de vifs débats dans le milieu agricole concernant les services agronomiques liés et non-liés (à d'autres activités commerciales). En effet, les producteurs porcins ne sont pas tous suivis par des agronomes dans le cadre d'une démarche volontaire de participation à un club conseil. L'agronome qui rédige le PAEF peut être également à l'emploi d'une compagnie pour laquelle il vend des engrais ou des pesticides à commission, c'est-à-dire qu'il touche une rémunération supplémentaire en fonction du volume de ses ventes. Il est à craindre qu'un agronome à l'emploi d'une telle compagnie n'aura pas les mêmes préoccupations agroenvironnementales ni les mêmes intérêts économiques que son confrère travaillant pour un club conseil, au moment de faire ses recommandations au producteur.

L'accès à des services conseils en agroenvironnement indépendants et de qualité apparaît essentiel pour assurer l'efficacité du suivi de la réglementation, mais également pour contribuer à une amélioration durable et globale de la situation agroenvironnementale

24. *Ibid.*

des fermes au Québec. L'implication des agronomes dans le suivi de la réglementation environnementale amène cependant une lourdeur administrative qui réduit le temps disponible pour les interventions de terrain[25]. Dans cette optique, il serait bon de questionner l'efficacité réelle de la contribution des agronomes au suivi des mesures réglementaires très ciblées, comparativement au travail d'accompagnement qu'ils peuvent offrir aux exploitations dans une perspective d'amélioration globale de la situation agroenvironnementale et non dans un souci de conformité.

## Suivi et contrôle

En se contentant de contrôler presqu'exclusivement l'évaluation de la conformité des PAEF, le ministère délègue une part de sa responsabilité à l'agronome. Lors des consultations du BAPE, plusieurs agronomes en agroenvironnement ont d'ailleurs fait part de leur inconfort et du manque de moyens mis à leur disposition pour accomplir l'ensemble de la tâche qui leur est actuellement confiée.

Le rapport du BAPE faisait d'ailleurs état de ces lacunes relatives au suivi et au contrôle, lesquelles entraînent une méfiance de la part des citoyens quant à la prétendue efficacité de la nouvelle réglementation environnementale, notamment en ce qui a trait au respect des distances, des doses et des dates d'épandage. Du côté des producteurs, ceux qui respectent les normes « craignent que leur réputation soit entachée par les abus des producteurs délinquants qui échappent au contrôle ». La Commission recommandait dans son rapport que « le ministère de l'Environnement intensifie ses mesures de contrôle des exploitations agricoles, afin d'assurer le respect des exigences environnementales réglementaires et de rétablir la confiance de la population[26] ».

Selon Breune et Bibeau, la principale faiblesse du contrôle effectué par le ministère réside plutôt dans l'absence d'objectifs mesurables de dépollution. En effet, le cadre politique et réglementaire, qui vise pourtant à contrôler les impacts environnementaux des activités agricoles, ne fixe aucun objectif à atteindre en fonction des

25. Association des conseillers en agroenvironnement de Chaudière-Appalaches (ACAC), mémoire présenté dans le cadre de la Commission sur l'avenir de l'agriculture et de l'agroalimentaire au Québec, 2007.
26. BAPE, *op. cit.*, 2003.

particularités de chaque région, « ni ne commande un suivi évolutif rigoureux ou systématique d'indicateurs d'état de l'environnement, tels ceux relatifs à la qualité des eaux[27] », qui permettrait d'ajuster l'intensité des mesures correctrices à adopter pour chaque territoire. La commission du BAPE reconnaissait d'ailleurs que « les indicateurs de conformité au REA ne permettent pas d'évaluer l'impact des activités agricoles sur l'environnement de même que les risques associés, ce qui serait indispensable pour apporter les ajustements audit règlement[28] ».

## Établissement des nouvelles porcheries : l'apparence de pouvoir aux MRC

Les nouvelles dispositions mises en place par le gouvernement pour permettre la levée du moratoire en 2005 concernent principalement le processus d'acceptation des projets d'établissement ou d'agrandissement des élevages porcins alors que la réglementation environnementale est demeurée essentiellement la même. Ces nouvelles dispositions se retrouvent principalement dans le projet de loi 54, lequel permet la mise en place d'un mécanisme de consultations publiques obligatoires concernant les nouveaux projets porcins et donne théoriquement la possibilité aux municipalités de contingenter les élevages porcins, d'adopter des dispositions réglementaires sur l'abattage des arbres et d'imposer des conditions liées à la remise d'un permis. Ces conditions visent particulièrement l'atténuation des odeurs, comme si la problématique porcine ne se limitait qu'à cette dimension ! Dans les faits, la Loi 54 ne donne pas de réel pouvoir aux populations locales. Le mécanisme de consultation publique intervient seulement lorsque les projets sont déjà approuvés alors que les mesures de contingentement ainsi que les conditions imposées par la municipalité doivent être approuvées par le gouvernement provincial. Le ministre Jean-Marc Fournier précisait d'ailleurs lors de l'annonce de la levée du moratoire que ces conditions sont assez limitées et doivent être imposées sans que cela ne vienne contredire le droit de produire.

---

27. Breune et Bibeau, *op. cit.*, 2005.
28. BAPE, *op. cit.*, 2003.

## Réflexions sur les récentes propositions pour améliorer la réglementation environnementale

La réglementation en matière d'agroenvironnement au Québec dans sa forme actuelle comporte des lacunes majeures. Cependant, il ne s'agit pas de jeter le bébé avec l'eau du bain ! Le REA comprend certains points forts, comme le suivi de la gestion des matières fertilisantes de chaque ferme. Par contre, la gestion du règlement par l'approche ferme par ferme, le rôle ambigu confié aux agronomes, l'absence d'objectifs mesurables à atteindre et de véritable contrôle de la part du MDDEP ne permettent en rien de rassurer la population au sujet des risques environnementaux associés à l'industrie porcine et ne peuvent encore moins légitimer la reprise de l'expansion de cette industrie.

Même au sein du MDDEP, plusieurs professionnels de l'agroenvironnement reconnaissent les limites de l'approche ferme par ferme et de la norme phosphore. En effet, Gangbazo, Roy et Le Page proposent la révision du REA en fonction du concept de capacité de support du milieu, lequel fait référence à « l'intensité d'activités agricoles qui permet de respecter le critère de concentration de phosphore pour la prévention de l'eutrophisation ou, plus généralement, [à] la somme des activités humaines dont l'incidence globale respecte ce critère[29] ». La capacité de support se base sur le critère de prévention de l'eutrophisation (0,03mg/l phosphore) et peut être exprimée par la somme des superficies en cultures à grands interlignes (GI) (ex. : maïs et soya) et à interlignes étroits (IE) (ex. : blé et avoine)[30]. Dans certains bassins versants, cette capacité de support est déjà dépassée (de sept fois dans le cas de la Yamaska) alors que, dans d'autres bassins, cette capacité n'est pas atteinte, ce qui suppose théoriquement qu'il est possible d'augmenter la production agricole tout en respectant ce critère. Dans les bassins versants où la concentration de phosphore est sous le critère (0,03mg/l), les auteurs proposent une mesure préventive basée sur le concept de capacité de support (exprimée en fonction des différents types de cultures) qui serait appliquée rigoureusement afin de permettre de

29. Ganbazo, Roy et Le Page, *op. cit.*, 2005.
30. Les termes « grands interlignes » et « interlignes étroits » font référence à des « grands entre-rangs » ou « petits entre-rangs ».

protéger la rivière contre l'eutrophisation. Par contre, dans les bassins versants où la concentration de phosphore total dépasse le critère, ils prônent l'adoption d'une approche de gestion intégrée de l'eau par bassin versant qui permettrait d'assainir les eaux jusqu'au niveau souhaité.

Gangbazo, Roy et Le Page soulignent toutefois que la santé des écosystèmes n'est pas nécessairement protégée par le critère d'eutrophisation. « La toxicité du milieu due aux pesticides et aux rejets industriels ainsi que les pertes d'habitat provoquées par des problématiques agricoles comme l'absence de bandes riveraines de largeur appropriée, le colmatage du fond des rivières, l'ensablement, etc., peuvent être plus contraignantes pour les communautés biologiques que la concentration de phosphore. » Dans une communication plus récente, ces professionnels du MDDEP proposent un concept de capacité de support qui dépasse largement la problématique du phosphore pour s'appliquer à la prévention aussi bien de la détérioration des sols et des eaux, des impacts négatifs sur la cohabitation, des problèmes de santé que de la réduction de la biodiversité du milieu rural[31]. La capacité de support permet ainsi de dresser les limites du développement en agriculture, lequel doit être entendu non pas comme la croissance, soit l'accroissement quantitatif des biens et services disponibles mesuré en termes monétaires ou physiques, mais bien comme un *développement* qui se traduit par l'amélioration qualitative des conditions de vie. Malheureusement, le faible poids que représentent les revendications du MDDEP par rapport au puissant lobby de l'industrie porcine et de l'UPA ainsi qu'à l'influence du MAPAQ, constitue un frein majeur à l'évolution de la réglementation en matière d'agroenvironnement au Québec.

La politique nationale de l'eau reconnaît pourtant que les modes d'intervention pour contrer la pollution diffuse d'origine agricole doivent être adaptés à l'échelle du bassin versant. L'Ordre des agronomes du Québec recommandait d'ailleurs lors des audiences du BAPE d'instaurer rapidement la gestion des activités agricoles par bassin versant et d'adopter une approche intégrée qui ne se limite pas uniquement à la gestion des fertilisants. Dans cette optique, la mise en œuvre de plans d'aménagement agroenvironnementaux régionaux, tels que proposés par Breune et Bibeau, permettrait

31. Bertrand *et al.*, *op. cit.*, 2007.

l'essor d'une nouvelle gestion davantage adaptée aux problématiques environnementales, mais également sociales, auxquelles plusieurs régions du Québec sont confrontées actuellement. Pour ce faire, il faut s'assurer que l'État continue de soutenir adéquatement le service conseil indépendant en agroenvironnement qui joue un rôle essentiel dans l'adoption de pratiques agroenvironnementales dans une vision globale du territoire. Il s'agit en fait de répartir les efforts de manière équilibrée entre les mesures coercitives, basées sur les objectifs prioritaires pour la réduction de la pollution, et les mesures plus globales, qui favorisent une action proactive des acteurs du milieu, afin d'engendrer un changement en profondeur des pratiques agricoles tenant compte des préoccupations environnementales et sociales.

Les consultations du BAPE avaient également permis de fournir d'excellentes pistes de solution pour l'amélioration du règlement même, de son application, de son suivi et de son contrôle. Toutefois, dans un rapport publié récemment, la Coalition québécoise pour une gestion responsable de l'eau dresse un portrait de la production porcine depuis la tenue des consultations du BAPE et en arrive à ce triste constat final :

> Bref, le gouvernement du Québec prend pour acquis que les normes qu'il impose sont suffisantes pour protéger l'environnement et l'eau, alors que ce n'est pas le cas. Il dit offrir en plus la possibilité aux gouvernements locaux d'imposer des restrictions plus sévères que les siennes. Pourtant, il les empêche souvent de le faire sous prétexte de ne pas nuire au développement de la production porcine. Quant à ses propres normes, non seulement sont-elles insuffisantes pour protéger l'environnement et l'eau, mais encore ne prend-il pas les moyens nécessaires pour en assurer le respect. Il continue par contre à financer et à soutenir la production porcine et son développement sous sa forme actuelle, jetant à la poubelle l'ensemble du colossal travail effectué par la Commission du BAPE et tous ceux et celles qui y ont participé.

Au moment d'écrire ce chapitre, le Québec se livre à un nouvel exercice de démocratie participative par l'entremise de la Commission sur l'avenir de l'agriculture et de l'agroalimentaire au Québec (CAAQ), laquelle vise à revoir la gouvernance de l'État dans ce secteur. La révision de l'actuelle réglementation environnementale sera sans doute incontournable dans les recommandations de la Commission. Espérons que le gouvernement aura le courage cette fois-ci d'engager de véritables changements et de nous redonner espoir en ses mécanismes de consultations publiques.

Chapitre 16

# Transformer le porc en « vache à lait » risque fort de tuer « la poule aux œufs d'or »

## *Du porc transgénique à la viande de porc sans porc*[1]*...*

Louise Vandelac
Simon Beaudoin

*You can not solve the problem*
*with the same kind of thinking*
*that created the problem...*
Albert Einstein

Ces propos attribués à Einstein illustrent à merveille la saga des élevages industriels de porc du Québec. Cette crise de la « porciculture intensive » ne repose-t-elle pas, en effet, sur la difficulté de

---

1. Cet article fait suite à deux projets de recherche du CRSH : 1) *Technosciences du vivant, transgénèse et politiques publiques au Québec : une approche écosystémique*. Vandelac, L., E., Abergail, C. Lafontaine *et al.*, 2003-2006 ; 2) *Pour un dispositif d'évaluation scientifique et sociale des technosciences du vivant, dans le domaine de la transgénèse alimentaire : le cas du saumon transgénique*. Vandelac, L., G. Bibeau, D. Mergler, E. Abergail *et al.*, Initiatives de développement de la recherche 2003-2007. Le volet porc transgénique fait également l'objet du mémoire de maîtrise en sciences de l'environnement de Simon Beaudoin, 2007, sous la direction de Louise Vandelac.

penser les solutions de l'actuelle crise porcine autrement que dans les termes mêmes qui l'ont engendrée ? Ne tient-elle pas, notamment, à la difficulté de s'émanciper d'un modèle productiviste linéaire et suranné, qui, carburant à la fuite en avant techniciste, ne réussit ni à prendre la pleine mesure des risques écologiques et des défis énergétiques qui s'annoncent, ni même à éviter les impacts environnementaux et sociosanitaires les plus problématiques ? Pourtant, les précieux atouts de cette petite Europe agricole et culinaire du nord de l'Amérique permettraient au Québec de se tailler tout autrement une place de choix...

Dans un secteur économique aussi largement dominé par les compétiteurs américains, brésiliens et chinois, prétendre encore équilibrer la balance commerciale du Québec en augmentant ainsi, au profit de géants de l'industrie, une production aussi concentrée et intensive de porcs calibrés et uniformisés, identique à celle des concurrents, et cela sans réel souci ni des capacités de support des écosystèmes ni des limites de l'acceptabilité sociale, n'est sans doute plus l'idée du siècle... Ainsi, nombre de producteurs, emportés par la spirale d'un développement d'abord prospère et accéléré, se sont lourdement endettés, au point de faire les frais de cette production mal planifiée et peu encadrée, dont les coûts socio-environnementaux ont été refilés aux contribuables, et les impacts à long terme reportés sur les générations futures. Selon le BAPE[2], la production québécoise de porcs à la ferme, la deuxième en importance après la production laitière[3], a entraîné, en 2001, des revenus de 1,13 milliard de dollars. Néanmoins, ce secteur économique, frappé par les contrecoups de la hausse du dollar canadien ainsi que par les pertes, en 2005, de 27 millions de dollars à la suite du syndrome de dépérissement postsevrage (SDPS) ayant décimé plus de 270 000 porcs[4], risque de voir disparaître un bon nombre d'entreprises parmi les plus endettés. Certains considèrent toutefois encore que la crise porcine, purement conjoncturelle, n'est qu'un simple hoquet de

2. Bureau d'audiences publiques sur l'environnement. *L'état de la situation de la production porcine au Québec*, rapport 179, vol. 1, 2003. http://www.bape.gouv.qc.ca/.
3. Statistique Canada, *Statistiques de porcs*, vol. 6, n° 1, 2007.
4. « Les producteurs de porcs réclament de l'aide : 270 000 porcs décimés par un virus », *La Presse*, p. A16, 17 octobre 2006.

croissance qui concentrera les entreprises les plus performantes et les mieux armées pour intensifier la production. Elle les aidera à augmenter leurs profits et à investir dans les technologies visant à réduire la charge polluante des lisiers, calmant ainsi les revendications écologistes… Ah ! Si tout était aussi simple… et si tout allait aussi bien, Madame la Marquise…

## À la croisée des chemins… un horizon trouble…

Rappelons d'entrée de jeu que les coûts de la « porciculture » dépendent largement de la « pétroculture », essentielle aux grandes monocultures intensives de maïs-grain, gavées d'intrants chimiques à base de pétrole et exigeant de la machinerie gourmande en combustibles. Or, le déclin annoncé, dès 2020, des réserves de carburants fossiles, et la hausse des prix qui s'ensuivra, risque fort de se répercuter sur les cultures de maïs et, par ricochet, sur les coûts de production porcine. Si, en outre, ces grandes monocultures intensives, nourries de pesticides et d'OGM pesticides, s'avèrent en partie responsables de l'actuelle hécatombe d'abeilles, estimée à 40 % au Québec et entre 30 % et 70 % dans certaines régions des États-Unis[5], la nécessité de se sevrer de la « pétroculture » risque également de modifier les stratégies et les coûts de production. C'est en effet non seulement la production de miel qui est mise en péril, mais toute la pollinisation, dont dépend 30 % à 40 % de tout ce que nous mangeons, représentant, aux États-Unis seulement, plus de 14 milliards de dollars.

Alors que ces nouveaux défis exigent de repenser globalement les questions d'énergie et de production, certains chercheurs, encouragés par les pouvoirs publics, se cantonnent encore dans l'intensification de la production et l'accélération de la croissance des bêtes, quitte à inventer des porcs transgéniques pour réduire, à la marge, la pollution imputable, notamment, au phosphore des lisiers… Cette entrée dans le « meilleur des mondes » de la production d'animaux transgéniques et possiblement clonés, risque donc de moduler le remodelage transgénique au rythme des problèmes

5. Barrionuevo, A. "Disappearing honeybees imperil crops keepers: Harvesters in 24 states report hive population rates have mysteriously fallen 30 % to 70 %", *New-York Times*, 1er mars 2007. http://www.detnews.com/apps/pbcs.dll/article?AID=/20070301/BIZ/703010310/1001.

suscités ou des caractéristiques recherchées, inaugurant ainsi un nouveau bestiaire, totalement inédit, aux conséquences imprévisibles.

Dans ce nouvel univers de sens, comment les producteurs pourront-ils résister à l'attrait des prix payés par les multinationales de la moléculture pour cultiver des plantes transgéniques ou pour produire des porcs transgéniques utilisés, tout comme les plantes, comme bioréacteurs pour fabriquer des produits pharmaceutiques ou industriels ? Et dans un contexte réglementaire marqué depuis 25 ans par le laxisme et les conflits d'intérêt des pouvoirs publics, tiraillés entre promotion économique et protection de la santé et de l'environnement, qui assumera les risques écosanitaires de telles productions ? Enfin, quel sera l'avenir de ces producteurs quand les travaux en génie tissulaire, enrobés d'un autre discours tout aussi vert et pervers que celui des porcs transgéniques dits « Enviropig^MD^ », stimuleront l'éventuelle filière de la viande artificielle dont les effets de concentration monopolistique risquent d'affecter durablement l'économie rurale ?

Ces quelques lignes, ouvrant un horizon pas tout à fait radieux, permettent de saisir qu'au-delà des problèmes économiques, la production porcine intensive traverse une crise socio-écologique qui est aussi une profonde crise de sens. Quand des producteurs, censés nourrir la population, en arrivent, de concert avec des pouvoirs publics chargés de veiller au grain, à négliger les externalités au point de rompre les équilibres vitaux des milieux de vie et le tissus social des communautés, et quand certains proposent de déplacer les problèmes, voire de les aggraver par une telle fuite en avant technicienne, comment ne pas s'inquiéter ?

## Le basculement transgénique du vivant...

À travers l'alimentation et la transformation du vivant, qu'inaugurent la transgénèse et le clonage, c'est « toute la question du devenir de l'espèce humaine et de ses rapports avec les autres vivants et partant, celle d'un développement durable pour l'humanité qui est posée[6] ».

---

6. Testart, J. *Réflexions pour un monde viable : Propositions de la Commission française du développement durable (2000-2003)*, Paris, Éditions Mille et une nuits, 2003, p. 49.

Ces développements sociotechniques, enrobés de « vert illusion », comme ce porc transgénique qualifié d'« Enviropig$^{MD}$ » ou la « viande artificielle », en incubation dans les laboratoires des firmes et dans les officines des instances réglementaires, traduisent d'étonnants paysages mentaux. Souvent présentées comme réponses aux impacts environnementaux et aux problèmes d'harmonisation avec les communautés, ils constituent de puissants révélateurs d'un univers de pensée qui arrive mal à appréhender les questions de façon globale tout en respectant les capacités de régénération des vivants et des écosystèmes, pourtant essentiels à la viabilité du monde.

En effet, quand l'intensification croissante des élevages ne passe plus par la modification des stratégies et des outils de production, ni par la sélection et « l'amélioration génétique » traditionnelle, mais par la création d'un nouvel animal transgénique, s'ouvre alors une véritable fracture dans l'ordre du vivant. Il ne s'agit plus de simples croisements, mais de bricolages transgéniques exigeant l'introduction, dans les cellules de l'animal, d'une construction génétique incluant des gènes d'une autre espèce et parfois même d'un autre règne (humain, végétal ou bactérie). On crée ainsi de nouvelles filières de vivants brevetés, conçus d'emblée comme marchandises et comme outils de production, ce qui n'est pas sans soulever d'importants enjeux éthiques et de pressantes questions d'imputabilité.

On rétorquera que la recherche de profits a souvent incité à pousser les bêtes à leurs ultimes limites, au point de menacer leur santé et de décimer les cheptels. Mais quand la maladie frappe et que la mort des bêtes est au rendez-vous, cela nous rappelle généralement à l'ordre et nous incite fortement, comme le propose le professeur François Madec de l'Agence Française de sécurité sanitaire des aliments, à traiter ces animaux autrement et à revoir profondément nos façons de faire.

Toutefois, quand on invente un porc transgénique, on peut certes interrompre l'expérience en cas de problèmes majeurs et tuer ce porc et même ses descendants. Mais comment résister alors à la tentation de corriger ces « erreurs » par de nouveaux essais de transgénèse, sous prétexte d'améliorer la performance des bêtes ? En effet, si on considère que c'est le porc lui-même qui fait problème, et non son alimentation indigeste visant à accélérer sa croissance, comme c'est le cas d'« Enviropig$^{MD}$ » ; bref, si l'on croit que ce porc transgénique est une nouvelle « poule aux œufs d'or », comment alors éviter le piège de pousser plus loin encore sa réification, son instrumentalisation et son remodelage transgénique, voire d'appliquer ce type de logique à une large partie des animaux dits de boucherie ?

## Quand la question détermine la réponse : du « porc machine » à la « machine à porc »...

C'est prétendument pour maintenir la compétitivité de l'industrie du porc que des antibiotiques, servis à doses sous thérapeutiques, sont ajoutés à l'alimentation des porcs[7]. Et c'est désormais pour en contrer les effets indésirables qu'on multiplie les recherches visant à remplacer ces antibiotiques comme facteurs de croissance par des technologies innovantes susceptibles d'améliorer la qualité et la salubrité des viandes et de créer des produits à valeur ajoutée[8]. C'est également pour accélérer la croissance des porcs que les producteurs enrichissent leur alimentation de graines riches en phosphore indigeste, puis de phosphore inorganique[9,10], entraînant des rejets de phosphore dans les excréments nettement plus importants que ceux des porcs nourris sans de tels additifs alimentaires. Pour réduire ensuite ces rejets accrus de phosphore dans les déjections des porcs on ajoute dans l'alimentation du bétail de la phytase, une enzyme d'origine bactérienne ou fongique capable de libérer le

---

7. NAS (National Academy of Science). *Animal Biotechnology: Science-Based Concerns*, Washington (DC), The National Academies Press, 2002, 181 p.; Broes, A. *Consultation publique sur le développement durable de la production porcine au Québec*, BAPE/Saint-Jean-sur-Richelieu, 27 janvier, 2003, p. 59.
8. CQVB (Centre québécois de valorisation des biotechnologies). *Innovation et enjeux en nutrition porcine*, programme de la Rencontre technologique, Beloeil, 30 mai 2007. Consulté le 8 mai 2007 à http://www.cqvb.qc.ca/.
9. National Research Council (NRC). *Nutrient Requirements of Swine*, 10e éd., Washington (DC), National Academy Press, 1998. http://darwin.nap.edu/books/0309059933/html.
10. Forsberg, C.W. *et al.* "The Enviropig physiology, performance, and contribution to nutrient management advances in a regulated environment: The leading edge of change in the pork industry", *J. Anim. Sci.*, vol. 81 (E Suppl. 2), 2003, E68-E77.

phosphore indigeste en phosphate biodisponible pour l'animal[11], ce qui était le cas, en 2003, de 90 % des producteurs Québécois. Néanmoins, ces divers ajouts de graines et de phosphore inorganique, souvent en excès, entraînent des rejets de phosphore dans les excréments nettement plus importants que ceux des porcs nourris sans de tels additifs alimentaires[12]. Si on ajoute à ces surplus de phosphore les effets en cascade du passage des fumiers aux lisiers, du déboisement visant à augmenter les cultures de maïs gavées de lisier, de pesticides ou d'OGM pesticides – autant de sources de surfertilisation des terres et de lessivage des intrants et du phosphore dans les eaux souterraines et de surface –, on se demande quels sont les gains réels... Surtout quand les effets de décennies de drainage agricole et de redressement de dizaines de milliers de kilomètres de fossés agricoles, ajoutés aux impacts de la réduction des bandes riveraines de 10 mètres à 3 mètres et aux calculs des taux de phosphore seulement à l'embouchure des tributaires, contribuent à amplifier les impacts de l'érosion des sols et des rejets de phosphore, d'azote et de pesticides dans des cours d'eau, dont les capacités réduites de filtration et de résilience[13, 14], accentuent les risques d'eutrophisation de nombreux plans d'eau et de mort d'organismes aquatiques...

Et en termes de coûts, si on additionne les frais des fosses à purin, du déboisement, du drainage et du reprofilage des cours d'eau agricoles à ceux des impacts économiques de la pollution hydrique, allant parfois jusqu'aux graves pollutions aux cyanobactéries et aux effets sur la santé et l'alimentation en eau potable de milliers de personnes, sans parler des dizaines de millions de frais d'atténuation et des coûts astronomiques de restauration de ces écosystèmes, comment ne pas être frappés par l'absurdité de la situation ? Ce que l'intensification de la production de grains et l'engraissement accéléré de porcs avec diète au phosphore et épandage

11. Foulds, C. « Suivi du plan d'action agroenvironnemental en production porcine », *Porc Québec*, août 2005, p. 41-42.
12. Golovan, S.P. *et al.* "Pigs expressing salivary phytase produce low-phosphorus manure", *Nature Biotechnology*, vol. 19, 2001, p. 741-745.
13. Francœur, L.-G. « Échec de la politique des bandes riveraines », *Le Devoir,* 17 janvier 2003.
14. Francœur, L.-G. « Montérégie », *Le Devoir*, 4 janvier 2003.

des lisiers permet à certains « d'épargner », ne coûte-t-il pas le centuple en termes de support à la filière, de dégradations environnementales et de conflits sociaux, rendant cette « économie porcine » fort peu compatible avec un réel développement durable ?

Certes, on l'a vu, l'ajout de phytate à l'alimentation porcine n'est qu'un élément de cette logique productiviste et de ces dispositifs qui, insouciants de leurs impacts, sont responsables d'un tel état de fait. Et si certaines technologies peuvent atténuer des problèmes d'odeurs et de transport du lisier, comme ce traitement aérobie et thermophile qui, apparenté au compostage, permettrait d'en éliminer des pathogènes, d'en détruire les mauvaises odeurs et d'en concentrer les éléments fertilisants (azote et phosphore)[15], ou encore, comme ces projets belges de transformation de lisiers en éthanol : ni ces innovations ni ces gentils « parfums à lisier » ne peuvent pour autant suffire à résoudre les impacts socio-environnementaux d'une telle porciculture intensive et intempestive.

En fait, dans ce secteur comme dans bien d'autres, s'attaquer aux seuls impacts sans questionner les logiques de développement conduit souvent à des solutions partielles et partiales, généralement insatisfaisantes et fort problématiques. Désormais, ce sont donc les politiques publiques, les orientations de recherche et développement, les exigences d'analyse critique et d'innovation sociale qui, au cœur du travail des sciences citoyennes[16], devraient réunir décideurs publics, chercheurs et citoyens autour de l'analyse de certains projets. Par exemple, le BAPE, qui a permis, au cours des dernières années, de créer de concert avec les citoyens un forum démocratique permettant d'appréhender les questions de façon plus globale et mieux articulée, mériterait désormais de s'ouvrir, en amont, aux enjeux environnementaux découlant des domaines de la recherche technoscientifique. En effet, démocratiser les savoirs ne peut se résu-

---

15. Juteau, P. *Traitement des lisiers et usage des antibiotiques dans l'industrie porcine*, mémoire présenté dans le cadre de la consultation publique sur le développement durable de la production porcine au Québec, BAPE/ Institut national de la recherche scientifique (INRS)-Institut Armand-Frappier, 2003.
16. Voir www.sciencescitoyennes.org et notamment le « European project STACS - Science, technology and civil society - Civil Society Organisations, actors in the European system of research and innovation », financé par la Commission européenne.

mer à permettre aux gens d'accéder aux institutions de savoirs sans, du même coup, « faire entrer les technosciences en démocratie[17] », ce qui exige un examen critique des savoirs et une évaluation stratégique des politiques, des programmes, des projets majeurs et des grands axes de recherche[18,19]. Autrement dit, il ne s'agit pas simplement d'atténuer les impacts négatifs de certains développements sur la santé, l'environnement et la vie sociale. Il s'agit d'instaurer des dispositifs d'évaluation scientifiques et sociaux permettant de questionner, dès l'amont, le bien-fondé et les risques potentiels de telles innovations sociotechniques, voire d'en faire une évaluation écosystémique alliant empreinte écologique et analyse du cycle de vie permettant de renouveler les façons mêmes de poser les questions, et donc de les résoudre.

De tels dispositifs démocratiques avec contre-expertises indépendantes[20] sont d'autant plus importants que tout porte à croire que les politiques publiques qui seront privilégiées au cours des prochaines années risquent fort de modifier profondément non seulement le cheptel porcin, mais l'ensemble des paysages ruraux. Si ces politiques sont confinées aux mêmes modèles agroéconomiques ayant privilégié ces ajouts à l'alimentation porcine au point d'exacerber les problèmes de phosphore, comment pourraient-elles résister aux chants de sirènes vantant maintenant le porc transgénique et demain le clonage des porcs ?

## Enviropig[MD] ou le vert illusion…

Les concepteurs de l'Enviropig[MD], les Dr Phillips et Forsberg de l'Université de Guelph en Ontario, considèrent que l'ajout de phytase à l'alimentation des porcs pour en accélérer la croissance est une pratique coûteuse, alors même que l'enzyme est sujette à une inactivation partielle ou complète durant sa préparation ou

17. Latour, B. *Politiques de la nature : Comment faire entrer les sciences en démocratie*, Paris, La Découverte, 1999, 382 p.
18. Baril, J. *Le BAPE devant les citoyens*, Québec, Presses de l'Université Laval, 2006, p. IX à XVI.
19. Vandelac, L. « Préface », *in* Baril, J. *Le BAPE devant les citoyens*, Québec, PUL, 2006, p. IX à XVI.
20. Vandelac, L. « Menace sur l'espèce humaine… ou démocratiser le génie génétique », *Futuribles, Analyse et Prospective*, n° 264, 2001, p. 5-26.

l'entreposage de la nourriture (Guelph Transgenic Pig Research Program). Étudiant la question à travers ce prisme étroit, ils proposent donc de créer des porcs transgéniques ayant la capacité génétique de produire leur propre phytase dans leur salive[21], éliminant alors l'ajout du phosphore inorganique ou de phytase microbienne à l'alimentation, et réduisant ainsi le contenu en phosphore des excréments. En 2001, ces chercheurs produisirent une première série de porcs transgéniques, Enviropig^MD^, en introduisant, par micro-injection dans le pronucléus mâle d'embryons, des constructions génétiques contenant une séquence d'origine murine (*parotid secretary protein promoter*) permettant l'expression, dans les glandes parotides du porc, d'un gène de la bactérie *Escherichia coli* (*appA*), favorisant quant à lui la production de la phytase. En conséquence, les glandes salivaires de l'Enviropig^MD^ produisent de la phytase bactérienne qui, une fois dans son système digestif, confère à l'animal la capacité d'absorber le phosphore alimentaire, éliminant alors la nécessité d'en ajouter à sa diète.

Présenté en ces termes, cet Enviropig^MD^, marque de commerce à l'enrobage pseudo-environnemental, semble être une « solution » relativement simple... On en oublierait presque les impacts potentiels sur la santé et sur l'environnement, les coûts liés aux brevets et à l'emprise de « l'industrie du vivant » sur ces espèces brevetées, ainsi que les effets d'un tel remodelage transgénique sur nos rapports à l'ensemble du vivant...

Des 13 animaux transgéniques fondateurs ainsi produits, trois seulement avaient une activité enzymatique suffisante pour diminuer de 56 % à 75 % le contenu en phosphore des matières fécales, comparés à des porcs non transgéniques nourris avec la même diète, bien que cette activité enzymatique variait considérablement selon la position du transgène, selon les individus d'une même portée et selon leur âge, questionnant alors la prétendue stabilité génétique... En 2005, au moins cinq autres générations de ces porcs transgéniques hypophosphoriques avaient été produites[22], avec

21. Golovan, *op. cit.*, note 13.
22. Forsberg, C.W. *et al.* The Enviropig™ : phosphorus nutrition, physiology and tissue composition [Résumé], in Murray, J. D.(dir.), « Meeting report and abstracts of the 2005 UC Davis Transgenic Animal Research Conference V », *Transgenic Research*, n° 15, 2005, p.116-117.

l'aval des pouvoirs publics. En effet, plusieurs instances gouvernementales et autres organisations publiques ont subventionné les recherches du Guelph Transgenic Pig Research Program, alors que la licence exclusive de distribution appartient à Ontario Pork[23]. Pour boucler la boucle, comme c'est souvent le cas en matière de transgénèse, les scientifiques et promoteurs de l'Enviropig^MD ont participé au développement des exigences des organismes gouvernementaux et aux directives en matière d'innocuité, en vue de commercialiser leur nouvelle « invention[24] ». Bref, cela n'aide guère à diminuer le cynisme des citoyens devant le manque d'indépendance d'organismes réglementaires, se complaisant à confier ainsi l'avenir des porcs transgéniques aux loups de la transgénèse...

## À problème mal posé, solutions « vertement » problématiques ?

Prétendre réduire la problématique de la production porcine intensive à celle du phosphore, pour accuser ensuite le système digestif du porc de constituer « le problème », témoigne, on en conviendra, d'un art consommé de « s'enlisier » dans des raisonnements absurdes. D'autant plus que de tels raisonnements, conduisant à faire de certaines caractéristiques de l'animal ou plutôt des effets de certaines pratiques d'élevage « le problème », risquent de conduire à un remodelage transgénique sans fin, élargissant et amplifiant alors les problèmes ! Si, par exemple, on continue, avec une telle myopie, de faire de la norme phosphore le premier critère environnemental pour établir les capacités de support des écosystèmes en lisiers, ne sera-t-on pas alors tenté d'utiliser l'alibi d'un tel porc transgénique, aux rejets prétendument réduits en phosphore, pour légitimer l'augmentation du nombre de porcs et d'élevages et, par le fait même, les volumes d'épandage ?

Cela augmenterait certes du même coup les surplus d'azote, mais c'est un risque que les promoteurs d'Enviropig^MD prétendent

23. Honey, K. "These little piggies are a scientific marvel : Canadian scientists' 'Enviropigs' cause less pollution", *Globe and Mail*, Toronto, 23 juin 1999 p. A1.

24. Maus, J. "It's safety first for the EnviropigTM : Researchers are testing meat from this novel technology to ensure its safety", *Pigs, Pork and Progress*, vol. 1, 2004, p. 24.

contourner en remplaçant alors les protéines de l'alimentation du porc par des acides aminés[25]. C'est à voir... Chose certaine, en cas d'accroissement de la production, ce sont non seulement les effets nocifs du phosphore et de l'azote qu'il faudrait craindre mais ceux de l'ammoniaque, des oxydes nitreux, du méthane, des sulfides d'hydrogène, des particules et des micro-organismes sur la qualité de l'air[26,27,28]. En outre, on exacerberait aussi les effets liés à l'accroissement des volumes d'épandage (agents pathogènes, métaux lourds et antibiotiques) et des cultures de maïs (pesticides, diminution des boisés, problèmes hydriques), sans oublier la hausse des émissions de gaz à effet de serre. Comme le rappelait l'OCDE en 2003[29], c'est tout le cycle de la production porcine (aliments pour les porcs, transformation, emballage, distribution, commercialisation et consommation) qui entraîne des impacts environnementaux. Vouloir intensifier la production en introduisant un porc transgénique risque d'aggraver ces problèmes[30, 31], en plus d'amplifier les tensions sociales[32], sans oublier les risques pour la santé animale, avec pour corollaire l'administration accrue d'antibiotiques... Bref, un tel porc transgénique pourrait bien être une « solution »... pire que le problème.

---

25. Forsberg, C.W. *et al. op.cit.*, note 10.
26. BAPE, *op. cit.*, note 2.
27. Organisation de coopération et de développement économiques (OCDE). *Agriculture, échanges et environnement : le secteur porcin*, Paris, OCDE, 2003, 205 p.
28. Westerman, P.W. et Bicudo, J.R. "Management considerations for organic waste use in agriculture", *Biorescource Technology*, vol. 96, 2005, p. 215-221.
29. OCDE, *op.cit.*, note 29.
30. Cole, D., Todd, L. et Wing, S. "Concentrated Swine Feeding Operations and Public Health : a Review of Occupational and Community Health Effects", *Environmental Health Perspectives*, vol. 108, n° 8, 2000, p. 685-699.
31. Horrigan, L., Lawrence, R.S. et Walker, P. "How sustainable agriculture can address the environmental and human health harms of industrial agriculture", *Environmental Health Perspectives*, vol. 110, n° 5, 2002, p. 445-456.
32. Bureau d'audiences publiques sur l'environnement. *L'inscription de la production porcine dans le développement durable.*, rapport final, rapport 179, 2003. http://www.bape.gouv.qc.ca/.

## Maïs transgénique… et porcs transgéniques : risques pour la santé humaine ?

Contrairement à ce qu'a déjà prétendu l'équipe de Forsberg, l'innocuité du porc transgénique ne peut être établie en affirmant simplement que les tests sanguins et de croissance sont normaux[33]. Mais, comme les pouvoirs publics canadiens n'exigent guère de contre-expertises indépendantes à moyen et à long terme sur les mammifères, rien ne permet pour l'instant d'évaluer parfaitement les impacts de la transgénèse animale sur la santé humaine. L'incertitude est donc sans équivoque. En outre, l'absence de connaissances solides sur les conséquences des nouvelles biotechnologies élimine aussi la possibilité d'établir les niveaux de risque de la transgénèse pour le bien-être et la santé animale[34, 35]. Toutefois, comme les porcs sont nourris principalement de maïs-grain, dont près de la moitié des cultures au Québec sont désormais transgéniques, les recherches en matière d'alimentation animale vont peut-être permettre de mieux comprendre les impacts potentiels sur la santé humaine.

En effet, la récente contre-expertise réalisée par le Comité de Recherche et d'Information Indépendantes sur le génie Génétique (CRII-GEN) de l'université de Caen, en France, a remis en question certains résultats clés de l'étude réglementaire réalisée par la Compagnie Monsanto, qui a servi de base à l'autorisation de commercialisation internationale de certains de ces maïs. Le réexamen attentif de cette étude, faite initialement sur des rats nourris au maïs OGM (MON863) pendant trois mois, a en effet mis en évidence des signes de toxicité hépatique et rénale chez ces rats. Selon le CRIIGEN, « ces éléments sont suffisants pour exiger d'autres études » et il propose, « dans l'attente, le retrait de la

33. Larivière, T. « Des porcs écologiques », *La terre de chez nous*, août 2001.
34. Van Reenen, C. G., Meuwissen, T. H., Hopster, H., Oldenbroek, K., Kruip, T. H. et Blokhuis, H.J. "Transgenesis may affect farm animal welfare: a case for systematic risk assessment", *Journal of Animal Science*, vol. 79, n° 7, 2001, p. 1763-1779.
35. Beaudoin, S. *La transgénèse animale est-elle compatible avec une agriculture durable? Le cas du porc transgénique hypophosphorique*, mémoire de maîtrise en sciences de l'environnement, Université du Québec à Montréal, 2007.

consommation du maïs OGM MON863, lequel ne peut donc plus être considéré comme propre à la consommation animale ou humaine ». Le CRII-GEN ajoute que, dans les circonstances, « un moratoire sur la consommation de l'ensemble des OGM s'avère nécessaire afin de vérifier les autres tests[36] ».

Outre cette contre-expertise mettant en évidence des effets de toxicité pour le foie et les reins de ces rats[37], d'autres études, dont celles de Malatesta[38, 39] et de Vecchio[40], remettent également en question l'innocuité de maïs transgéniques, pourtant réputés sécuritaires selon les organismes réglementaires nord-américains[41]. Or, compte tenu que ces OGM commercialisés (soja surtout, maïs et canola) sont largement destinés à l'alimentation animale, ces études devraient inciter les producteurs à questionner cet engouement à nourrir les bestiaux de maïs transgéniques, et devraient surtout forcer les organismes réglementaires à exiger de réels travaux de contre-expertise indépendants, base même de rigueur scientifique. Dans un contexte où plusieurs éleveurs témoignent de problèmes de santé, voire de la mort de leurs bêtes nourries de maïs transgénique[42], ces témoignages, considérés anecdotiques au plan scientifique, devraient néanmoins inciter les pouvoirs publics à faire

36. http://www.criigen.org/.
37. Séralini. G.-E., Cellier, D. et Spiroux de Vendomois, J. "New Analysis of a Rat Feeding Study with a Genetically Modified Maize Reveals Signs of Hepatorenal Toxicity", *Archives of Environmental Contamination and Toxicology*, 2007. http://www.springerlink.com/content/02648wu132m07804/.
38. Malatesta M. *et al.* "Fine structural analyses of pancreatic acinar cell nuclei from mice fed on genetically modified soybean", *Eur. J. Histochem.*, vol. 47, 2003, p. 385–388.
39. Malatesta, M. *et al.* "Ultrastructural Morphometrical and Immunocytochemical Analyses of Hepatocyte Nuclei from Mice Fed on Genetically Modified Soybean", *Cell Struct. Funct*, vol. 27, 2002, p. 173-180.
40. Vecchio, L., Cisterna, B., Malatesta, M., Marti, T.E. et Biggiogera, M. "Ultrastructural analysis of testes from mice fed on genetically modified soybean", *Eur. J. Histochem*, vol. 48, 2004, p. 449-454.
41. *OGM: l'étude qui accuse*, http://www.dailymotion.com/video/x15hjz_ogm-letude-qui-accuse.
42. Bertillet, C. « OGM, à la conquête de nos assiettes », reportage 19 avril, 2007, Antenne 2. http://envoye-special.france2.fr/emissions/29944521-fr.php.

enquête pour vérifier s'ils représentent ou non la pointe de l'iceberg. Ils pourraient aussi vérifier s'ils recoupent ces autres témoignages, venus d'Argentine, relatifs aux sérieux problèmes de santé humaine associés aux épandages de pesticides des cultures transgéniques, les secondes cultures d'OGM en importance dans le monde après celles des États-Unis[43].

Au plan économique, enfin, on peut se demander à quoi et surtout à qui servirait un tel porc transgénique. À verdir l'image d'un porc moins pollueur permettant de gagner un peu de temps face aux compétiteurs étrangers ? Qui sera dupe d'un tel effet d'illusion, risquant de bloquer les marchés européens et japonais qui redoutent la transgénèse ? Qui ignorera les risques de voir les citoyens bouder ce porc transgénique, tout comme on le craint déjà pour le saumon transgénique, dont la mise en marché est toujours en attente d'homologation à la Food and Drug Administration[44] ? Bref, pourquoi risquer autant, au profit de quelques firmes, alors que les enjeux écologiques et économiques sont aussi pressants ?

## « Porciculture » et « pétroculture »...

Depuis 15 ans, comment ne pas voir que la vallée du Saint-Laurent est jaune... jaune maïs, à perte de vue, couleur de ces immenses monocultures répondant à l'augmentation des élevages intensifs, des épandages de lisiers et de la baisse des terres laissées en pâturage aux bestiaux ? Toutefois, ces monocultures, souvent transgéniques, grandes consommatrices et pollueuses d'eau, véritables « pétrocultures » carburant aux machineries et aux intrants à base de pétrole, s'avèrent assez problématiques en regard d'une « approche cycle de vie », et peu compatibles avec une agriculture viable et vivable.

Rappelons qu'en 2005, au Québec, 44 % du maïs était transgénique (environ 232 000 hectares), 41 % du soya (77 000 hectares)

---

43. « OGM, l'horreur ! Réveillez-vous avant... », M.-A. D. Morin et C. Martin, Boréale, 23 : 50 min : 08, déc. 2006, France. http://www.dailymotion.com/video/xrn35_ogm-lhorreur-reveillez-vous-avant !

44. Le Curieux-Belfond, O., Vandelac, L., Caron, J. et Séralini, G.-É. "Factors to Consider Before Authorizing Commercialization of Aquatic Genetic Modified Organisms : The Case of Transgenic Salmon", *Environmental science and policy*, manuscrit D-765, 2007. Article soumis.

et 95 % du canola (13 300 hectares)[45]. Ces OGM sont à 99 % des plantes pesticides qui ne meurent pas en présence massive d'herbicides ou qui produisent leur propre insecticide ou intègrent, dans certains cas, les deux caractéristiques[46]. Si bien que globalement, à l'exception des premières années, ces plantes pesticides ne réduisent pas mais au contraire augmentent les quantités de pesticides utilisées, comme le rapporte l'étude rétrospective de neuf ans menée aux États-Unis par Charles M. Benbrook[47]. Par ailleurs, comme les firmes sélectionnent les meilleurs cultivars pour en faire des OGM, cela laisse croire que la performance de ces semences tient à leur caractère transgénique qui a essentiellement une fonction pesticide. Nombre de ces OGM, disséminés par pollution génétique, envahissent aussi les catalogues de semences, limitant alors la disponibilité des semences non transgéniques, forçant ainsi les agriculteurs à racheter constamment ces semences brevetées et, très souvent, des pesticides qui leur sont liés.

La question qui se pose est alors la suivante. Au Québec, nous avons centré une partie importante de l'économie agricole sur le porc et sur les cultures de maïs qui sont désormais, pour près de moitié, transgéniques. Or, si les problèmes de vache folle et de grippe aviaire ont réussi à pertuber profondément des agricultures entières, que se passera-t-il en cas de problèmes majeurs liés, par exemple, aux effets nocifs de maïs transgéniques pesticides sur les abeilles ou sur la santé animale ou humaine ? Ces cultures transgéniques n'étant pas assurées par les grands réassureurs du monde, et aucun fond, du type « Superfund » aux États-Unis, n'ayant été mis en place en cas de dommages majeurs, qui paiera alors la note ?

## Du maïs transgénique à bestiaux... au maïs à auto

À court terme, ce sont notamment les imposants surplus de maïs transgéniques enregistrés aux États-Unis à la suite notamment du

45. Statistique Canada, *Série de rapports sur les grandes cultures*, vol. 8, n° 84, déc. 2005, p. 22. http://www.statcan.ca/francais/freepub/22-002-XIB/0080522-002-XIB.pdf.
46. Séralini, G.-É., *op.cit.*, note 43.
47. Benbrook, C. M. "Genetically Engineered Crops and Pesticide Use in the United States: The First Nine Years", *BioTech InfoNet, Technical Paper*, n° 7, octobre 2004.

refus de ces OGM par les pays européens, et écoulés désormais sous forme d'éthanol, qui risquent de poser les plus sérieux problèmes aux éleveurs. Dans un contexte où les réserves fossiles (pétrole, charbon, gaz naturel, etc.) s'annoncent de plus en plus rares et chères, on pressent bien la nécessité d'une approche globale et durable concernant les biocarburants. Par exemple, quels mécanismes démocratiques de régulation devrait-on instaurer pour éviter des effets de compétition dévastateurs entre usages des terres pour fins alimentaires humaines et animales, pour l'élevage et pour la préservation des milieux naturels et pour le développement urbain ? Quelles seraient les meilleures ressources destinées aux biocarburants (résidus agricoles, cultures pérennes herbacées telles le miscanthus, etc.) et les filières de transformation les plus performantes ? Dans le contexte actuel, le prétendu virage vert consistant à cultiver du maïs pour le transformer en éthanol constitue manifestement l'un des plus mauvais choix, tant à cause de sa faible performance en terme de réduction des GES et de son rendement énergétique de trois à quatre fois inférieur à celui de l'éthanol cellulosique, qu'à cause du caractère insatiable de la « demande automobile », menaçant la sécurité alimentaire. Ainsi, aux États-Unis, l'utilisation du maïs pour l'éthanol a triplé de 2001 à 2006, passant de 18 à 55 millions de tonnes, faisant craindre que les réserves de maïs soient insuffisantes et ses coûts prohibitifs pour la production de viande, de lait et d'œufs[48]. Cette hausse de la demande, qui a déjà entraîné une flambée des prix du maïs au point de faire doubler les prix, et notamment ceux des tacos de nos voisins mexicains, est si alléchante que, selon Statistique Canada, les producteurs canadiens augmenteraient, en 2007, les superficies de maïs canadien de 26 %, faisant chuter celles du blé de 16 %. Toute la production agricole risque donc d'être profondément chamboulée, faisant flamber les coûts de production et les prix à la consommation, menaçant d'autant les éleveurs et notamment les producteurs hors sol. Cette insouciante fuite en avant transformant les « autos vertes à l'éthanol » en brouteuses de maïs transgénique

48. Lester, R. Brown. "Supermarkets and Service Stations now Competing for Grain" Earth Policy Institute, 13 juillet 2006. http://www.earth-policy.org/Updates/2006/Update55_printable.htm Consulté le 19 juillet 2007.

en surplus, puis de cultures destinées aux biocarburants, risque non seulement d'aggraver les problèmes socio-économiques et environnementaux, mais aussi de compromettre le développement raisonné et harmonieux de nouvelles sources énergétiques.

## Porcs transgéniques et clonés, *biopharming* et xénogreffes

Au moment où certains proposent d'introduire des porcs transgéniques, d'autres annoncent pour bientôt des porcs clonés[49] tout en prétendant, comme on l'a fait pour imposer les OGM végétaux, que ces porcs suffisamment différents pour être brevetés sont néanmoins substantiellement équivalents au porc « normal » ; bref, ils ne sont pas assez différents pour faire l'objet de contre-expertises rigoureuses et indépendantes...

Or, comment éviter de tels projets si, au nom de la compétitivité, on inféode l'industrie québécoise aux joueurs américains, en calquant l'essentiel de nos approches et de nos méthodes sur les leurs, et si les pouvoirs publics québécois n'amorcent pas des politiques agroalimentaires novatrices et cohérentes, centrées sur la valeur ajoutée et sur les spécificités québécoises, permettant ainsi d'éviter de faire bêtement les frais de l'intégration continentale ? Le rôle du gouvernement québécois est d'autant plus crucial que les institutions réglementaires fédérales nous ont malheureusement habitués, depuis des années, à « harmoniser » nos politiques à celles de nos voisins américains, tout en mystifiant le public avec les « smarts regulations[50] » ou avec de spécieux dispositifs de « consultations publiques en ligne[51] ».

---

49. FDA (U.S. Food and Drug Administration) "FDA Issues Draft Documents on the Safety of Animal Clones: Agency Continues to Ask Producers and Breeders Not to Introduce Food from Clones into Food Supply", *FDA News*, 2006. Consulté le 23 janvier 2007. http://www.fda.gov/bbs/topics/NEWS/2006/NEW01541.html.
50. Graham, J. "Smart Regulation*:* Will the government's strategy work ?", *Canadian Medical Association Journal,* nº 173 (12), 22005, p. 1469-1470.
51. Bacon, M.-H. *Le développement des biopharmaceutiques: politique publique ou stratégie de promotion économique?*, mémoire de maîtrise en sociologie, Université du Québec à Montréal, sous la direction de L. Vandelac, 2001,

Le gouvernement canadien, dont le rôle de juge et partie dans le domaine des biotechnologies[52] découle largement de la stratégie canadienne sur les biotechnologies, conçue comme fer de lance de l'économie[53], n'est guère enclin dans ce domaine à respecter le principe de précaution ou à combler les principales lacunes des dispositifs évaluatifs et réglementaires. Comment alors éviter d'être mis devant le fait accompli d'animaux de boucherie transgéniques, voire clonés, comme ce fut le cas avec les OGM ? Et comment éviter de se faire imposer le *biopharming* permettant de produire en quantité et de façon plus rapide, plus économique et parfois plus simple, dit-on, des biomolécules destinées au secteur pharmaceutique et industriel à partir de végétaux et d'animaux transgéniques, utilisés comme usines à protéines[54], opérations qui ne sont toutefois pas sans risques significatifs pour la santé et pour l'environnement ?

Récemment, le département américain de l'agriculture approuvait plus de 100 applications de la moléculture pour faire des essais de productions pharmaceutiques dans du maïs, du riz, de l'orge et du tabac[55]. Dans ce contexte, le gouvernement canadien saura-t-il prendre en compte les flagrantes lacunes réglementaires et les sérieux risques de contamination de l'environnement et de la chaîne alimentaire[56] pour résister aux pressions des lobbies voulant commercialiser la moléculture[57] ?

---

52. Société royale du Canada (SRC). *Éléments de précaution: recommandations pour la réglementation de la biotechnologie alimentaire au Canada*, rapport complet du groupe d'experts, 2001. http://www.rsc.ca//index.php?lang_id=2&page_id=119.
53. Bacon, M.-H. *op. cit.*, note 53.
54. Bacon, M.-H. *Génie génétique, biopharming et industrie pharmaceutique*, projet de doctorat en sociologie, Université du Québec à Montréal, sous la direction de L. Vandelac, 2005.
55. Munro, M. "Seed stranded in Chile underscores quandary on genetic modifications", *CanWest News Service*, 28 avril 2007.
56. Gene Watch et Greenpeace, *GM Contamination Report 2005 : A review of cases of contamination, illegal planting and negative side effects of genetically modified organisms*, 2005. http://www.greenpeace.org/raw/content/international/press/reports/gm-contamination-report.pdf.
57. Darier, É. *et al. Lettre au Premier Ministre Stephen Harper*, dans le cadre de la consultation de l'Agence canadienne d'inspection des aliments (ACIA) sur des Critères d'évaluation de la sécurité environnementale des végétaux transgéniques destinés à la moléculture végétale commerciale,

Quant à la création de porcs transgéniques comme réserve vivante d'organes humanisés destinés à d'éventuelles xénogreffes[58], les risques médicaux de rejets, d'infections et de transmissions de virus d'animaux à des humains sont si élevés que l'application de tels développements, d'ailleurs largement boudés par la population[59], a été repoussée, alors que les progrès en génie tissulaire laissent espérer de nouvelles alternatives.

## « Hold-up sur le vivant ! »

Cette expression empruntée à l'agronome et économiste français de l'INRA, Jean-Pierre Berlan[60], met en évidence qu'au-delà des questions de santé et d'environnement, la transgénèse végétale et animale interroge la mainmise croissante de quelques multinationales sur l'alimentation mondiale et sur l'évolution du vivant. À titre d'exemple, s'il est vrai que la puissante firme Monsanto, contrôlant une large partie des semences transgéniques et des herbicides Roundup, s'apprête, par d'étonnantes demandes de brevets, à faire main basse sur une partie de la production mondiale de porcs, cela fait frémir... Si l'on en croit Greenpeace, qui assure un suivi régulier des demandes de brevets déposées à l'Office suisse des brevets à Genève, l'une des applications (WO 225/015989) présentée par Monsanto décrit des méthodes très générales et déjà fréquemment utilisées de croisement et de sélection du porc, dont notamment l'insémination artificielle. La principale « invention » ne serait ici rien d'autre qu'une combinaison particulière de ces éléments désignée pour accroître le cycle de reproduction des traits sélectionnés, afin d'augmenter la rentabilité commerciale des animaux. Selon cette même source, l'autre application (WO 2005/

---

Alliance pour cibler l'intégrité en agriculture (ACIA), lettre co-signée par plus de 60 groupes québécois, canadiens et internationaux, 23 mai 2006.

58. Saint-Germain, C. *La technologie médicale hors-limite : le cas des xénogreffes*, Sainte-Foy, Presses de l'Université du Québec, 2001.
59. Association canadienne de santé publique (ACSP). *La transplantation de l'animal à l'humain : le Canada doit-il donner son feu vert ?* Consultation publique sur la xénotransplantation, Ottawa, ACSP, 2001. http://www.xeno.cpha.ca/francais/finalrep/page1.htm.
60. Berlan, J.-P. *La guerre au vivant : OGM & mystifications scientifiques*, Marseille/Agone et Montréal/Comeau & Nadeau, 2001.

017204) se référerait à des porcs dans lesquels une séquence génétique, liée à une hausse du taux de croissance, aurait été détectée[61]. Si ces informations sont confirmées, comme le craint un troublant documentaire portant sur le sujet[62], et si de tels brevets étaient effectivement attribués, les éleveurs de porcs seraient alors les premiers sur la ligne de mire.

## Du porc frais au porc transgénique… au porc artificiel sans porc ?

Les développements technoscientifiques ouvrent d'autres voies risquant également de s'avérer fort problématiques, tant pour les producteurs que pour les consommateurs. Depuis le début des années 2000, on a vu émerger une nouvelle alternative à la production de viande animale : la viande artificielle. Cette stratégie de production carnée, basée sur la culture *in vitro* de cellules de muscles d'animaux, s'appuie soit sur une technique de prolifération de cellules sur une structure absorbante ou soit sur une technique dite d'auto-organisation[63] qui ne requiert, dans les deux cas, que certains composantes animales, dont des facteurs de croissance tel du sérum de veau.

Bien que ces techniques, encore loin d'être parfaitement au point, ne permettent de produire que de la viande transformée du type viande à hamburger ou chair à saucisse, elles utiliseraient, selon ses promoteurs, beaucoup plus efficacement les nutriments et les ressources énergétiques de la terre et de l'eau. Présentée comme véritable panacée[64], cette pseudo-viande permettrait de diminuer les pressions environnementales, d'éviter la souffrance animale, de produire de la viande exempte de pathogènes, d'hormones de croissance, d'antibiotiques, de pesticides, de graisse en excès et même d'os (évitant ainsi les risques de s'étrangler, ajoute-t-on sans

61. Greenpeace. *Monsanto files patent for new invention: the pig*, 2005. http://www.greenpeace.org/international/news/monsanto-pig-patent-111. Traduction des auteurs.
62. Jentzsch, C. *Brevet pour le porc*, Production HTTV/WDR, 2007.
63. Edelman, P.E., McFarland, D.C., Mironov, V.A. et Matheny, J.G. "In Vitro Cultured Meat Production", *Tissue Engineering*, vol. 11, nº 5-6, 2005, p. 659-662.
64. *Ibid.* Voir aussi http://www.new-harvest.org/default.php.

sourciller...). Certes, en l'absence de systèmes respiratoires, digestifs et nerveux, de chair, d'os et de peau; bref en l'absence d'animaux à nourrir, à soigner et à entretenir... tout le bénéfice est concentré aux mains de quelques entreprises... Si ces techniques permettent, comme certains le prétendent, de produire des quantités phénoménales de viande artificielle à partir de quelques substrats, et si aucun problème sanitaire majeur ne résulte de telles « usines à viande », on imagine rapidement l'incroyable concentration de production de viandes brevetées, aux mains de quelques géants de l'industrie.

Quel avenir tout cela nous réserve-t-il ? La production industrielle de viande artificielle sera-t-elle élargie et banalisée, alors que les petits producteurs porcins seront décimés par la hausse des coûts d'énergie, de carburants et de maïs, au profit des grandes productions porcines, plus intensives encore et possiblement transgéniques ? Certains seront-ils forcés de se transformer en « moléculteurs » de plantes et d'animaux transgéniques pour l'industrie et le secteur pharmaceutique, pendant que d'autres, encore, se concentreront sur les produits biologiques et du terroir, réservés aux plus fortunés ou au plus avisés ? Chose certaine, l'actuelle crise de la porciculture risque fort d'être accentuée, non seulement par la compétition internationale, mais aussi par la flambée des coûts de production énergétiques, alimentaires et environnementaux, et par l'évolution accélérée du génie génétique et du génie tissulaire, dont la viande artificielle n'est qu'une des applications.

Saurons-nous tirer les leçons de la douloureuse saga de la porciculture intensive et intempestive, et réussirons-nous à exiger enfin de véritables débats démocratiques sur les orientations techno-économiques en agriculture et en alimentation, afin d'éviter que tout soit imposé par faits accomplis successifs ? Quand la prétendue raison économique de certains nous prépare un tel bestiaire transgénique de pures marchandises sur pattes, force est de reconnaître que ce type de raison n'a pas raison de toutes les raisons, et que nous serions beaucoup mieux avisés d'ébaucher, collectivement, un avenir digne de ce nom, tant pour les agriculteurs et les producteurs que pour les citoyens, les consommateurs et également les animaux... Comme me le rappelait ma vieille amie hongroise, Margrit, c'était le cochon familial qui, dans son village natal, allait la chercher tous les jours à l'école, comme d'ailleurs presque tous les enfants de sa classe... Les yeux emmêlés de souvenirs heureux et d'infinie tristesse, elle ajoutait : « Ils sont si intelligents et si sensibles les cochons... Pourquoi les traiter ainsi ? »

Bref, dans ce petit jardin bien arrosé de deux millions d'hectares qui symbolise bien cette Europe culinaire du Nord de l'Amérique, le Québec pourrait fort bien se démarquer par la qualité de ses produits agroécologiques et par l'intelligence de ses politiques. Rappelons que les citoyens ont largement réussi à imposer, depuis 10 ans, une gestion publique un peu plus responsable de l'eau, remodelant ainsi le Québec bleu, alors qu'après avoir dénoncé la malgestion forestière, d'autres ont incité à repenser ces développements verts, pendant que d'autres remettaient en question le jaune maïs d'un certain productivisme agricole, contribuant tous ainsi, de contestations en propositions concrètes et en commissions, à faire en sorte que ce pays réel puisse enfin naître à lui-même dans toute la puissance de ses couleurs emmêlées.

Toutefois, vu l'ampleur des défis cristalisés dans le secteur de l'élevage, au confluent des questions d'énergie, d'alimentation et d'environnement, seule une réelle évaluation stratégique non seulement des impacts mais aussi du bien-fondé et des stratégies de développement sociotechniques proposées pourra permettre de faire des choix éclairés et d'instaurer des politiques publiques et des cadres réglementaires davantage appropriés. Avant que les derniers petits et moyens producteurs ne soient décimés, que la souveraineté et la sécurité alimentaires ne soient compromises et que les bouleversements de l'agriculture ne déchirent les paysages ruraux et ne ternissent les plaisirs de la table – bref, avant de devoir dire « Adieux veaux, vaches, cochons ! » –, n'avons-nous pas tous et chacun notre mot à dire et quelques gestes bien sentis à poser ?

## Chapitre 17

# L'éthanol par maïs-grain : une solution problématique

Kim Cornelissen

L'idée de traiter d'éthanol dans un livre sur la question porcine ne paraît peut-être pas évidente à première vue, sauf lorsque l'on parle d'éthanol produit par maïs-grain. Alors que le cycle maïs-porc-purin était déjà problématique, on vient renforcer l'impact négatif de ce cycle en y ajoutant un nouvel élément : celui de la production d'éthanol. Si les biocarburants peuvent être fabriqués dans le but de régler plusieurs problèmes environnementaux, comme ceux qui sont produits à partir de déchets (réduction), l'éthanol provenant du maïs exacerbe les problèmes déjà importants de l'agriculture industrielle, en intensifiant les conflits d'usage et la spéculation des terres agricoles (production).

En raison de l'impact socio-économique dévastateur de la production et de l'utilisation du pétrole, et en réaction aux difficultés croissantes liées à l'approvisionnement – voire à sa disparition à court ou moyen terme –, des biocarburants tel l'éthanol sont perçus comme une solution environnementale disponible à brève échéance. Il est vrai qu'à certains égards, l'éthanol est moins problématique que le pétrole (en ce qui concerne, entre autres, la dépendance à l'importation, l'instabilité politique, les guerres, etc.). Mais, lorsque celui-ci est produit par cultures intensives, telles que le maïs-grain, ce type de production soulève des questions éthiques, environnementales et économiques importantes.

En effet, contrairement à la production de biocarburants par valorisation des déchets, la production par culture intensive entraîne plusieurs effets pervers sur les communautés, que ce soit dans certaines régions du Québec ou dans les pays en développement.

La confusion est due à l'impression que l'éthanol par maïs-grain est un biocarburant renouvelable, ce qui est faux. Il est vrai que le maïs peut être cultivé d'année en année, mais les terres agricoles elles-mêmes n'ont aucun caractère renouvelable, et les terres vraiment fertiles seraient peu abondantes au Québec, selon l'Union des producteurs agricoles (UPA) : « la problématique d'ensemble est d'autant plus aiguë que moins de 2 % des terres du Québec se prêtent à l'agriculture[1]. » Si la superficie des bonnes terres diminue comme peau de chagrin pour laisser place à l'urbanisation (développements résidentiels, immeubles commerciaux, autoroutes et lignes de transport d'énergie), les terres agricoles, quant à elles, sont presque entièrement utilisées pour de la monoculture industrielle de maïs-grain et de soya, ou encore d'épandage de fumier et lisier. L'agriculture intensive nécessite ainsi une très grande superficie de terre, réduisant d'autant les friches, les forêts et les milieux humides non protégés qui sont des réserves de biodiversité à préserver. En renforçant les conflits d'usage déjà créés par le cycle purin-maïs-porcs, l'éthanol produit par maïs-grain ne fera donc qu'amplifier les problèmes économiques, environnementaux et sociaux, qui se répercutent tant à l'échelle locale qu'internationale.

## Considérations économiques

La forte spéculation liée aux terres agricoles à partir des années 1990 a créé une situation où le prix de l'acre de terre agricole a plus que quadruplé entre 1990 et 2004[2]. Cette flambée des prix continue d'avoir des conséquences négatives sur les possibilités de

1. http://www.upa.qc.ca/fra/coalition/index.asp.
2. *La situation fiscale et financière des municipalités locales,* http://www.groupeageco.ca/fr/pdf/stat/vale_terre.pdf.

préserver les fermes pour la relève familiale, ou de permettre à des jeunes qui s'intéressent à l'agriculture de réaliser leur rêve professionnel.

## Considérations environnementales : l'exemple de la Montérégie

L'utilisation de l'éthanol produit par maïs-grain a également des conséquences environnementales importantes, en exerçant une pression supplémentaire sur les terres non encore dédiées à l'agriculture. L'exemple de la Montérégie est éloquent à cet égard : près des deux tiers du territoire sont déjà utilisés par l'agriculture industrielle[3].

Déjà il y a 20 ans, 70 % des terres montérégiennes étaient utilisées pour le maïs-grain du Québec et 40 % pour l'industrie porcine[4]. Les forêts et les milieux forestiers exceptionnels du territoire sont de petite taille (99 % ont moins de cinq hectares) et de propriété privée, sauf rare exception (97,5 %)[5], contrairement à d'autres régions du Québec. Ce faisant, elles sont difficiles à « rentabiliser » par les propriétaires, que ce soit pour la coupe forestière ou pour le développement récréo-touristique. De plus, étant donné la multiplicité des propriétaires, dont un grand nombre sont des agriculteurs, la réglementation actuelle ne soutient pas adéquatement une planification régionale qui viserait leur préservation. Plusieurs personnes vivant en milieu rural ont constaté que la réglementation actuelle, basée sur une protection privée volontaire, ne permet pas d'empêcher le déboisement à des fins de culture intensive ou pour l'épandage de fumier. Cette vision uniquement économique du couvert forestier met donc en danger leur sauvegarde, alors que la Montérégie possède 147 écosystèmes forestiers exceptionnels[6].

Il y a tout lieu de s'inquiéter car, de fait, les forêts disparaissent de façon inquiétante. C'est le cas dans la MRC Vallée-du-Richelieu, l'une des 15 MRC de la Montérégie. Alors que du temps de la rébellion des Patriotes, le territoire était couvert de forêts, celles-ci

---

3. http://www.mddep.gouv.qc.ca/regions/region_16/portrait.htm.
4. http://www.naturequebec.org/ressources/fichiers/ArchivesEcoroute/Ecosommet 1996/plan/chpt5,5-15.htm.
5. http://www.commission-foret.qc.ca/pdf/Portrait_Estrie_CduQ_Monte.pdf.
6. *Ibid.*

occupent maintenant moins de 20 % du territoire, incluant les boisés protégés des monts Saint-Bruno et Saint-Hilaire. Seulement entre 1992 et 1999, c'est 110 km² de forêt qui ont disparu[7].

Hélas, les terres humides et les friches sont d'abord considérées pour leur potentiel de rentabilité, et ce, bien que la Montérégie soit l'une des deux régions administratives où l'on retrouve le plus grand nombre d'espèces menacées ou vulnérables, selon l'Atlas de la biodiversité du Québec[8].

En plus d'être essentiels aux animaux et aux plantes, les divers écosystèmes, qu'ils soient de la forêt, des friches ou des terres humides, sont également utiles aux humains, qui ont besoin de lieux naturels à proximité de chez eux. En effet, ceux-ci doivent avoir accès à des espaces non balisés ni tarifés, des lieux pour se ressourcer, où il est possible de marcher, d'explorer, de découvrir, de s'émerveiller ou encore de se remémorer des moments passés. Or, presque entièrement privatisés et en voie de disparition, la forêt et les espaces naturels montérégiens sont de plus en plus victimes du « syndrome de la carte postale », c'est-à-dire que les paysages sont splendides, mais inaccessibles... Inutile de se demander pourquoi les enfants préfèrent demeurer à l'intérieur pour découvrir des milieux virtuels plutôt que de partir à la recherche de grenouilles, de pistes de chevreuil ou de papillons...

## Impact de l'éthanol sur l'économie liée à l'alimentation

Le prix du maïs a un impact sur celui des autres céréales, mais également sur le prix du porc, une partie de la production de maïs étant réservée pour la nourriture des élevages... Dans son rapport de 2005, l'organisme américain Global Insight indique que l'éthanol ne profiterait qu'aux exploitations agricoles qui produisent des céréales à des fins énergétiques, au détriment d'autres types d'agriculture, ce qui provoquerait une hausse du coût du panier d'épicerie[9].

Mais il y a plus préoccupant encore: l'utilisation des céréales destinées à des fins de production énergétique serait plus économiquement profitable que pour nourrir les humains, entre autres dans un contexte de crise liée aux coûts de production de l'industrie

7. http://www.centrenature.qc.ca/pdf/foret/depliantforet.pdf.
8. http://www.cdpnq.gouv.qc.ca/pdf/Atlas-biodiversite.pdf.
9. http://www.taxpayer.net/energy/raceforsubsidies.html.

porcine. Cette plus grande rentabilité est d'ailleurs promue entre autres par l'organisme Financement agricole Canada, dans son article du mois de juillet-août 2006 intitulé : « *Burning wheat has more value than putting it in bread...* » [brûler du blé est plus rentable que de s'en servir pour du pain...].

Le recours aux cultures énergétiques est dénoncé par certaines associations agricoles, dont la National Farmer's Union (NFU), deuxième plus grande association canadienne d'agriculteurs. La NFU considère que les terres agricoles ne devraient pas être utilisées pour abreuver nos voitures alors que plus de 800 millions de personnes ont faim dans le monde. Elle mentionne que « puisque l'éthanol est produit à partir du grain, l'éthique de l'éthanol devient l'éthique alimentaire. Et puisque l'éthanol diminue la production alimentaire mondiale, cela détermine qui mangera et qui ne mangera pas[10]. »

Ce n'est pas l'opinion du gouvernement du Canada, qui considère la production de l'éthanol par maïs-grain comme une solution environnementale et sociale, et ce, malgré l'évidence accumulée de problèmes liés au développement de ce marché. Plutôt que de baliser l'industrie de l'éthanol en fonction de considérations éthiques et équitables, le gouvernement fédéral complique encore la situation en offrant un programme de 345 millions de dollars destinés au développement des biocarburants, et exige que cette production soit liée à l'agriculture : « [...] la condition à la subvention aux usines est de recourir à de la matière première d'origine agricole pour produire des biocarburants. » La raison invoquée serait que « [...] l'utilisation de grains de différents types, mais surtout du maïs, devrait aider à soutenir les prix aux agriculteurs[11]. »

10. Notre traduction. Citation originale : "*Because ethanol production turns grain into fuel, the ethics of ethanol are also the ethics of food. And because ethanol production removes food from the global supply, it may alter who eats and who doesn't.*" http://findarticles.com/p/articles/mi_m0JQV/is_1_34/ai_n9524489.

11. www.commandnews.com/fpweb/fp.dll/$fcc/htm/fcc/x_dv.htm/_ibyx/daj/_svc/cp_pub/_Id/1071883464/_k/mlnF3rTv9dTdXGM9.

## Impact de l'absence du débat de l'éthanol sur la sensibilisation environnementale

L'éthanol par culture dédiée telle que le maïs-grain crée des problèmes également sur le plan social. Le fait de promouvoir l'éthanol comme solution environnementale, sans préciser de quel type d'éthanol il s'agit (par déchets ou par culture), risque de créer une situation où les consommateurs croyant participer à l'effort environnemental s'apercevront que, ce faisant, ils amplifient les problèmes plutôt que de contribuer à les solutionner.

À l'occasion du Sommet sur les changements climatiques de Naïrobi, en novembre 2006, l'organisme Pacific Indigenous Peoples Environment Coalition[12] déposait une pétition internationale afin de réprouver les subventions des gouvernements au développement de marché de grains pour les biocarburants. Ses membres dénoncent l'impact de ces cultures sur la déforestation et les conditions de vie des populations locales, entre autres celles des femmes. Le rapport de 2006 sur l'énergie de l'Institut des sciences de la société[13], désapprouve également cette situation, de même que le webzine environnemental français *Novethic*[14]. À la suite d'une mission au Brésil, l'organisme suédois Gröna Bilister[15] recommande un étiquetage éthique de l'éthanol, afin de s'assurer que celui-ci n'est pas produit dans des conditions environnementales ou humanitaires négatives. Enfin, le gouvernement du Québec, dans sa nouvelle politique énergétique, ne recommande pas la production d'éthanol par maïs-grain mais bien par déchets forestiers[16]. J. P. Jepp, de l'Institut Pembina[17], approuve cette approche.

Les gouvernements et les instituts de recherche ont un rôle à jouer afin de redresser la situation actuelle. À la place des cultures énergétiques intensives, ils doivent soutenir des solutions énergé-

12. http://www.cen-rce.org/eng/action_alerts/06_11_biofuel.html.
13. http://www.i-sis.org.uk/ISIS_energy_review_exec_sum.pdf.
14. www.novethic.fr/novethic/site/article/index.jsp?id=74400.
15. www.gronabilister.se Association suédoise de gens qui possèdent ou utilisent des voitures « vertes ».
16. www.mrnf.gouv.qc.ca/publications/energie/strategie/strategie-energetique-2006-2015-sommaire.pdf.
17. www.commandnews.com/fpweb/fp.dll/$fcc/htm/fcc/x_dv.htm/_ibyx/daj/_svc/cp_pub/_Id/1071883464/_k/mlnF3rTv9dTdXGM9.

tiques qui ont des impacts moindres sur l'environnement, l'économie et le bien-être humain. La filière de biocarburants par déchets, entre autres le biogaz, favorise une approche de production par élimination plutôt qu'utilisation (déchets versus terres agricoles), permettant ainsi de régler simultanément des problèmes de gestion des matières résiduelles, dans une gestion locale et régionale de l'approvisionnement en énergie. L'exemple de la Suède est éloquent à cet égard: la production de biogaz est gérée de façon locale par les municipalités et intègre des déchets forestiers, agricoles, de pêcheries, ainsi que le purin, les déchets organiques des résidences, des restaurants et des entreprises. Non seulement cette solution permet-elle de gérer également la question des déchets, mais le monde agricole profite des résidus du biogaz, qui sont retournés sur les terres agricoles en engrais non dommageables pour l'environnement[18]. La décision du Canada et des États-Unis de financer à outrance l'éthanol par maïs-grain pour relever une agriculture en pleine crise empêche l'émergence de petites infrastructures locales de production de biocarburants par déchets. Pourtant, il s'agit d'une solution beaucoup plus intéressante, et ce, tant pour ce qui est du contrôle public de la production d'énergie, de la réduction des impacts négatifs environnementaux, que du développement de l'économie locale (sous forme de coopératives d'énergie, par exemple).

Mais au-delà des modes de production, il faut d'abord repenser nos modes de consommation sous un angle de réduction de la dépense énergétique (diminution du gaspillage, énergie alternative, transport en commun, aménagement urbain, etc.) parce que les biocarburants, peu importe d'où ils viennent, ne parviendront jamais à répondre à la demande énergétique toujours grandissante.

18. http://www.businessregiongoteborg.com/huvudmeny/clusters/business environment/biogaswest.4.5733b8a71081e46f8448000424.html.

Cinquième partie

# Face à l'impensable, des alternatives constructives

CHAPITRE 18

# La production sur litière : une piste de solution incontournable à la crise actuelle de l'industrie porcine

VÉRONIQUE BOUCHARD

*Par le biais de la production porcine, c'est un regard critique sur l'ensemble des activités agricoles que la société porte actuellement. Oser la remise en question, oser revoir nos façons d'intervenir dans la pratique agricole, oser repenser les modèles de production, voilà une manifestation de grande maturité.*

LES NOMBREUX PROBLÈMES SOULEVÉS par les citoyens concernant la production porcine au Québec ne constituent pas une croisade contre la production agricole, comme certains acteurs du milieu aimeraient bien le laisser croire, mais il s'agit bien davantage d'une critique d'un mode de production, souvent qualifié d'industriel, basé sur une gestion liquide des déjections animales.

Ce mode de production, largement dominant au Québec, comporte des avantages d'ordre technique et économique qui ont permis d'atteindre des gains de productivité importants. En effet, la gestion liquide des déjections animales en production porcine a permis d'augmenter considérablement la densité animale des élevages, tout en diminuant les besoins en main-d'œuvre pour une même quantité de porcs produits, faisant ainsi chuter les coûts de production. Parallèlement, le gouvernement a engagé des efforts pour soutenir la production porcine sur gestion liquide par le biais d'un ensemble de mesures, telles que la recherche scientifique et technique, de même que les différents programmes de soutien agricole.

Ces changements structurels du secteur porcin n'ont pas eu d'effets que sur la balance économique et la productivité agricole ; ils ont également eu des répercussions sur les dimensions environnementales, sociales, économiques, politiques et culturelles de l'agriculture. Ainsi, le Québec a connu une véritable escalade de protestations citoyennes en réponse aux nouvelles problématiques engendrées par la production porcine, qui ont mené à un moratoire sur la production porcine et un Bureau d'audiences publiques sur l'environnement (BAPE), en 2002.

Lors des audiences du BAPE, un bon nombre d'organisations œuvrant dans les secteurs agricole, environnemental, communautaire ou de la santé (notamment l'Union paysanne, l'Union québécoise pour la conservation de la nature, Équiterre, la Coalition citoyenne santé et environnement, le Centre de recherche et d'éducation à l'environnement régional, etc.) ont ainsi proposé la production sur litière comme alternative au mode de production actuel et aux problèmes qu'il engendre.

Lors de son rapport final, le BAPE émettait d'ailleurs la recommandation suivante :

> La Commission recommande que le gouvernement, de concert avec le secteur de la production porcine, soutienne le développement des connaissances écologiques, techniques, économiques et sociales de l'élevage de porcs sur litière. Elle recommande également que le gouvernement soutienne des essais pratiques d'élevage de porcs sur litière et procède à leur évaluation[1].

Plus de trois ans après la parution de ce rapport, la production porcine sur litière est toujours aussi marginale et marginalisée, autant par le secteur de production porcine ou de la recherche que par les instances gouvernementales. Malgré les recommandations du BAPE, le soutien à ce mode de production alternatif ne s'est pas manifesté, et il semble que le secteur porcin québécois ait conservé la même logique de production qu'avant le moratoire et la commission du BAPE.

---

1. *Ibid.*

Ce chapitre a pour objectifs de dresser un portrait de la production porcine sur litière et de faire ressortir les avantages et les limites de cette alternative de production dans le contexte québécois, en regard des dimensions agronomique, environnementale, de santé, technique, éthique, économique, politique et sociale. L'approche holistique utilisée tente de mettre en relief les interrelations entre ces multiples dimensions, afin de développer une compréhension globale des enjeux soulevés par le mode de production porcine actuel, et de susciter la réflexion critique face à nos choix de société en agriculture au Québec.

## Gestion solide et gestion liquide : deux modes de production très différents

Dans une production sur lisier (ou gestion liquide des déjections), les porcs sont élevés sur un plancher de lattes non jointes, qui permet de recueillir les déjections sous les animaux. Ces déjections, plus ou moins diluées par les eaux de lavage, d'abreuvement et de pluie (lorsque la fosse n'est pas couverte), sont épandues par la suite dans les champs.

Dans une production sur litière (ou gestion solide des déjections), les porcs sont élevés sur une litière, habituellement faite de sciure de bois ou de paille, à laquelle se mélangent les déjections animales. Le terme fumier fait référence à ce mélange de déjections et de litière, qui commence à se transformer rapidement par processus de compostage à l'intérieur même du bâtiment. Le fumier peut être épandu au champ sous une forme plus ou moins compostée.

Le choix entre une gestion liquide ou solide des déjections traduit une importance plus ou moins grande accordée aux différentes dimensions de l'élevage porcin, soit les dimensions agronomique, environnementale, de santé, technique, économique, culturelle, éthique, politique et sociale.

## Dimension agronomique : lisier ou fumier, quelle différence pour le sol ?

D'un point de vue agronomique, le lisier et le fumier sont deux matières fertilisantes très différentes. Bien que l'on considère le lisier comme un engrais organique, ses effets sur les composantes physiques, chimiques et biologiques du sol sont totalement différents de ceux du fumier.

Dans le cas d'un élevage sur litière, l'ajout de matière carbonée a pour effet de stabiliser l'azote des déjections animales. La litière contribue à la fois à l'apport de carbone et d'oxygène nécessaires aux micro-organismes, qui transforment les déjections animales en des composés organiques plus stables, désignés sous le terme général d'humus. Ainsi, les éléments fertilisants, qui sont principalement sous forme soluble dans le lisier, se retrouvent majoritairement sous forme organique dans le fumier[2]. Avec un apport constant de fumier au sol, il se crée un véritable cycle de transformation et de recyclage des matières organiques, qui améliore progressivement et de façon durable la fertilité du sol[3].

En nourrissant les organismes vivants du sol, les fumiers améliorent la structure des sols lourds comme celle des sols légers. En effet, la faune du sol (vers de terre, nématodes, acariens, etc.) joue un rôle essentiel dans la formation des agrégats stables et sur l'aération du sol. Cette amélioration de la structure et l'aération du sol favorisent à leur tour les micro-organismes qui dégradent les matières organiques et sécrètent des substances collantes. L'amélioration de la structure facilite la pénétration du sol par les racines et assure leur apport en oxygène, alors que la microflore joue un rôle important pour le recyclage des éléments nutritifs et, par conséquent, pour la nutrition des plantes.

Ainsi, la matière organique du sol favorise à la fois la croissance des plantes et leur résistance aux parasites. Selon Sotner, un gramme d'humus fixe environ cinq fois plus de cations (éléments minéraux de charge positive essentiels pour la plante) qu'un gramme d'argile. Dans les sols, l'humus se lie à l'argile pour former un complexe électronégatif capable de retenir les éléments nutritifs jusqu'à ce que la plante en ait besoin. Par la minéralisation de l'humus, les éléments fertilisants de la matière organique sont restitués au sol graduellement, permettant de soutenir une fertilité à moyen et à long terme dans le sol. Ainsi, l'humus assure une alimentation équilibrée et une bonne croissance pour les plantes, par un apport suffisant en oligo-éléments (cations) de même qu'en activateurs de

2. Pouliot *et al.*, 2006.
3. Soltner, D. *Les bases de la production végétale: le sol, le climat, la plante.* Angers, Sciences et techniques agricoles, 24e édition, 2005, p. 472.

croissance (vitamines, hormones) agissant à de très faibles doses. Cette nutrition équilibrée des plantes augmente leur résistance au parasitisme, diminuant ainsi les besoins en pesticides.

L'ensemble de ces transformations bio-physico-chimiques contribue à augmenter la stabilité des agrégats du sol face aux agressions physiques de la pluie ou de l'arrosage. De plus, puisque l'humus agit en quelque sorte comme une éponge, l'apport régulier de fumier améliore également la capacité de rétention en eau du sol. Cette stabilité structurale est une condition essentielle de la lutte contre l'érosion des sols, majoritairement responsable de la pollution de cours d'eau en phosphore[4].

Dans un élevage sur litière, le processus de compostage peut être plus ou moins avancé, en fonction de l'aération du fumier et du temps de maturation. On assiste, au cours du processus de compostage, à une diminution du rapport entre le carbone et l'azote du fumier, de même qu'à une augmentation de la quantité d'humus stable par rapport à la matière organique fraîche[5]. La matière organique fraîche assure une disponibilité rapide des éléments nutritifs, alors que l'humus stable contribue au maintien de la fertilité à long terme.

En ce qui concerne le lisier, celui-ci se compose de 95 à 98 % d'eau et contient ainsi très peu de matière sèche et de matière organique par volume. De plus, les éléments fertilisants du lisier sont principalement sous forme soluble et rapidement disponibles pour la plante. L'effet fertilisant du lisier s'apparente ainsi à celui des engrais minéraux. En effet, N'Dayegamiye et Côté ont montré que l'apport à long terme de lisier ou d'engrais chimiques conduit à une baisse de matière organique du sol et à une dégradation de la structure du sol. Soltner soutient même que « le lisier est un non-sens agronomique ». Toujours selon Soltner, faute de matière carbonée, le lisier possède un rapport entre le carbone et l'azote très faible et est donc incapable de produire de l'humus. De plus, en raison de sa teneur élevée en ammoniaque, le lisier génère un effet acidifiant sur le sol et même des effets toxiques pour la faune et la microflore du sol.

---

4. Soltner, 2005.
5. N'Dayegamiye, A. et Côté, D. « Effet d'application à long terme de fumier de bovins, de lisier de porc et de l'engrais minéral sur la teneur en matière organique et la structure du sol », *Agrosol*, vol. 9, nº 1, 1996, p. 31-35.

Ainsi, d'un point de vue agroenvironnemental, le fumier est nettement plus intéressant que le lisier, en raison de ses effets bénéfiques sur le taux de matière organique, l'activité biologique, la structure et l'aération des sols, de même que sur la nutrition des plantes et leur résistance au parasitisme. Ces avantages peuvent évidemment être amplifiés ou amoindris en fonction des autres pratiques agroenvironnementales utilisées (cultures de couverture, travail du sol, gestion des fumiers...), d'où la nécessité d'un suivi agronomique adéquat quel que soit le mode de gestion des déjections employé.

## Dimension environnementale : la litière, pour une meilleure qualité de l'eau et de l'air

Selon le ministère de l'Environnement du Québec, « les risques d'incidences sur l'environnement liés au mode de gestion liquide sont généralement considérés plus importants quant à la contamination des eaux et au dégagement d'odeurs, comparativement à la gestion sous forme solide[6] ». En effet, la gestion solide des déjections, si elle est bien effectuée, apparaît nettement moins dommageable pour l'environnement, notamment en ce qui a trait à la pollution des eaux et de l'air.

### *Pollution des eaux*

Le ruissellement et le lessivage représentent un risque important pour l'environnement, par la perte d'éléments fertilisants et de pesticides qui entraînent une contamination des cours d'eau. Le ruissellement est principalement influencé par la régie de culture, par le mode de fertilisation, ainsi que par les propriétés physiques du sol qui sont, à leur tour, fortement influencées par le mode de fertilisation et la régie de culture. À ce niveau, Soltner indique que la gestion liquide des déjections en production porcine présente des risques élevés de pollution des cours d'eau par ruissellement et infiltration d'ammoniaque, de nitrates et de phosphates.

---

6. Ministère de l'Environnement du Québec. *Synthèse des informations environnementales disponibles en matière agricole au Québec*, Québec, Envirodoq ENV/2003/0025, 143 p.

Tout d'abord, le lisier est un produit souvent surabondant en système hors sol, puisque la taille des élevages sur lisier est souvent hors de proportion avec les superficies cultivables de la ferme. « Il faut alors trouver aux alentours des terres considérées comme des épurateurs de lisier et, de ce fait, surfertilisées, malgré des normes de quantités et d'époques d'épandage. »

De plus, comme mentionné précédemment, l'apport à long terme de lisier contribue à une diminution du taux de matière organique et de la capacité de rétention en eau, ainsi qu'à une dégradation de la structure du sol. Puisque le lisier contient 95 % d'eau, la gestion des déjections sous forme liquide, au Québec, implique l'épandage de volumes importants répartis sur une saison végétale relativement courte. Les passages fréquents au champ, combinés au poids considérable des épandeurs remplis de lisier, augmentent les risques de compaction du sol. Or, selon Gangbazo *et al.*[7], le ruissellement dépend grandement de la quantité totale d'eau épandue sur le sol, alors que la vulnérabilité des sols au ruissellement est déterminée par les propriétés physiques du sol, soit la structure, la porosité et surtout le degré de compaction du sol. Le lessivage se produit également lorsque les sols reçoivent plus d'eau que leur capacité de rétention. L'eau en surplus s'infiltre dans le sol et entraîne avec elle les éléments fertilisants solubles et les pesticides, qui atteignent le système de drainage souterrain, voie de transport privilégiée vers les cours d'eau[8].

La source principale de phosphore qui se retrouve dans les cours d'eau est le phosphore particulaire, des particules de sols riches en phosphore entraînées par le ruissellement ou par l'érosion des sols[9]. Or, tel que mentionné plus haut, la matière organique joue un rôle crucial dans la stabilité structurale des sols et, donc, dans leur vulnérabilité à l'érosion. Les normes environnementales sont actuellement basées sur des quantités maximales de phosphore, sans égard à la vulnérabilité des sols de pertes par érosion ou ruissellement de ce phosphore.

---

7. *Op. cit.*
8. Beaudet, P. *La fertilisation et la gestion du risque agroenvironnemental* . Conférence présentée dans le cadre du Colloque sur le phosphore de l'Ordre des agronomes du Québec, 2002, 20 p.
9. *Ibid.*

De plus, le fait que la réglementation environnementale soit basée sur le phosphore occulte souvent les risques environnementaux liés aux pertes d'azote. En effet, l'azote représente un risque particulier pour la pollution des cours d'eau, puisque contrairement au phosphore, il ne s'accumule pas ou très peu dans le sol, et risque plus facilement d'être lixivié et entraîné vers les cours d'eau[10]. Les pertes d'azote dues à l'érosion et au ruissellement concernent principalement l'azote ammoniacal, présent en plus grande quantité dans le lisier que dans le fumier. De plus, l'azote du fumier, présent sous forme organique, est moins mobile dans le sol et donc moins susceptible de pertes par lixiviation[11].

## *Pollution par les odeurs*

Un autre aspect qui affecte beaucoup la qualité de vie des résidants en milieu rural est sans contredit la charge d'odeurs. Celle-ci est nettement supérieure dans un élevage sur gestion liquide, en raison des conditions anaérobies d'entreposage du lisier, qui favorisent la production de gaz odorants. En moyenne, les élevages sur plancher latté produisent des émissions odorantes deux fois plus élevées que les élevages sur litière[12]. Les seuls cas répertoriés où les élevages sur litière émettaient des odeurs comparables ou supérieures aux élevages sur lisier étaient attribuables à une mauvaise gestion du système sur litière, nuisant au processus de compostage (apport insuffisant de litière, humidité trop élevée, température trop basse).

La pollution par les odeurs est souvent perçue comme un simple problème de cohabitation. « Or, compte tenu de l'augmentation de la charge d'odeurs des dernières décennies, on ne peut attribuer la cohabitation difficile des dernières années uniquement à la plus grande proximité des « urbains » de la zone verte ou à l'installation

---

10. Ministère de l'Environnement, 2003, *op. cit.*
11. Kermarrec, C. et Robin, P. « Émissions de gaz azotés en élevage de porcs sur litière de sciure », *Journées de la Recherche Porcine*, vol. 34, 2002, p. 155-160.
12. Pouliot, F., Plourde, N., Richard, Y., Fillion, R. et Klopfenstein, C. *État actuel des systèmes d'élevage sur litière et leur perspective de développement*, rapport d'étude, Centre de développement du porc du Québec, 2006, 89 p.

des « urbains » en zone verte[13]. » En fait, selon la même source, les agriculteurs sont aussi nombreux que les autres citoyens à se plaindre de ce type de nuisance. De plus, ce qui peut sembler un simple inconvénient de vivre en milieu rural pour certains constitue une source de détresse psychologique pour d'autres.

Dans une étude rapportée par le ministère de l'Environnement, on constate que le niveau de détresse psychologique ne varie pas selon les municipalités ou selon les saisons, sauf dans le cas des municipalités comptant 20 000 porcs et plus. Ce niveau, qui s'établit en moyenne à 26,2 % dans la population en général, atteint 34,3 % au printemps et à l'été, soit une période intensive d'épandage de lisier, durant laquelle les citoyens ouvrent les fenêtres et aimeraient profiter du grand air. Cette détresse psychologique se manifeste, entre autres, par une occurrence plus élevée de l'anxiété, de la dépression, du sentiment de colère et de fatigue, de la confusion, de même que des troubles d'humeur plus marqués que la moyenne.

## *Gaz à effet de serre et pluies acides*

Outre les émissions odorantes, la production porcine émet également des gaz qui contribuent au réchauffement climatique et à la formation des pluies acides. Les principaux gaz à effet de serre (GES) d'origine agricole sont le gaz carbonique ($CO_2$), le méthane ($CH_4$) et le protoxyde d'azote (ou oxyde nitreux $N_2O$). On accuse souvent les élevages sur litière d'être responsables de grandes émissions de GES, particulièrement en ce qui a trait aux émissions de protoxyde d'azote, un GES 300 fois plus puissant que le $CO_2$. Cependant, la majorité des études présentent des bilans de GES à l'intérieur du bâtiment, puisque les GES y sont plus facilement mesurables. Or, le fumier de porc subit l'essentiel de ses pertes azotées au cours du processus de compostage au bâtiment, alors que le lisier le fait au champ[14]. De façon générale, on reconnaît que les systèmes de gestion des déjections animales mal aérés, comme le lisier, génèrent de grandes quantités de méthane, mais très peu de protoxyde d'azote, alors que les systèmes bien aérés ne produisent

13. Ministère de l'environnement, 2003, *op. cit.*

14. Pigeon, S. et Drolet, J.-Y. *Impact environnemental de l'élevage du porc sur litière*, rapport présenté à la Fédération des producteurs de porcs du Québec, Québec, BPR Ingénieurs-conseils, 1996, 75 p.

que peu de méthane, mais davantage de protoxyde d'azote[15]. Cependant, le protoxyde d'azote est également produit lors de la dénitrification dans le sol, principalement lorsque les sols sont compactés et saturés en eau[16]. Tel que mentionné précédemment, l'épandage de lisier accroît les risques de compaction des sols et leur saturation en eau et, par conséquent, les émissions de protoxyde d'azote. Puisque difficilement mesurable, ce phénomène pourtant connu est rarement pris en compte lorsqu'il est question d'émissions de GES reliées aux modes d'élevage.

L'épandage de fumier améliore également la structure globale du sol, réduisant le processus de dénitrification, et accroît le taux de matière organique, produisant un effet de stockage du carbone. Pour l'atteinte des objectifs de Kyoto, Agriculture et Agroalimentaire Canada prône d'ailleurs l'adoption de pratiques visant à accroître la quantité de matière organique dans les sols agricoles, « ce qui a pour effet d'augmenter leur pouvoir de séquestration du carbone, mais également d'améliorer la structure et la fertilité des sols à long terme[17] ».

Kermarrec et Robin ont montré qu'il était possible de maîtriser les émissions d'ammoniac et de protoxyde d'azote par des moyens simples. Selon ces auteurs, le brassage de la litière, pourtant généralement recommandé, accroît de façon considérable les émissions azotées[18]. De plus, l'utilisation d'une litière riche en carbone, poreuse et en quantité suffisante contribue à réduire les pertes azotées, ce qui offre le double avantage de réduire les émissions de GES et d'accroître la valeur fertilisante du fumier. Il semble cependant qu'aucune étude scientifique n'ait pu dresser un portrait global, du bâtiment au champ, de l'incidence des modes d'élevage en gestion liquide et solide sur le bilan des GES.

---

15. *Inventaire canadien des gaz à effet de serre: 1990-2002*, Gatineau, Environnement Canada, Division gaz à effet de serre, 2004, 266 p.
16. Bérubé, C. *et al.*, *Fertilisation azotée dans le maïs-grain: 11 ans d'essai à la ferme au Québec*, document de vulgarisation, 2006, 8 p.
17. *Agriculture et Agroalimentaire Canada. Pertinence et incidence possible des mécanismes du protocole de Kyoto sur le secteur canadien de l'agriculture et de l'agroalimentaire*, Direction de l'analyse économique et stratégique, Direction générale des politiques, gouvernement du Canada, 2000, 72 p.
18. Kermarrec et Robin, 2002.

Outre les GES, l'émission d'ammoniac comporte également un risque environnemental, puisqu'il s'agit d'un gaz impliqué dans la formation des pluies acides. Or, l'élevage sur plancher latté entraînerait une augmentation de 50 % des émissions d'ammoniac au bâtiment par rapport à l'élevage sur litière. De plus, l'azote du fumier est majoritairement sous forme organique, alors que l'azote du lisier est majoritairement sous forme ammoniacale, ce qui entraîne des émissions subséquentes d'ammoniac gazeux pendant et après l'épandage au champ.

Au bilan des émissions azotées, la majorité des pertes d'azote dans les élevages sur litière seraient attribuables à la production d'azote moléculaire, un gaz non polluant Ainsi, toujours selon Kermarrec et Robin, l'élevage sur litière peut être perçu comme un procédé de traitement des déjections plus ou moins demandant en énergie, dépendamment des techniques d'élevage utilisées.

## Dimension technique : le Québec, loin derrière l'Europe !

La production sur litière ne date pas d'hier. Il s'agit en fait du mode de production qui prévalait jusqu'au milieu des années 1980 au Québec :

> Dans les années 80, le conflit social émerge. L'intensification et la spécialisation de la production porcine rendent cette dernière moins familière au milieu. L'élevage sur litière avec épandage au champ associé à des odeurs familières (mais non sans odeur) cède la place à un élevage sur lisier. Très vite le ministère de l'Environnement demande la construction de structures d'entreposage des déjections pour contrer la pollution ponctuelle. Le paysage rural s'en trouve modifié. La taille de la porcherie change et les odeurs émanant des bâtiments d'élevage augmentent. L'épandage du lisier diffuse, dans le milieu, de très fortes odeurs, plus vives et moins familières que les odeurs habituelles[19].

Les techniques d'élevage ont largement évoluées depuis les 30 dernières années, autant pour l'élevage sur lisier que sur litière. Au Québec, on retrouve principalement des productions sur gestion liquide qui représentent plus de 98 % de la production porcine totale. En 2005, on comptait 38 producteurs de porcs sur litière au

19. BAPE, *op. cit.*

Québec, sur un total de 2612 productions porcines totales[20]. On retrouve cependant davantage d'élevages sur litière dans les pays d'Europe où les techniques sont plus avancées et plus diversifiées que ce que l'on peut rencontrer au Québec.

Il existe différents types d'élevage sur litière utilisés à travers le monde : la litière biomaîtrisée, la litière accumulée, la litière profonde, la litière mince, la litière à écoulement continu et le système High-Rise. La majorité de ces techniques d'élevage peuvent s'adapter à des bâtiments agricoles préexistants, à l'exception de la litière à écoulement continu et du système High-Rise, qui nécessitent la construction de bâtiments adaptés.

Au Québec, il est difficile d'obtenir de l'information sur les différentes techniques de production sur litière, puisque celles-ci sont peu documentées et que peu d'expériences pratiques sur le terrain ont été menées. De façon globale, il existe très peu d'expertise au Québec concernant la régie de ces différents systèmes d'élevage et, par conséquent, la majorité d'entre eux sont souvent mal conduits[21].

### *Litière biomaîtrisée*

Le système de litière biomaîtrisée fait référence à l'utilisation d'un produit enzymatique ajouté au mélange de litière et de déjections, qui a pour but d'en intensifier l'activité microbienne. L'élevage débute sur un mélange de litière, de produit enzymatique et de déjections, d'environ 20 centimètres. La litière est ensuite amenée jusqu'à 70 centimètres, puis brassée pour répartir et enfouir les déjections de une à deux fois par semaine. De plus, tous les ans, les 20 premiers centimètres sont rafraîchis, alors que la litière est entièrement renouvelée à tous les trois ou quatre ans. Bien que cette technique soit largement utilisée en Europe, il n'y aurait aucune production utilisant une litière biomaîtrisée au Québec ; cependant, comme le soulignent Pigeon et Drolet, le terme « biomaîtrisée » est souvent mal compris et fréquemment utilisé pour désigner une litière profonde.

---

20. Pouliot *et al., op. cit.* ; MAPAQ. *Panorama de l'industrie porcine*, 2003, consulté en ligne le 18 octobre 2006 à www.mapaq.gouv.qc.ca/Fr/md/filieres/porcine/panorama.htm.
21. Voir Pigeon et Drolet, *op. cit.* ; Bergeron *et al.*, *op. cit.*

### *Litière profonde*

Le système de litière profonde est très semblable au système de litière biomaîtrisée. L'épaisseur de la litière varie de 60 à 90 centimètres, mais il n'y a aucun ajout de produit enzymatique. Pouliot et ses collaborateurs recommandent de procéder au brassage de la litière pour maintenir un bon apport d'oxygène nécessaire au processus de compostage. Cependant, Kermarrec et Robin ont montré que ce brassage accroît de façon considérable l'émission de gaz azotés, et qu'il serait préférable d'éviter le brassage de la litière.

### *Litière accumulée*

Comme l'expliquent Pigeon et Drolet, le système de litière accumulée est une technique qui a été développée en France pour combler certaines lacunes du système de litière biomaîtrisée. L'élevage débute sur une litière de 20 à 30 centimètres, et la litière est ajoutée au besoin. Entre chaque bande[22] d'élevage, la litière est évacuée, et les parcs, désinfectés. Au Québec, cette technique est peu utilisée et s'emploie de façon quelque peu différente. La couche de litière de départ est d'une épaisseur 15 à 20 centimètres, et la litière utilisée peut être traitée ou non par un produit enzymatique. Le système de litière accumulée ne permet pas un compostage aussi intense qu'avec une litière biomaîtrisée ou profonde.

### *Litière mince*

Le système de litière mince s'apparente au système de litière biomaîtrisée, mais ne requiert qu'une épaisseur de 25 à 30 centimètres. Selon Pigeon et Drolet, le produit enzymatique est ajouté à l'alimentation des animaux plutôt que directement à la litière. Ce mode d'élevage ne requiert aucun brassage de la litière. Entre chaque bande, la litière est évacuée, laissant une épaisseur de quelques centimètres pour inoculer la nouvelle litière. La litière souillée est ensuite compostée pour en détruire les pathogènes, et peut être réutilisée jusqu'à quatre bandes supplémentaires.

Il s'agit du système d'élevage sur litière le plus utilisé au Québec, mais il est souvent « mal compris et mal géré par les producteurs[23] ».

---

22. Une bande est un groupe d'animaux du même âge.
23. Pouliot *et al., op. cit.*

Cette technique est utilisée sans ajout de produit enzymatique et avec apport de litière en cours d'élevage. De plus, la litière n'est généralement pas compostée, et certains éleveurs utilisent cette même litière pour plusieurs bandes consécutives.

### *Litière à écoulement continu (Straw Flow)*

Le système de litière à écoulement continu nécessite un bâtiment muni d'un plancher en pente, au bas duquel une rigole d'écurage permet de récolter le fumier. L'inclinaison du plancher combinée à l'activité des porcs permet l'acheminement de la litière souillée vers la rigole en environ 24 heures, selon Pigeon et Drolet. Ce mode d'élevage peut nécessiter un système de récupération des surplus liquides si des quantités de 50 à 100 grammes de paille par porc par jour. Pour une gestion entièrement solide des déjections, les besoins en paille varient de 120 à 300 grammes. Ce système semble être conçu et adapté à une litière de paille, puisque aucun producteur n'utilise cette technique avec une litière de sciure.

### *Système High Rise*

Le système High Rise s'applique aux élevages spécialisés en croissance-finition. Il n'existe qu'une seule production de ce type au Québec. Le bâtiment est muni d'un plancher latté comme dans le cas d'une production sur lisier, mais il comprend une cave profonde sous le plancher, au fond de laquelle est étendue une litière. Si ce système comporte les avantages environnementaux et agronomiques de la gestion solide des déjections, il n'améliore cependant en rien le bien-être des animaux.

## Dimension éthique : bien-être et comportement animal, un portrait gênant pour la production porcine au Québec

Le fait que l'on se préoccupe plus ou moins du bien-être animal témoigne de l'avancement de ce type de questionnements éthiques dans une société. Il semble que les préoccupations à l'égard du bien-être animal soient beaucoup plus présentes dans les sociétés européennes, où l'on retrouve déjà plusieurs législations qui visent à encadrer le respect du bien-être animal (voir l'encadré à la fin de ce chapitre). Au Canada, les préoccupations sont, depuis longtemps, davantage centrées sur l'innocuité et la salubrité des aliments, mais on reconnaît cependant un certain éveil dans la population quant aux considérations éthiques entourant la façon dont les animaux d'élevage sont traités.

L'élevage sur litière améliore sans contredit le confort et le bien-être des animaux, surtout en raison des densités animales moins élevées et de l'augmentation du confort thermique et physique que procure la litière. En comparaison à l'élevage sur plancher latté, on note une amélioration du comportement des porcs, qui sont plus enjoués et moins agressifs[24]. Toujours selon la même source, on note également une disparition presque totale du cannibalisme et des combats entre animaux.

En contrepartie, Bergeron et ses collaborateurs le constatent aucun signe d'amélioration du bien-être liée à l'utilisation des plancher lattés. Ils notent cependant une hausse des comportements oraux, qui augmentent l'occurrence des lésions stomacales et des blessures aux membres. Dans un élevage sur plancher latté, les porcs n'ont pas accès à du matériel pour mâchonner ou fouiller. Pourtant, le code canadien de pratiques en élevage porcin recommande « l'enrichissement du milieu par l'ajout d'objets à mâchonner ou de matériel fibreux, d'une litière pour les truies logées en groupes et de fourrage pour les truies gestantes[25] ». Ces pratiques font pourtant exception dans les élevages porcins au Québec.

Dans un élevage sur litière, les animaux jouent davantage et peuvent exprimer leurs besoins comportementaux de fouille et d'exploration. La non-expression de ces besoins chez les animaux d'élevage demeure la principale cause d'apparition de stéréotypies, c'est-à-dire de comportements anormaux et répétitifs. Signes d'atteinte au bien-être de l'animal, les stéréotypies peuvent causer des blessures et augmentent la dépense énergétique.

---

24. Pigeon et Drolet, *op. cit*; Pouliot *et al.*, *op. cit.*
25. Bergeron, R. *et al. Portrait mondial de la législation en matière de bien-être des animaux et recommandations pour le maintien de la compétitivité de l'industrie porcine québécoise*, rapport final, 2002, 124 p.

## Dimension économique : qu'est-ce qu'on met dans l'équation ?

Les études de Pigeon et Drolet, ainsi que celles de Pouliot *et al.*, présentent des bilans économiques pour la production porcine sur litière. Ces bilans s'attardent principalement à la rentabilité économique de l'élevage sur litière, en comparaison avec la production sur lisier.

Les deux études notent une augmentation des coûts d'élevage associée à la production sur litière, attribuables principalement à un besoin en main-d'œuvre accrue, au contrôle d'ambiance plus exigeant en hiver (ventilation et, par conséquent, chauffage), à la densité animale plus faible, ainsi qu'à la disponibilité saisonnière et aux variations du prix de marché de la litière. Le seul avantage économique qu'ils évoquent pour la production sur litière concerne le coût de construction du bâtiment d'élevage. En effet, l'élevage sur litière peut s'effectuer dans un bâtiment de ferme désaffecté, alors que la production sur lisier nécessite la construction d'un bâtiment spécifique adapté à la gestion liquide des déjections. De plus, les spécialistes s'accordent pour dire que la construction d'un bâtiment neuf destiné à l'élevage sur litière est généralement moins coûteuse que celle d'un bâtiment d'élevage sur lattes.

Selon Pouliot *et al.*, les coûts directement reliés à la gestion des déjections seraient en moyenne plus élevés en production sur litière. Cependant, selon une étude réalisée en 1994 par le Centre de recherche industrielle du Québec (CRIQ), le groupe de consultants BPR et l'Université Laval, si la distance du lieu d'épandage dépasse trois kilomètres du site d'élevage, la production sur lisier devient moins avantageuse. Or, dans un contexte où les productions sur lisier possèdent de plus fortes densités d'élevage et où les normes environnementales exigent des superficies suffisantes pour l'épandage de la totalité des déjections, davantage de producteurs porcins ont recours à des ententes d'épandage, pour pouvoir disposer de leur lisier, sur des terres toujours plus éloignées du site de production. Certains producteurs doivent même épandre jusqu'à 100 kilomètres de leur lieu d'élevage[26] !

---

26. Gagné, J.-C. « Consultations porcines : Les maires ruraux veulent leur abrogation immédiate », *La Terre de chez nous*, 5 octobre 2006, p. 5.

Ainsi, les coûts de production peuvent varier énormément en fonction des différents paramètres considérés. Ces auteurs notent également qu'il n'existe actuellement aucune étude économique récente portant sur l'élevage sur litière au Québec. De plus, il semble que plusieurs études menées au Québec, recensées par Pouliot *et al.*, et par Pigeon et Drolet, aient calculé des coûts de production plus élevés en production sur litière, attribuables à une mauvaise connaissance et une gestion inadéquate de ce mode de production.

Concernant les revenus de production, seuls Pouliot et ses collaborateurs mentionnent que la production sur litière peut offrir l'avantage d'un prix de vente plus élevé dans le cas d'une production certifiée biologique, sans toutefois présenter un bilan économique de ce type de production. À titre d'exemple, en septembre 2004, pour une carcasse chaude, le producteur de porc biologique recevait 7,25 $/kg, alors que le producteur de porc conventionnel recevait 1,79 $/kg. Pouliot *et al.* soulignent cependant qu'un « support sur les plans financier et humain devra être apporté si l'on veut un développement raisonnable de la production biologique[27] ». En effet, malgré une forte demande pour les produits biologiques, il n'existe que très peu de productions porcines certifiées au Québec. En 2003, la Fédération d'agriculture biologique du Québec comptait cinq productions certifiées biologiques sur un total de 2 612 productions porcines au Québec. De plus, advenant l'apparition d'une réelle volonté politique pour le développement de la production biologique au Québec, encore très marginale malgré son énorme potentiel de développement, la vente de fumier de porc composté pourrait devenir un atout économique important des productions porcines sur litière.

S'il est question parfois de la production biologique au Québec, souvent présentée comme un marché de niche et marginal, il est rarement question des certifications intermédiaires. On retrouve pourtant ce genre de certification dans plusieurs pays européens, notamment le porc « Fermier », « Cérévian » et le porc « Fleuri » en Belgique wallonne[28], ainsi que le porc « label rouge fermier » et

27. *Op. cit.*

28. Dutertre, C. « Le label rouge en production porcine : état des lieux et perspectives », *Techni-porc*, vol. 24, nº 3, 2001, p. 13-18 ; Degré, A.,

d'autres labels régionaux en France. Ces certifications garantissent entre autres que les porcs sont produits sur litière sans nécessairement remplir toutes les conditions requises pour l'élevage biologique (dont l'alimentation en produits biologiques des animaux). Or, de telles certifications pourraient permettre de défrayer les coûts supplémentaires de la production sur litière, par l'obtention d'un meilleur prix de vente qui serait un compromis entre le porc conventionnel et le porc biologique.

Aucun des bilans économiques de ces études québécoises ne présente un portrait global de l'impact économique des différents modes de production au niveau provincial ou national. En effet, compte tenu de la taille des subventions octroyées au secteur agricole, il est important de considérer l'effet des différents programmes de subventions sur la rentabilité économique, mais également environnementale et sociale, de la production porcine au Québec. En effet, si la viande de porc est très abordable en épicerie, la production porcine coûte cher au contribuable québécois en raison des subventions accordées à ce secteur agricole, sans compter les coûts socio-économiques et environnementaux non comptabilisés, dont la facture devra tôt ou tard être assumée par l'ensemble de la société québécoise. À titre d'exemple, les coûts environnementaux non comptabilisés, aussi appelés externalités négatives, liés à l'agriculture intensive au Québec se chiffreraient entre 164 et 912 M$ par année pour les impacts sur l'eau, et entre 472 et 1467 M$ par année pour les impacts sur les écosystèmes[29] !

## Dimension politique : qu'est-ce qu'on subventionne exactement ?

L'élevage porcin est, de tous les élevages, celui qui reçoit l'aide la plus généreuse de l'État québécois. Contrairement aux productions bovines laitières ou aux productions avicoles qui sont régulées par les mécanismes de la gestion de l'offre, considérés comme très peu coûteux, la production porcine nécessite l'aide financière de l'État,

---

Verhève, D. et Debouche, C. « Comparaison des cahiers de charges des filières en production porcine sous « signe de qualité » de Région wallonne », *Biotechnol. Agron. Soc. Environ.*, vol. 6, nº 4, 2002, p. 221-230.

29. Voir Debailleul *et al.*, *op. cit.*

principalement par l'entremise de l'ASRA (porc et maïs) et de l'assurance-récolte (maïs), des programmes subventionnés respectivement aux deux tiers et à un minimum de 50 %.

Or comme il est expliqué dans la partie I de ce livre, l'ASRA est le programme de régulation agricole qui entraînerait le plus d'effets dommageables pour l'environnement. Puisque les aides sont versées en fonction des niveaux de production, ce programme encourage la surproduction et la spécialisation. De plus, pour l'ASRA comme pour l'assurance-récolte, le calcul des compensations se fait en fonction des coûts de production moyens, lesquels sont basés sur l'utilisation de technologies ou d'intrants particuliers. Ces mesures nuisent à l'adoption de pratiques culturales ou d'élevage plus environnementales et limitent les choix de cultures ou d'élevage, « encourageant ainsi la spécialisation et favorisant des assolements inadéquats ou des pratiques de monocultures[30] ». Si le producteur utilise des techniques ou des intrants plus coûteux mais davantage bénéfiques pour l'environnement, comme dans le cas de l'agriculture biologique, il se trouve pénalisé puisque la compensation ne prend pas en compte ces coûts de production supplémentaires. Dans le cas de la production porcine, par exemple, les coûts de production sont calculés en fonction de pratiques et de technologies spécifiques à l'élevage sur lisier, contribuant à un accroissement de l'intérêt économique de ce mode d'élevage par rapport à l'élevage sur litière.

La production porcine profite également du soutien de l'État par le biais des paiements agroenvironnementaux, notamment pour la construction de fosses à lisier, l'acquisition de rampes d'épandage et les technologies de traitement du lisier. En fait, les programmes québécois de subventions en agroenvironnement servent principalement à faciliter la mise aux normes réglementaires des entreprises non conformes, au lieu de soutenir l'adoption des pratiques agricoles innovatrices en matière d'environnement. Par exemple, la construction d'une fosse à lisier pour la production porcine est subventionnée de 70 à 90 % (s'il y a accroissement ou maintien de la taille du cheptel) par le gouvernement québécois, alors que la

30. Boutin, D. « Réconcilier le soutien à l'agriculture et la protection de l'environnement: Tendances et perspectives », conférence présentée dans le cadre du 67e Congrès de l'Ordre des agronomes du Québec, 2004, 30 p.

réglementation rendait cette exigence obligatoire depuis 1981 (selon le RPPEEPA)[31] ! Cet exemple illustre bien que les coûts environnementaux de la production porcine sur lisier représentent un coût supplémentaire pour les contribuables, qui soutiennent déjà de façon notable ce secteur de production. De plus, puisque ce coût est majoritairement pris en charge par le gouvernement, l'avantage économique de la production sur litière, qui peut se réaliser sans structure d'entreposage ou avec une structure moins coûteuse, se trouve ici amoindri ou annulé.

Ainsi, les mécanismes de soutien à l'agriculture, en encourageant un mode de production particulier, contribuent à maintenir les productions alternatives, comme l'élevage sur litière, dans la marginalité. Malheureusement, ces mécanismes étant très complexes, il est extrêmement difficile de connaître la proportion exacte des fonds publics engagés dans le soutien de la production porcine sur lisier. Chose certaine, les mesures actuelles supportent largement la production sur lisier et n'encouragent en rien la production sur litière.

Pourtant, à plusieurs reprises lors des consultations du BAPE, les citoyens et organismes non gouvernementaux ont demandé au gouvernement de supporter la production sur litière. Dans le cadre de la loi sur l'aménagement et l'urbanisme, les citoyens ont « théoriquement » le pouvoir d'adopter, au niveau de leur MRC, des règlements, les RCI, qui permettent d'encadrer la production porcine pour qu'elle tienne compte des particularités régionales. C'est ainsi que les citoyens de la MRC de Kamouraska ont réussi à faire adopter de façon démocratique un RCI, pour orienter les futurs développements de la production porcine de leur région vers une gestion solide des déjections. Le RCI, qui a été adopté à l'unanimité par les maires des 17 municipalités de la MRC, comprend une disposition qui oblige toute nouvelle installation porcine à opérer une gestion solide des déjections, afin d'éviter que ne s'aggravent davantage les problématiques de pollution des eaux et de cohabitation sociale dans la région. Ce règlement est le fruit d'un « consensus durement gagné par des consultations qui ont mobilisé toute la population du Kamouraska et leurs élus municipaux pendant plus

31. *Ibid.*

d'un an[32] ». Pourtant, ce règlement a été jugé non valide par la ministre des Affaires municipales, Nathalie Normandeau, puisqu'il constituait un frein à l'essor de l'industrie porcine, ce qui est incompatible avec les orientations gouvernementales en matière d'agriculture.

Ainsi, la démocratie en prend largement pour son rhume, d'autant plus que lesdites orientations gouvernementales ont été prises à huis clos entre la classe dirigeante d'un secteur de production et le MAPAQ, sans aucune participation ni consultation des citoyens. En fait, bien qu'on parle souvent de « rebâtir le contrat social » autour de l'agriculture, il s'agit bien davantage de « bâtir » ce contrat, puisque les citoyens ont été complètement écartés des grandes décisions qui ont orienté la production agricole au Québec ces dernières décennies. Par exemple, la décision de doubler les exportations agricoles par la conquête des marchés internationaux de la production porcine québécois a été prise lors de la Conférence sur l'agriculture et l'agroalimentaire, en 1998, à l'occasion du Forum des « décideurs » réunissant une quarantaine d'acteurs du milieu agricole. Malgré l'ampleur des impacts sur l'ensemble de la société de l'expansion de la production porcine d'exportation, cette décision a été prise sans concertation, consultation, ni même simple information de la population[33].

L'édification d'un contrat social devra nécessairement passer par la révision des mesures de soutien à l'agriculture, afin d'assurer une meilleure concordance entre les exigences de la société et la répartition des fonds publics. On pourrait ainsi s'attendre à ce que de telles mesures reconnaissent éventuellement l'apport des élevages porcins sur litière au plan agronomique, socio-économique, environnemental, de même pour le bien-être animal, et les soutiennent à juste titre.

---

32. Lemay, M. « Désaveu du RCI de la MRC de Kamouraska – Les citoyens demandent le respect du consensus de la population », *La vitrine du Bas-Saint-Laurent*, le 22 janvier 2007, consulté en ligne le 17 février 2007 à www.bas-saint-laurent.org.
33. Tremblay, S. *Portrait de la situation de la production porcine au Québec : depuis la tenue de la Consultation publique sur le développement durable de la production porcine au Québec en 2003*, Comité permanent de recherche et de sensibilisation de la Coalition québécoise pour une gestion responsable de l'eau, 2007, 83 p.

## Dimension sociale : changer la logique de production pour mettre fin au conflit qui perdure

Dans l'étude de Pouliot *et al.*, l'aspect social est réduit à la perception des citoyens. Dans ce rapport d'étude de 55 pages, la dimension sociale est traitée en deux courts paragraphes :

> Ce type d'élevage est mieux perçu car il apparaît comme étant bucolique, laissant une perception de bien-être pour les animaux et émettant surtout moins d'odeurs. De plus, il amenuise, selon les citoyens, les risques de contamination de l'eau. Forts de l'appui de l'opinion publique, les élevages sur litière peuvent permettre à des élevages porcins de s'installer dans des zones de villégiature, de tourisme ou à proximité de sites habités.
>
> Toutefois, les citoyens ne connaissent pas ce qu'est l'élevage sur litière et ce que ça entraîne pour les producteurs comme problématique. Ainsi, des séances de sensibilisation seraient de mise afin d'informer les citoyens de ces problématiques[34].

Cette citation démontre bien l'attitude de mépris à l'égard des citoyens, qui est trop souvent rencontrée dans le milieu agricole et agronomique. Le savoir citoyen est ici rabaissé au niveau des perceptions et croyances populaires. Pourtant, les éléments mentionnés dans cet extrait (risques de contamination de l'eau, augmentation de la charge d'odeurs, impacts socio-économiques sur les communautés rurales, atteinte au bien-être animal) ont tous fait l'objet d'études scientifiques sérieuses[35]. Et même si ces savoirs citoyens

34. Pouliot *et al*, *op. cit.*
35. Bergeron *et al.*, *op. cit.*; Gangbazo, G., Pesant, A.R., Cluis, D. et Couillard, D. « Étude en laboratoire du ruissellement et de l'infiltration de l'eau suite à l'épandage du lisier de porc », *Canadian agricultural engineering*, vol. 34, nº 1, 1992, p.17-25 ; MENV, *op. cit.*, N'Dayegamiye et Côté, 1996 ; Gangbazo, G. Roy, J. et Le Page, A. *Capacité de support des activités agricoles par les rivières : le cas du phosphore total*, ministère du Développement durable, de l'Environnement et des Parcs, 2005, 36 p. ; Gaudreau, D. et Mercier, M. *La contamination de l'eau des puits privés par les nitrates en milieu rural.* Régie régionale de la Santé et des Services sociaux, Montérégie, 1998, 49 p. ; Boutin, D. *Agriculture et ruralité québécoises : analyse des impacts socio-spatiaux de quelques caractéristiques structurelles des exploitations*, mémoire de maîtrise, Département d'économie agroalimentaire et des sciences de la consommation, Faculté des sciences de l'agriculture et de l'alimentation,

étaient basés sur l'expérience de vie, sur des considérations éthiques ou culturelles, devrait-on pour autant les discréditer de la sorte ? Hélas, il semble bien que ce soit actuellement l'attitude prédominante dans le secteur porcin à l'égard des concitoyens concernés, ce qui n'aide en rien à l'harmonisation des relations entre le monde agricole et les citoyens.

Parallèlement à sa grande conquête des marchés, la production porcine sur lisier a conduit à l'émergence d'un conflit qui opposait, d'abord, certains producteurs porcins à quelques citoyens ruraux, mais qui a mené, d'une part, à un vaste mouvement anti-porcheries industrielles et, d'autre part, à une « solidarisation » du secteur porcin et agricole par l'entremise de l'UPA. Il est important de rappeler ici que si ce conflit social origine des charges d'odeurs importantes qu'implique l'élevage sur lisier, il a cependant été largement amplifié par le sentiment d'aliénation face aux nouveaux bâtiments et installations technologiques de la production porcine sur lisier, par l'inquiétude croissante liée aux risques pour la santé et la pollution du milieu écologique de même que par les préoccupations concernant le bien-être animal. Le rapport du BAPE reconnaît d'ailleurs le danger que représente ce conflit, étant donné la popularité croissante des techniques de gestion liquide des déjections dans les autres secteurs de production :

> Ainsi les nuisances associées au porc risquent de se répandre et de propager le conflit à tout le milieu social. Parfois, les gens confondent un épandage de lisier de bovin avec un épandage de lisier de porc. Demain, c'est tout le milieu agricole qui risque d'être en crise[36].

Aujourd'hui ce conflit perdure depuis plus de 20 ans, et la production porcine semble toujours enlignée sur la même voie, celle de l'élevage industriel sur lisier destiné à l'exportation. Pourtant, le message citoyen qui ressort des consultations du BAPE semble clair : la population n'est pas contre la production porcine mais contre ce mode d'élevage sur lisier.

---

Université Laval, 1999, 146 p.

36. BAPE, *op. cit.*

## Le cœur du problème : le lisier et non le porc

> Aujourd'hui, tous ceux qui veulent promouvoir une agriculture durable sont unanimes : le seul vrai remède au lisier est son remplacement par le fumier [donc la production sur litière des porcs et des bovins[37]].

La majorité des études effectuées au Québec au sujet de la production porcine sur litière reflètent l'état actuel de cette production, et non son potentiel. Selon Bergeron, « bien que l'élevage sur litière soit faisable économiquement et souhaitable [pour plusieurs raisons], il n'existe que très peu de connaissances et de soutien technique pour aider les producteurs désireux de se lancer dans une telle production ». En 2003, le rapport du BAPE soulignait d'ailleurs le manque flagrant d'expertise au Québec pour les techniques de production sur litière. Ainsi, advenant le cas où des efforts aussi considérables soient déployés pour développer la filière de production porcine sur litière que la filière sur lisier, on pourrait s'attendre à un bilan encore plus intéressant, surtout sur les plans économique et technique.

Près de quatre ans après la parution du rapport du BAPE, il est triste de constater que la majorité des recommandations n'ont pas été suivies. C'est le cas du soutien à la production porcine sur litière, qui avait pourtant été recommandé. En effet, les mesures gouvernementales ne semblent pas avoir contribué au soutien de ce mode de production. Au contraire, Pouliot *et al.* indique que, depuis 2002, 46 productions porcines sont passées d'une gestion solide vers une gestion liquide des déjections. On assiste d'ailleurs au même phénomène dans les autres productions animales, notamment en production laitière, ce qui laisse croire à une éventuelle amplification des problèmes sociaux et environnementaux liés à la gestion liquide des déjections.

L'ensemble des écrits produits au Québec concernant la production porcine sur litière témoigne d'un manque flagrant de vision holistique concernant l'ampleur et la diversité des impacts de la production porcine, de même que d'une importance démesurée accordée à la dimension économique par rapport à toutes les autres

37. Soltner, *op. cit.*

dimensions qu'affecte cette production. On ne prend en considération que ce qui est mesurable, calculable, quantifiable ou comptabilisable, conduisant inévitablement à un portrait parcellaire et incomplet de la situation. Pourtant, le conflit qui perdure autour de la production porcine et qui risque de s'étendre bientôt à l'ensemble du secteur agricole nous appelle à adopter une perspective globale de la problématique agricole et à développer dès maintenant des alternatives pour rebâtir un consensus social sur l'avenir de l'agriculture au Québec.

Cette perspective globale nous amène nécessairement à remettre en question la gestion liquide des déjections, autant dans l'élevage porcin que dans tous les autres élevages, puisque cette technique de production semble être un élément central de la problématique. Bien qu'il soit illusoire de vouloir transformer l'ensemble de la production porcine en une gestion solide des déjections, il serait certainement possible de mettre en place des incitatifs pour soutenir le mode de production sur litière, puisqu'il apparaît comme étant l'alternative la plus prometteuse afin de résoudre le conflit autour de la production porcine, un conflit basé sur des préoccupations environnementales, agronomiques, politiques, économiques, éthiques, sociales et de santé.

CHAPITRE 19

# L'agriculture, phénomène social

## *D'hier à demain en compagnie de Léon Gérin*

JACQUES DUFRESNE

NOTRE MAÎTRE, LE PASSÉ ! Au Québec, dans le monde rural en particulier, le passé a peut-être trop souvent été invoqué comme un maître tyrannique, si bien qu'aujourd'hui personne ne songe à se tourner vers lui pour y trouver des indications qui permettraient à la fois, de mieux comprendre le présent et de préparer l'avenir d'une façon plus créatrice.

On a pourtant plus de raisons que jamais de s'en inspirer. Que font les astrophysiciens pour mieux comprendre l'état actuel de l'univers et mieux prédire son avenir ? Ils remontent le temps jusqu'à la formation des premières étoiles, jusqu'à l'éclosion originelle même. Que font les glaciologues quand ils veulent expliquer la température actuelle et prévoir celle de demain ? Ils sondent les glaciers à une profondeur qui est aussi un lointain passé. Les généticiens font de même : cartographier le génome, c'est photographier le passé, car le changement ne s'opère qu'avec une lenteur infinie dans ces profondeurs de l'organisme. Et c'est encore au contact de l'antiquité grecque que nous apprenons le mieux à nous connaître nous-mêmes en tant qu'êtres humains, et à préparer l'avenir à la lumière de nos besoins et de nos aspirations.

Pour ce qui est de l'agriculture et du monde rural, il conviendrait même de remonter jusqu'à la révolution du néolithique, jusqu'aux premières heures du travail de la terre, pour rétablir un rapport plus harmonieux avec la nature. Les organismes comme Croqueurs de Pommes, en France[1], sont de plus en plus en nombreux. Cette association vouée à la protection de la diversité des pommiers et autres arbres fruitiers compte 6 000 bénévoles, dont le grand plaisir est de trouver et de protéger les arbres fruitiers les plus rares, qui sont aussi les plus vieux et qui, parfois, produisent bien le plus naturellement du monde: « Jamais, de mémoire de Croqueurs, variétés furent aussi abondantes, on a même vu de vieux arbres qui ne produisaient plus crouler sous les fruits. Beau clin d'œil que nous fait la nature, à l'heure où les Croqueurs s'emploient à rédiger l'ouvrage de référence de la pomologie de nos fruits de terroir », déclare la présidente de l'organisme, Maïté Dodin.

Pour les fins de notre réflexion, il nous suffira de remonter jusqu'au XIX$^{e}$ siècle, à la recherche des traits caractéristiques de notre agriculture dans ce qui était déjà son adolescence. Nous verrons ainsi se former et se préciser des tendances dont nous aurions intérêt à tenir compte aujourd'hui, si nous voulons éviter que notre agriculture et notre monde rural ne s'engagent irréversiblement dans une évolution contraire à ce que nous oserons appeler notre génie de la terre.

Pour ce qui est de l'agriculture en tant que phénomène social, nous avons le bonheur, au Québec, d'avoir un maître à penser qui est aussi le premier de nos sociologues: Léon Gérin, né en 1863, mort en 1951. Son principal ouvrage, *Le type économique et social du Canadien français*[2], n'est pas seulement un tableau de l'agriculture au Québec à la fin du XIX$^{e}$ et au début du XX$^{e}$ siècle, c'est aussi un traité de caractérologie sur l'adolescence de notre monde rural.

---

1. Voir le site Croqueurs de Pomme: http://www.croqueurs-de-pommes.asso.fr/.
2. Gérin, L. *Le type économique et social des canadiens. milieux agricoles de traditions françaises*. Montreal, Les Éditions Fides (Les Classiques des sciences sociales), 1948, format numérique sur le site Les classiques des sciences sociales. L'Encyclopédie de L'Agora http://agora.qc.ca/mot.nsf/Dossiers/Leon_Gerin. Ce texte sera repris plusieurs fois dans ce chapitre.

On y découvre des tendances si nettement dessinées, si fermement affirmées, qu'il paraît impensable que l'on puisse aujourd'hui faire de la planification dans ce domaine sans en tenir compte. Voici les expressions qu'utilise Léon Gérin pour désigner les trois principales tendances qu'il a observées : les productions spontanées, le domaine plein paysan, l'exploitant agricole émancipé. L'étroite dépendance à l'égard de la nature constitue la trame commune.

## Les productions spontanées

Productions spontanées, c'est le nom que Léon Gérin donne aux biens que la terre et les eaux offrent au cueilleur, au chasseur et au pêcheur. Ces biens existaient en abondance sur les rives du Saint-Laurent comme sur celles de ses affluents, et dans certaines régions du moins, ils ont fourni au paysan une part importante de sa nourriture, et parfois même de ses revenus, jusqu'au début du XXe siècle. Pourquoi se donner la peine d'élever de la volaille dans un poulailler, de travailler la terre pour la nourrir, quand on peut se procurer du canard sauvage à volonté à quelques coups d'aviron de sa maison ? La loi du moindre effort, qui est aussi celle de l'efficacité, prend ici tout son sens.

Nos ancêtres avaient du bon sens. Cette loi du moindre effort, de toute évidence, leur convenait bien. Ils avaient aussi un attrait non moins naturel pour une activité de survie qui était également un sport, ce dont témoigne un vieux paysan de Charlevoix interviewé par Léon Gérin vers la fin du XIXe siècle. Patrice Tremblay, né à l'Île-aux-Coudres, s'était d'abord établi sur une terre du plateau dont tout indique qu'elle pouvait lui assurer une assez bonne vie. Hélas, il y mourait d'ennui :

> Or, loin de la mer [...] cet enfant de l'Île-aux-Coudres s'ennuyait à mourir. Ce fut au point qu'il finit par quitter le plateau, par redescendre sur la plage, où nous l'avons trouvé installé dans une hutte, mais heureux comme un roi. De nouveau en contemplation devant la nappe liquide et son éternelle agitation, le vieux pêcheur s'est senti revivre : il pouvait seiner, pêcher à cœur joie l'éperlan, le capelan et la sardine[3].

Ce bon temps tirait toutefois à sa fin :

---

3. Guérin, *op. cit.*

> Or, voici que les productions spontanées sont en train de disparaître. Leur récolte, qui a longtemps soutenu l'imprévoyant, ne saurait plus le nourrir. La pêche de l'anguille, jadis si productive dans ces parages, ne rapporte plus guère maintenant, non plus que la chasse. Il faut se contenter de petites espèces et de prises de mince valeur. Le bois marchand est de plus en plus rare et impose pour sa récolte et son écoulement des frais de plus en plus lourds. L'habitant doit chercher ailleurs un complément de ressources[4].

Notons bien que ce n'est qu'un complément de ressources que l'habitant doit chercher ailleurs. Dans la plupart des autres régions du Québec, c'est déjà l'inverse qui est vrai. Il suffit de relire *Le Survenant* de Germaine Guèvremont pour s'en convaincre. La famille Beauchemin s'adonne d'abord à la culture de la terre, même si le père Didace semble attacher plus d'importance à la chasse aux canards.

Ce sont les productions spontanées qui procurent le complément de ressources… et de bonne vie. Et cela dure toujours. Dans la région de Coaticook, en Estrie, là où vivent les descendants de ceux que Léon Gérin appelait les « exploitants agricoles émancipés », ce sont encore dans bien des fermes les érablières et le bois de coupe qui fournissent le complément indispensable. Et si un émule de Léon Gérin venait y faire des interviews au mois de mai, il n'aurait aucune peine à trouver, près du ruisseau qui coule sur ses terres, un gros exploitant émancipé qui taquine la truite pour oublier les millions qu'il doit à l'État et aux banques. « Nous sommes des kolkhoziens », m'a dit un jour l'un d'eux.

La pollution a-t-elle aggravé irrémédiablement, du côté des productions spontanées, un manque à gagner que certains excès, également spontanés, ont provoqué dans le passé ? Une chose est certaine : il ne faut reculer devant aucun effort pour que s'accroissent les productions spontanées, dont on saurait désormais assurer la gestion.

Ne pourrait-on pas également, avec un minimum d'imagination et de détermination, faire un meilleur usage des productions spontanées encore surabondantes et inexploitées ? On vient tout juste de découvrir que les forêts brûlées se couvrent de morilles, un

4. *Ibid.*

champignon de grand luxe, au cours de l'été qui suit celui des incendies. Quant aux carpes et à ces espèces qu'on a peine à identifier, qu'on appelle avec mépris poisson fourrage et qui pullulent dans des centaines de milliers de lacs, qui donc songe à s'en nourrir ou en nourrir des étrangers qui s'en régaleraient? Le moindre poisson frais et « spontané » est pourtant, sauf exception, bien supérieur au poisson d'élevage industriel. Dans ce domaine, les marques les plus sûres ont cessé d'inspirer confiance.

Retenons surtout cette caractéristique de l'agriculture traditionnelle au Québec: elle était non seulement variée, multifonctionnelle, dit-on désormais, mais les productions spontanées et la joie de vivre qu'elles apportaient y avaient une place significative, de même que l'artisanat pratiqué à la maison, par les femmes surtout.

Pourquoi s'objecterait-on à ce que le même modèle s'applique aujourd'hui, avec des différences toutefois liées aux changements survenus dans le monde du travail? Un couple peut très bien désirer s'établir sur une ferme multifonctionnelle sans prétendre en tirer tous les revenus dont il a besoin, mais avec l'espoir de pouvoir miser également sur un travail à temps partiel à l'extérieur ou sur du travail autonome à la maison. C'est l'uniformité qu'il faut éviter, dans le temps et dans l'espace: « L'ennui naquit un jour de l'uniformité. » Et l'ennui est mortel.

## Le domaine plein paysan

Sur ses rubans de terre – deux ou trois arpents de large par 20 ou 30 de long –, près du fleuve ou de la rivière Richelieu, le paysan était assez sûr de ne manquer de rien pour éviter toute dépendance à l'égard du seigneur. La seigneurie, cette vieille institution féodale française, n'a pas pris racine en Canada. Les paysans d'ici ont préféré l'entraide entre voisins à la dépendance à l'égard d'un maître, qu'ils n'ont respecté que pour la forme, en toute liberté. Ils étaient maîtres et seigneurs sur leurs arpents. Ils ont eu en outre la sagesse d'éviter que leurs terres ne se divisent ou ne s'additionnent. Elles ont ainsi conservé la taille convenant aux besoins d'une famille. Il en est résulté une société où l'égalité et la solidarité allaient de soi:

> Or cette élimination d'une classe dirigeante artificiellement installée n'est que la réaction première, – et au fond, la moins

> importante, – du type social de l'habitant canadien sur ses propres institutions domestiques. Celle qui suit est autrement grosse de conséquences : ce colon débrouillard, ce petit cultivateur indépendant, qui, à l'aide de ses seuls procédés traditionnels et simplistes, a pu se constituer un domaine suffisant et se passer du patronage de son seigneur fonctionnaire, ne recrute pas normalement une classe dirigeante dans son propre milieu.

Autonomie, fierté, indépendance d'un côté, solidarité de l'autre. L'un et l'autre des deux membres de cette équation font défaut aujourd'hui, mais pas à un point tel qu'il faille renoncer à la résilience de l'ordre ancien. Il faut plutôt faire l'hypothèse que le retour de l'autonomie, de la fierté et de l'indépendance engendreront une nouvelle solidarité, y incluant les travailleurs de la ville et les travailleurs autonomes qui vivent en campagne. Le fardeau de l'État pourrait, à la longue, s'alléger ainsi.

Cela suppose cependant que l'on respecte la règle du domaine plein paysan, de la ferme familiale. Rien n'est plus contraire à notre génie de la terre que le travail triste et monotone de surveillant d'une méga-porcherie appartenant à l'un de ces intégrateurs, lesquels portent d'ailleurs bien mal leur nom, car ils contribuent surtout à désintégrer les communautés.

L'autonomie, la fierté et l'indépendance supposent aussi que l'exploitant agricole ne soit pas entraîné, comme c'est le cas en ce moment, dans une spirale ascendante qui l'oblige à s'endetter toujours davantage, soi-disant pour obtenir des économies d'échelle. Je le répète : « Nous sommes des kolkhoziens », m'a dit un jour un voisin.

À moyen et à long terme, c'est l'ensemble de la collectivité qui bénéficiera le plus du retour d'un domaine plein paysan adapté aux réalités actuelles. Comme l'helléniste français Pierre de Savinel, entre autres, l'a démontré, la petite propriété terrienne a toujours été au cours de l'histoire la meilleure garantie des libertés. À propos de Solon, le créateur de l'état de droit qui fut aussi l'auteur de lois favorisant les petits propriétaires, Savinel écrit :

> Rien ne peint mieux les rapports personnels que ce chef d'État génial avait su établir avec les petites gens, essentiellement des paysans. Il va transmettre à la démocratie du Ve siècle av. J.-C. une classe moyenne de petits propriétaires, ceux que nous verrons encore vivre à la fin du siècle dans les comédies

> d'Aristophane, classe saine, solide, qui donnera à la démocratie sa force, civique et militaire, en attendant que cette même démocratie, sombrant dans la démagogie, ne corrompe en profondeur ces paysans, et n'instaure une tyrannie populaire, aussi odieuse que la tyrannie des oligarques, conduisant Athènes à sa ruine[5].

De quoi la Russie, dans son ensemble, a-t-elle souffert le plus ? Qu'est-ce qui a compromis les libertés dans tant de pays d'Amérique latine et d'Afrique, sinon la taille démesurée des propriétés agricoles et la réduction des paysans autonomes à une mentalité d'employés, voisine de la servilité ? Les États-Unis ont sombré dans cet excès au cours du XXe siècle, ce qui n'est peut-être pas étranger au fait que les présidents de ce pays peuvent si facilement manipuler l'opinion publique. Le Québec accuse heureusement un certain retard sur la voie du gigantisme agricole, et de la désagrégation sociale et politique qu'il entraîne. Ayons au moins le bon sens de tirer avantage de ce retard, pour opérer à moindres frais une réforme semblable à celle qui se poursuit dans un pays qui demeure un modèle en matière de démocratie : la Suisse.

## L'exploitant agricole émancipé

N'en concluons pas que le paysan québécois a tourné le dos au progrès technique et économique. Il l'a seulement soumis, jusqu'à tout récemment, à ses règles sociales. Il y a aussi des leçons à tirer de la façon dont il a réussi à protéger ses traditions tout en s'adaptant aux nouvelles réalités. Compte tenu du type de solidarité qui existait dans les campagnes, quel était le type d'entreprise qui convenait le mieux à nos cultivateurs ? La coopérative, évidemment.

Vers la fin du XIXe siècle, l'apparition des transports à vapeur modifia radicalement les conditions d'exportation des produits laitiers vers l'Europe. Il y eut une excellente occasion à saisir, ce que le monde rural québécois fit. Je dis monde rural, car, pour réussir ce virage, il a fallu que les cultivateurs étendent à d'autres professions le tissu social qui les liait.

---

5. Savinel, P. *Les hommes et la terre dans les lettres gréco-latines*, Paris, Éditions Sang de la Terre, 1988, p. 60.

Il y a de précieuses leçons à tirer de la façon dont, selon Léon Gérin, les Québécois ont réussi à relever le défi de cette ébauche de la mondialisation :

> Or l'établissement des transports à vapeur, à la fois sur terre et sur mer, qui sur les entrefaites s'accomplit autour de nous, changea bientôt du tout au tout la situation du producteur canadien et permit l'organisation d'une industrie laitière parfaitement outillée en vue de la production et de l'exportation sur les marchés universels de quantités indéfinies de fromage et de beurre. Un groupe remarquable d'agronomes, de professeurs, de fonctionnaires, d'hommes politiques même, recrutés dans les centres les plus importants de la province, sans excepter les Cantons de l'Est, se firent les animateurs, voire même les techniciens et les porte-fanions de ce mouvement pour l'établissement de coopératives de laiterie et la diffusion des méthodes de fabrication les plus recommandables.

À propos de la formation des coopératives, Gérin fait cette observation dont il faudra se souvenir lors de la prochaine réforme :

> Les naïfs ou doctrinaires, qui ne manquent pas une occasion de chanter les louanges de l'action coopérative, pourraient fort bien s'arrêter à réfléchir que cette prétendue action coopérative se ramène à l'initiative personnelle d'un petit nombre de particuliers dévoués, qui font de l'œuvre collective leur souci constant. Les admirables résultats dont chacun se félicite et s'étonne n'ont pas d'autre explication.

Les conclusions qu'il convient de tirer de ce rapide tour d'horizon se dégagent d'elles-mêmes. Il en est toutefois une, la plus importante peut-être, qu'il faut atteindre par la réflexion. La science qui faisait apparaître la nécessité de la propreté dans le traitement industriel du lait était accessible à tous les cultivateurs. Tous pouvaient comprendre également le rôle de la force centrifuge dans la séparation du lait et de la crème. Il en était de même des principes économiques à maîtriser pour fonder une coopérative et la gérer correctement. C'est l'une des raisons pour lesquelles les paysans échappèrent à ce moment à la prolétarisation, ou à une simple perte d'autonomie et d'indépendance.

Il en va autrement dans la conjoncture actuelle où, pour bien comprendre ce qui lui arrive, le cultivateur doit, dans tous les domaines, maîtriser des connaissances de plus en plus abstraites et complexes. On en est à la nanotechnologie, quand à peu près personne n'a encore compris les OGM. Tout est aussi plus complexe pour ce qui est du fonctionnement des marchés et des lois établies par les États. Quelle est la réaction d'une personne normale, et digne, quand elle se sent ainsi dépassée, sinon la fuite vers un environnement qu'elle maîtrise mieux ?

Le cultivateur a perdu son indépendance aux mains des prêteurs, qu'il s'agisse des banques ou des institutions financières de l'État, mais aussi aux mains des experts de toutes les disciplines, qui tantôt le soutiennent de leurs conseils et tantôt le critiquent. Il ne lui suffira pas, pour retrouver son indépendance, de consacrer une plus grande partie de son temps à l'étude. De toute façon, il est exclu qu'il puisse devenir à la fois spécialiste en génie génétique, en écologie, en commerce international. Dans ces conditions, si dans le cas des mégaporcheries, par exemple, on mise trop sur la plus haute technologie pour régler les problèmes, on ne fera qu'aliéner davantage le préposé à la surveillance des élevages, et loin d'apporter une solution aux problèmes sociaux résultant de la disparition des fermes familiales, on les aggravera.

Il faut revenir à ce que E. F. Schumacher, l'auteur de *Small is beautiful*[6] appelait les technologies appropriées, et à un empirisme voisin de celui qui a toujours fait la force de nos cultivateurs. Ils sont revenus d'eux-mêmes aux petites fromageries qui ont assuré leur survie à compter de la fin du XIXe siècle. Certes, les technologies qu'il faut maîtriser aujourd'hui pour faire de bons fromages et les exporter sont un peu plus complexes qu'il y a un siècle. Elles demeurent toutefois à la portée des cultivateurs d'aujourd'hui, dont plusieurs ont étudié les techniques agricoles au niveau collégial.

L'engouement de toute la société québécoise pour les fromages locaux et les produits du terroir en général rappelle étonnamment la mobilisation des années 1880 autour des fromageries et des beurreries. La conjoncture n'est pas la même, les défis sont plus difficiles à cerner et à relever, les tendances, plus complexes à démêler – faut-il d'abord servir le marché local ou le marché international ? –, mais il y a aussi plus de ressources financières disponibles pour aider le

6. Schumacher, E.F. *Small is beautiful*, *Une société à la mesure de l'homme*, Paris, Seuil, 1973.

monde agricole et le monde rural à s'orienter dans la bonne direction : celle d'une réanimation de l'ensemble de la campagne québécoise. Personne ne veut d'une campagne morte dont toute la poésie se résumerait à des camps de concentration pour animaux.

## Chapitre 20

# Apprendre dans l'action sociale : vers une écocitoyenneté

Lucie Sauvé

*La société civile constitue un acteur de l'expertise aujourd'hui largement sous-estimé. Parce qu'elles subissent les risques, les populations sont les mieux placées pour dire ce qui est acceptable et ce qui ne l'est pas. C'est une exigence démocratique. C'est aussi un enjeu de connaissance. L'intelligence collective de la société civile peut contribuer à repérer des situations à risque, des négligences menaçantes. La vigilance des populations constitue un maillon irremplaçable pour progresser dans la compréhension des interactions entre santé et environnement. Un nouveau partenariat science-société, devenu incontournable, se tisse lentement.*

André Cicolella et Dorothée Benoit Browaeys[1]

L'engagement citoyen dans la lutte contre la production porcine industrielle témoigne d'une telle vigilance et lance une alerte majeure. Le mouvement prend de plus en plus d'ampleur, exprimant une plus vaste préoccupation populaire pour l'ensemble des dysfonctions du système de production, de transformation et de distribution alimentaire au Québec, en relation avec le macrosystème économique dans lequel il s'insère. Ce mouvement de résistance et de revendication, qui associe désormais un nombre grandissant

1. André Cicolella et Dorothée Benoit Browaeys, *Alertes Santé – Experts et citoyens face aux intérêts privés*, Paris, Fayard, 2005, p. 365.

d'acteurs et d'organisations de différents secteurs de la société, est de nature résolument politique et dépasse largement les luttes régionales singulières.

On constate toutefois – et cela confirme une tendance souvent observée en matière d'environnement, de santé ou de justice sociale – que c'est à l'échelle locale, celle des communautés affectées, que le mouvement prend racine. La motivation initiale des citoyens à s'engager dans ce qu'on peut appeler désormais « la lutte porcine » est le plus souvent stimulée par un vif sentiment d'atteinte à la qualité de vie dans l'espace privé et collectif lors de l'implantation de porcheries industrielles dans le voisinage. Le même scénario se répète immanquablement : un groupe de résidants apprend un jour par les médias, par un informateur ou par le conseil municipal, qu'un projet de porcherie (un premier ou un nouveau projet) s'amène ou qu'une installation en place prévoit s'agrandir. La situation apparaît inacceptable, l'inquiétude s'installe. Des citoyens se mobilisent, généralement rapidement, confiants que s'ils s'investissent collectivement, ils pourront faire quelque chose : le problème sera reconnu et le projet, annulé. Il leur apparaît impensable à prime abord que la situation qu'ils jugent intolérable, non respectueuse des gens et de l'environnement, puisse ne pas trouver un dénouement satisfaisant.

Une phase de dénonciation s'amorce alors, bien énergiquement : réunions de citoyens, lettres ouvertes dans le journal régional, participation aux assemblées municipales, installation de pancartes, etc. Et puis..., la déception s'installe : ce n'est pas si simple, on se heurte à différentes formes de petits et grands pouvoirs, explicites et occultes, légitimes ou non. Il va falloir s'armer de patience, d'un dossier bien monté et de stratégies d'action efficaces. À la foi enthousiaste et naïve du début (le « bon sens » aura gain de cause !), succède une froide leçon de réalisme. Les troupes s'effritent ou au contraire, se consolident, ou... les deux ! La tâche est gigantesque, les acteurs ne sont pas nombreux, tous très occupés dans leurs vies personnelles et professionnelles. Qui prendra le leadership ? Où trouvera-t-on le temps et les ressources pour tenir le coup ? Et le temps file : c'est le compte à rebours... Les acteurs au front de la Coalition santé et environnement, qui ont généreusement accompagné les premiers pas de groupes émergeants, connaissent bien cette dynamique.

On le sait : les luttes porcines se déroulent sur un fond de souffrances sociales, celles du producteur et de sa famille, celles des voisins plus directement affectés, celles des autres citoyens qui perdent généralement beaucoup d'illusions, entre autres de pouvoir contribuer à changer les choses (du moins, sans y laisser sa santé et sans trop affecter sa vie privée). La campagne se déchire. Les opposants au développement porcin se voient contraints de baisser les bras ; tout au plus obtient-on des mesures compensatoires – prévues de toutes façons par la réglementation en place. Se pose alors une question de relance : jusqu'où veut-on aller, jusqu'où pourra-t-on aller pour ne pas abdiquer au bout du compte ?

Les résultats à court et moyen termes sont ainsi généralement décevants en raison de l'emprise du système législatif en place et des rapports de force inégaux. Mais au-delà d'un tel constat, et dans une perspective positive (sans être naïve), il importe de considérer l'apport essentiel à plus long terme de l'engagement citoyen. Un tel engagement génère un important apprentissage collectif au sein des comités de citoyens et contribue (même humblement) à un changement culturel majeur au sein de notre société en général. Plutôt que d'additionner les luttes locales les unes aux autres, on apprend à les cimenter ensemble d'une signification politique – non pas au sens partisan, mais au sens d'un projet social qui se construit collectivement : vers une démocratie participative, vers une agriculture responsable, vers une souveraineté alimentaire.

D'une approche réactive à la menace d'un projet porcin, on peut ainsi passer à une approche proactive : le cas spécifique qui préoccupe les citoyens dans l'espace privé ou de voisinage devient l'occasion de s'approprier le milieu de vie, d'apprendre à travailler ensemble, de construire (à long terme) un tissu social plus fort et de se donner les moyens de concevoir et de réaliser des projets créateurs qui illustrent les valeurs d'autonomie et de solidarité, telles qu'on les définit dans le contexte de chaque communauté. Certes, cela n'exclut pas les vertus et l'efficacité (parfois !) d'une colère bien légitime et de coups d'éclat dans l'immédiat. Cela n'exclut pas non plus les tensions internes et les moments de découragement. Mais l'horizon s'élargit à des transformations profondes.

## Qu'apprend-on ensemble ?

> *Le recours au public agit comme une bouffée d'air frais. Sans s'en rendre compte, investisseurs, décideurs, experts, communicateurs gèrent la connaissance entre eux et s'entendent pour évacuer des zones d'incertitude à leur profit. La consultation du public fait émerger et apparaître les refus camouflés, les valeurs inconscientes, et jette donc une lueur accrue sur le débat. Bien sûr, le public n'est pas neutre lui non plus [...] Il défend parfois avec opiniâtreté son quartier, sa rue, sa maison. Parce qu'il est acculé à l'impasse, il imagine aussi des solutions auxquelles personne n'avait pensé, la nécessité stimulant de la créativité, le poussant à trouver autre chose hors des sentiers battus.*
>
> André Beauchamp[2]

André Beauchamp fait ici référence aux démarches de consultation publique, mises en place par l'État et dont il a une longue et riche expérience. Mais la participation du public s'exerce aussi au premier plan, au sein de ce qu'on peut appeler des « groupes citoyens émergents[3], » qui se mettent en place de façon plus ou moins formelle, en réaction à un problème particulier dans un milieu, et pour faire entendre leur voix. La troisième partie du présent ouvrage propose des exemples. Si l'on prenait soin de clarifier les apprentissages réalisés au sein de ces groupes et leur apport global à la compréhension et à la résolution de la problématique, le résultat pourrait être impressionnant. Un tel bilan systématique reste à faire : cela devrait être l'objet d'un exercice évaluatif mené par les groupes eux-mêmes (« bouclant » ainsi leur apprentissage en prenant conscience de leurs acquis) ; cela devrait également donner lieu à un projet de recherche formelle, de type collaborative. Mais pour l'instant, une première observation attentive (incluant une

2. André Beauchamp, « L'individu, la collectivité et l'éthique : l'importance de la consultation publique », *L'avenir d'un monde fini. Jalons pour une éthique du développement durable,* Cahiers de Recherche Éthique, n° 15, Montréal, Fides, 1991, p. 163-178.
3. Hill, R.J. « Fugitive and codified knowledge : implications for communities struggling to control the meaning of local environmental hazards », *International Journal of Lifelong Education,* vol. 23, n° 3, p. 221-242.

démarche d'observation participante) de la dynamique de ces groupes, au fil des jours, au cœur de l'action, me permet d'identifier différents types d'apprentissage et de les caractériser. Les mettre au jour permet de mieux les valoriser.

## L'engagement politique

À la suite de l'annonce d'un développement porcin, on apprend d'abord à se tourner vers les voisins immédiats, ceux que l'on connaît déjà et ceux qu'on a ainsi l'occasion d'approcher ; on apprend aussi à identifier et interpeller les groupes communautaires existants. Avec intérêt – parfois avec étonnement ou déception – on constate, chez les uns et les autres, une diversité d'approches de la situation : on trouve différents points de vue, parfois convergents et complémentaires, parfois divergents. Et puis, au-delà des réactions individualistes (cela ne me concerne pas directement, je n'ai pas le temps) ou naïves (« ils » vont résoudre le problème) ou craintives (diverses peurs émergent), on apprend à créer des alliances, à former un groupe d'action, à le structurer le mieux possible compte tenu des disponibilités et du désir d'engagement de chacun. C'est bien souvent pour beaucoup de citoyens la première occasion d'interagir avec les élus locaux : comment approcher le maire et le conseil ? Quels sont les créneaux et possibilités d'action ? Comment participer aux séances du conseil ? Quelle est la culture de gouvernance locale ? Qui sont les acteurs en présence ? Quelles sont leurs priorités ? Leurs alliances ? De quels pouvoirs une municipalité dispose-t-elle ? Et qu'en est-il de la MRC ? Les citoyens peuvent-ils agir à ce niveau ? Comment ? Et puis au niveau provincial ? Quel(s) ministère(s) approcher ? À qui s'adresser ? Où et comment peut-on exercer un pouvoir d'influence ? Au-delà des urnes, y a-t-il des zones de partage de pouvoir entre l'État et les citoyens ?

Parmi les premiers apprentissages, il y a ainsi ceux qui ont trait aux responsabilités publiques, aux espaces de décision et aux rouages de la vie démocratique : ses possibilités, ses enjeux, ses limites. On prend conscience de l'importance déterminante du système législatif comme agent facilitant ou paralysant, selon le cas. On apprend rapidement que le « fardeau de la preuve » revient aux citoyens, qui doivent assumer des risques non consentis et composer avec des décisions qui leur échappent. Or comment porter ce fardeau ? Comment le retourner vers les responsables des problèmes et risques engendrés et vers les décideurs politiques? Une forme d'éducation politique (auto et co-éducation) entre progressivement en jeu.

Les premiers échanges entre les citoyens et les élus sont généralement pleins de bonne volonté mais souvent maladroits, de part et d'autre. On ne se connaît pas. L'apprivoisement n'est pas facile. Le terrain s'annonce parfois carrément hostile au départ. Surtout lorsque le maire et les conseillers, eux-mêmes agriculteurs, perçoivent l'initiative des citoyens comme une ingérence indue dans les affaires agricoles, « leurs » affaires en somme: l'identité même de l'agriculteur semble entrer en jeu. Un clivage entre « eux » et « nous » s'installe alors aisément: identité et altérité se retrouvent en tension dans un contexte de pouvoir à garder, à partager ou à prendre. En témoigne l'interprétation personnelle que donne un producteur laitier, maire d'une petite municipalité de la Montérégie, à un mouvement citoyen dans sa ville, dont il attribue à tort l'origine à une seule personne, du clan des « citadins » qui comptent pour 90 % de la population du territoire:

> Suite à l'abandon du moratoire sur l'industrie porcine, une citoyenne [...] a ameuté la population sur le fait qu'un producteur agricole ne pouvait gérer la municipalité et édicter des règlements pour contrer la venue imminente de mégaporcheries [...] le mal était fait et la névrose a continué [...] ce sont les mêmes arguments et la même paranoïa qui ont affecté le reste de la province [...] le gouvernement provincial devrait investir en communications pour combler l'ignorance des résidants. Les phobies qui existent au sujet des porcheries peuvent facilement dégénérer vers d'autres productions animales[4].

Un profond fossé culturel se creuse. À défaut de l'éviter par manque d'expérience, il faut apprendre à reconnaître une telle dynamique et, dans la mesure du possible (est-ce utopique?), à mettre en œuvre des stratégies de dialogue.

Plus la démarche de dénonciation et de résistance progresse et plus s'élargit le spectre des acteurs politiques qu'on tente de rejoindre et de convaincre (à la MRC et au sein des ministères),

4. Robert Beaudry, mémoire déposé à la Commission sur l'avenir de l'agriculture et de l'agroalimentaire au Québec, 2007.

plus on éprouve un rapport de force contraignant. On apprend les incohérences de la gouvernance actuelle : le dossier porcin est morcelé entre trois ministères, celui de l'environnement (le MDDEP), des affaires municipales (le MAMR) et de l'agriculture (le MAPAQ) ; aucune instance ne coordonne les décisions en fonction d'une vision d'ensemble et d'un souci de pertinence au regard de chaque situation spécifique. On apprend qu'il y a une « ligne de parti », une solidarité intra et inter-ministérielle : une position ferme en faveur du développement porcin, perçu comme fer de lance de l'économie du secteur agricole. On constate la force du lobby de l'UPA, dont le président est lui-même producteur de porcs et président de la Financière agricole, qui supporte l'industrie porcine. On constate aussi qu'en haut lieu, une telle situation n'est pas perçue comme un conflit d'intérêts. On peut ainsi confirmer qu'en contexte de globalisation, la sphère politique se tourne résolument du côté de l'économie dominante.

Les citoyens apprennent à apprivoiser leurs déceptions, désillusions, frustrations. À les nommer, à les justifier. Ils apprennent que les décideurs politiques, tant au niveau municipal qu'au sein des ministères, ne connaissent pas bien le dossier porcin, dont ils ont pourtant la responsabilité. Pire, ils ne « savent pas qu'ils ne savent pas » et ne manifestent aucune volonté d'apprendre, en dehors des aspects législatifs et des arguments des « spécialistes » de service dont ils ne questionnent pas (publiquement du moins) la validité ou la pertinence. On apprend que la lutte sera très ardue. Qu'il faut rejoindre les rangs des coalitions et groupes régionaux ou nationaux qui ont fait de l'industrie porcine leur cheval de bataille. Solidarité et courage doivent être au rendez-vous. On apprend qu'au-delà de l'« appareil » régulateur en place et bien verrouillé, la « vraie » politique est une affaire collective, qu'elle se joue ici, maintenant et entre nous, dans nos réunions de cuisine comme dans les rencontres et les manifestations collectives.

On apprend l'importance cruciale de la participation citoyenne. Mais en même temps, on observe les entraves à une telle participation[5] : la création d'attentes inutiles lorsque des décisions ne

---

5. Ces types d'entraves ont été identifiés par Marie-Rose Sénéchal et Florence Piron dans *Participation et consultation des citoyennes et citoyens en matière de santé et bien-être*, Québec, Conseil de la santé et

sont pas prises à la suite d'une consultation[6] (comme dans le cas des audiences du BAPE sur la question porcine) ; le manque d'information et de transparence de la part des décideurs (entre autres, le secret gardé autour des éventuels projets porcins) ; la prédominance des discours techniques, économiques ou scientifiques par rapport aux savoirs locaux (la fameuse « norme phosphore ») ; l'influence plus grande de groupes d'intérêt très structurés et influents politiquement (notamment l'UPA) par rapport aux individus et groupes moins organisés ; des inférences politiques ou ministérielles (comme celle du MAMR dans le cas du RCI de Kamouraska) ; le manque d'ouverture à la discussion et la proposition de solutions non discutables (relatives à la cohabitation sociale par exemple) ; une vision limitée des problèmes soulevés (il va sans dire !). La participation demeure ainsi soumise à des jeux de pouvoir ; elle sert d'alibi ou d'exercice de relations publiques pour rendre plus légitime certaines politiques ou décisions, comme en témoigne en particulier le mécanisme de consultation prévu par la Loi 54.

On apprend à espérer malgré tout et à lutter dans une telle arène politique où il importe de prendre une place légitime et responsable.

> Les institutions publiques se trouvent fragilisées par la perte de confiance que leur témoignent les citoyennes et citoyens, de même que par les exigences qu'ils ont à leur égard : imputabilité, transparence, ouverture. Les citoyennes et citoyens réclament un rôle plus actif dans la conduite des affaires de l'État. La participation peut améliorer la qualité et l'efficacité des politiques publiques. Elle constitue un élément fondamental de la bonne gouvernance[7].
>
> Devant la complexité des enjeux actuels, de plus en plus de gens manifestent un appétit réel pour la chose publique et tentent

---

du bien-être, 2004, p. 18.

6. Environ 90 % des recommandations faites à l'issue des commissions parlementaires au Canada sont laissées en plan et tablettées. À tous les paliers de gouvernement, la prise en compte des opinions exprimées est discrétionnaire. (Sylvie Dugas, *Le pouvoir citoyen. La société civile canadienne et québécoise face à la mondialisation,* Montréal, Fides, 2006, p. 306 – selon l'Observatoire de la démocratie affiliée à la Chaire de recherche du Canada en mondialisation, démocratie et citoyenneté.
7. Marie-Rose Sénéchal et Florence Piron, *op cit.*, p. 15-17.

> d'accroître leur participation civile pour faire valoir leur opinion et défendre leurs intérêts. Ils veulent savoir ce qui se trame dans les coulisses du pouvoir, ils désirent intervenir dans la prise de décision et bâtir une relation interactive avec les pouvoirs publics et les entreprises pour dessiner les contours du monde[8].

## L'importance de l'information : le rapport entre savoir et pouvoir

À s'engager dans la lutte porcine – comme sur tout autre terrain de revendications environnementales ou sociales – on se rend rapidement compte du lien très étroit entre le savoir – via l'information – et le pouvoir : l'information, c'est le « nerf de la guerre » ! Les citoyens sont aisément qualifiés d'interlocuteurs subjectifs, émotifs, non pertinents, illogiques et mus par des motivations égoïstes. Ainsi, dans le guide pratique du producteur porcin intitulé *Comment vivre en harmonie*, publié par la Fédération des producteurs de porcs du Québec, on peut lire que « les obstructions locales systématiques de la part des collectivités » sont associées au syndrome du « pas dans ma cour » : « Presque toutes les plaintes formulées font référence à des enjeux collectifs alors qu'en réalité elles touchent souvent des intérêts de nature plus privée : la crainte d'une nuisance comme l'odeur et la diminution de la valeur de la propriété qui pourrait en résulter[9]. » Du côté des technocrates, on minimise la capacité des citoyens « ordinaires » de s'approprier les connaissances scientifiques et de participer de façon éclairée aux débats : « Est-ce que la majorité des citoyens ont les connaissances et les capacités intellectuelles pour contribuer de façon appropriée aux décisions politiques concernant les questions complexes de nos sociétés industrielles[10] ? »

Devant de telles affirmations, on reconnaît l'importance de développer une argumentation solide, fondée sur des informations valides et vérifiables. Certes, il arrive souvent au départ que les citoyens soient mus par des inquiétudes de proximité, qu'ils ne dis-

---

8. Sylvie Dugas, *op. cit.*, p. 8.
9. Fédération des producteurs de porcs du Québec, *Comment vivre en harmonie*, s. d., p. 12-13.
10. Frank Fisher, *Citizens, Experts, and the Environment – The politics of local knowledge*, London, Duke University Press, 2002, p. lX.

posent que d'indices et appréhendent de façon encore floue les diverses dysfonctions liées à l'industrie porcine. Ils réagissent de façon bien légitime à une atteinte à leur propre espace de vie. Mais au fur et à mesure qu'on se documente, les morceaux de la mosaïque se mettent en place et l'argumentaire s'enrichit: d'un symptôme d'odeur locale on rejoint une problématique sociale et environnementale majeure. On apprend à repérer les informations, à les valider, à les associer à des sources vérifiables. On apprend à monter un dossier, à tisser un fil de signification entre des données éparses relatives à des domaines aussi divers que la législation, l'écologie des sols, celle des eaux douces, l'agronomie, l'économie, les sciences de la santé, etc. Un tel apprentissage est généralement source de satisfaction et de motivation.

On se rend compte toutefois que toute l'information souhaitée n'est pas disponible ou n'est pas à jour: par exemple, on ne trouve pas de données sur la qualité de l'eau souterraine ou celle du segment local de la rivière, ou encore on apprend qu'il n'existe aucune étude relative à la pollution diffuse dans le contexte qui nous intéresse. Par ailleurs, on arrive difficilement à vérifier la crédibilité des informations accessibles. Dans certains cas, comme à Richelieu, les citoyens ont dû prendre eux-mêmes l'initiative d'une étude de dispersion des odeurs; ils ont appris à lire des figures et graphiques complexes et à défendre la validité méthodologique de la recherche. Ils ont entrepris un monitoring de la qualité de l'eau. Ils ont ainsi acquis des habiletés relatives à l'activité scientifique.

À travers tout cela, l'un des apprentissages majeurs est celui de l'esprit critique: on apprend, par exemple, à déconstruire les idées reçues et les arguments fallacieux, à débusquer les incohérences et les tentatives de mystification pseudo-scientifique, à exiger des justifications. On apprend aussi à travailler avec l'incertitude, le doute, les controverses. Tout n'est pas si clair ou tranché, il y a des zones d'ombre. Et celles-ci ne doivent pas être occultées, mais reconnues. Elles font généralement appel au principe de précaution.

Et puis, on apprend progressivement à distinguer deux types de savoirs, tels que définis par Robert J. Hill[11]:

11. Robert J. Hill, *op. cit.*

- Les savoirs formels, appelés aussi savoirs officiels ou « codifiés », produits et diffusés par le pouvoir en place et qui visent à maintenir le *statu quo*, à justifier des décisions prises en amont, en fonction de visées politico-économiques. Ces savoirs sont issus d'une culture dominante qu'ils contribuent à renforcer. Il s'agit le plus souvent de savoirs techno-rationnels, basés sur des modèles mathématiques (de nature économique ou agronomique, par exemple), qui correspondent à des abstractions théoriques menant à des généralisations. Les experts producteurs de tels savoirs en revendiquent l'objectivité et le caractère soi-disant consensuel. Leur dimension éthique est occultée ou distordue. Ce type de savoirs « certifiés » est associé à la vérité et détermine ce que la réalité sociale doit être, et non ce que les citoyens expérimentent ou éprouvent. L'utilisation de ces savoirs intimide le public et rend illégitimes leurs revendications, portant ainsi atteinte à la démocratie.

- Les savoirs locaux, d'expérience, appelés aussi savoirs « fugitifs » parce qu'ils échappent aux canons du savoir formel et qu'ils ne sont pas soumis au contrôle des spécialistes. Ces savoirs sont générés par des citoyens à partir de leurs observations, de leurs réflexions, de leur propre enquête dans le milieu ou de leur expérimentation. On les appelle aussi « savoirs informels », « savoirs expérientiels », « savoirs de sens commun » ou « savoirs ordinaires », souvent racontés sous forme narrative, comme des « histoires[12] ». Il s'agit de savoirs pratiques situés en contexte, qui tiennent compte des réalités sociales, culturelles, historiques. Les citoyens producteurs de ces savoirs reconnaissent le caractère complexe, conflictuel et ambigu de la situation. Ces savoirs permettent entre autres de remettre en question les choix méthodologiques des experts et l'interprétation des résultats par les décideurs. Pas étonnant que ces derniers discréditent volontiers le savoir populaire, ainsi mis sous silence ou marginalisé ; parfois ils le récupèrent, en l'inscrivant dans le cadre de signification du pouvoir dominant.

12. Frank Fisher, *op. cit.*, p. 170-192.

> Le savoir fugitif dérange. Il ouvre des voies alternatives qui confrontent le *statu quo*.

Poursuivant leur enquête, les citoyens engagés dans la lutte porcine apprennent à composer avec le savoir formel ou « officiel », qui sert trop souvent à les mystifier et à les faire taire. Par exemple, avec un peu de recul et en interrogeant des spécialistes, il portent un regard critique sur la méthodologie adoptée par les experts du gouvernement pour l'étude de la qualité de l'eau potable dans sept bassins versants[13], dont les conclusions minimisent les risques engendrés par l'industrie porcine (voir le chapitre 10 de cet ouvrage); ils saisissent d'abord intuitivement, puis de façon mieux informée, les limites de la fameuse « norme phosphore » qui balise les décisions relatives au contingentement et à l'octroi de permis d'établissement porcin; ils comprennent qu'un modèle mathématique comme celui mis au point par les experts du MDDEP[14], pour prédire la quantité de phosphore déversée dans le cours d'eau local, ne tient pas compte de la complexité des facteurs en jeu dans les différents contextes (voir le chapitre 15 de cet ouvrage); ils observent la contradiction entre l'approche « ferme par ferme » utilisée pour l'octroi de permis (en fonction du nouveau Règlement sur les exploitations agricoles) et l'approche par bassin versant adoptée par la politique de l'eau au Québec. Ils découvrent les enjeux de pouvoir liés à l'utilisation de la science et saisissent les limites de l'argument scientifique. On se souvient que se sont les savants calculs des ingénieurs forestiers qui ont servi à légitimer la coupe abusive de la forêt québécoise. On se souvient du *credo* des sciences agronomiques qui a mené à l'érosion des sols et à la pollution de nos plus belles rivières :

> Science et politique forment un couple explosif, avec un risque de confusion permanent entre les rôles des uns et des autres. Le scientifique ayant coiffé sa casquette d'expert peut préciser les

---

13. Rousseau, N. *et al.*, *Étude sur la qualité de l'eau potable dans sept bassins versants en surplus de fumier et impacts potentiels sur la santé*, Québec, Gouvernement du Québec, 2004. http://www.mddep.gouv.qc.ca/eau/bassinversant/sept-bassins/sommaire.pdf.
14. Gangbazo, G., Pesant, A.R., Cluis, D. et Couillard, D., « Étude en laboratoire du ruissellement et de l'infiltration de l'eau suite à l'épandage du lisier de porc », *Canadian agricultural engineering*, vol. 34, n° 1, 1992, p. 17-25.

> chiffres d'une contamination, de la progression du cancer, des distances de propagation d'un pollen transgénique [...] Mais il n'a pas de compétence particulière pour dire comment user du principe de précaution, ni comment juguler la surutilisation des produits chimiques. En se tournant trop souvent vers l'expertise scientifique, les décideurs se défaussent de leurs responsabilités et soumettent les chercheurs à une dérive risquée[15].

Au-delà de ces constats, les citoyens apprennent aussi à reconnaître la valeur du savoir endogène, « fugitif », et son rôle essentiel dans la compréhension de la problématique et la recherche de solutions. Par exemple, ils partagent leurs connaissances empiriques du milieu, ils valorisent l'expérience des producteurs porcins alternatifs qui ont expérimenté le mode d'élevage sur litière, et ils constatent les avantages de groupes d'achats solidaires de produits locaux et écologiques.

## Les enjeux de la communication

Très tôt, en cours de route, les citoyens comprennent que la communication (tout comme l'information) est une composante stratégique essentielle de leur action. Il faut apprendre à : formuler un message simple et clair, produire des tracts, des affiches et des dépliants, rédiger un bon communiqué de presse, identifier les médias appropriés, interagir avec les journalistes, organiser des conférences de presse, imaginer des mises en scène pour attirer l'attention et frapper l'imaginaire, etc. Il faut s'exprimer efficacement en fonction de son public, présenter une argumentation solide, prévoir les questions et commentaires afin d'y réagir adéquatement. Dans cette démarche de communication, on se rend compte que les médias sont souvent de fort bons alliés. De plus en plus, tel qu'observé par Jean-Luc Martin-Lagardette[16], la pratique du journalisme s'ouvre à ce qu'on appelle l'information responsable. Un « journalisme citoyen » (différent du journalisme « libéral ») devient médiateur et auxiliaire de la démocratie, exerçant un contre-pouvoir pour défendre l'intérêt des citoyens dans leur ensemble et non seulement ceux qui sont du côté du pouvoir.

---

15. André Cicolella et Dorothée Benoit Browaeys, *op. cit.*, p. 343.
16. Jean-Luc Martin-Lagardette, *L'information responsable*, Paris, Charles Léopold Mayer, 2006, p. 15.

Mais en lien avec leurs activités de communication (dont les manifestations qu'ils organisent), les citoyens apprennent aussi à composer avec les mesures d'intimidation du pouvoir en place, celui du lobby du porc (dont l'UPA, comme à la période noire du syndicat des *teamsters*) : les lettres de blâme avec copie conforme aux patrons, les mises en demeure et les menaces de représailles (explicites ou implicites) sont monnaie courante dans l'affaire porcine. Les « barons du porc » savent bien manier ce genre d'armes dissuasives. Ils s'adressent aux personnes plutôt qu'aux groupes de citoyens, les isolant ainsi dans la peur. Les citoyens doivent apprendre la signification et la portée de ces mesures légales. Ils doivent s'informer de leurs droits et responsabilités civiles, et saisir les limites (légales et implicites) de la liberté d'expression. Entre autres, quelle est la différence entre l'« atteinte à la réputation » de quelqu'un et le partage ou la diffusion d'information sur les positions des uns et des autres ? Il s'agit là d'un apprentissage souvent courageux, car en l'absence de moyens financiers, il n'est pas aisé d'avoir recours aux conseils d'un avocat. La joute est nettement à armes inégales ! On apprend à se défendre avec « les moyens du bord », en investissant un temps considérable à porter le fardeau de sa propre défense. On apprend que la loi est froide et qu'elle est peu sensible à la dimension éthique des situations contextuelles.

## Des apprentissages multiples et fondamentaux

En l'absence de moyens financiers adéquats (de moyens tout court !), les citoyens doivent également s'informer des démarches nécessaires pour donner au groupe une existence légale, lui permettant entre autres de solliciter des appuis financiers, de faire des levées de fonds, d'assurer à ses membres un certain degré de protection. On apprend donc à mener à bien de telles démarches, à organiser des campagnes de recrutement et de financement. On apprend à créer des partenariats, à s'associer à des réseaux, à mettre à profit l'expérience des autres, à consulter des experts et à solliciter une contre-expertise. Le citoyen engagé devient un homme ou une femme orchestre ! En accéléré et dans l'urgence, utilisant le temps résiduel – de plus en plus rétréci – de sa vie privée et professionnelle, il développe des multi-compétences.

Mais plus fondamentalement encore, à travers leur « saga » porcine, les citoyens apprennent à mieux connaître leur milieu, leur biorégion, avec ses dimensions écologiques et culturelles. Ils redécouvrent leurs paysages, leurs ruisseaux et rivières, le vent, la pluie…, sous d'autres angles. Ils se sentent y appartenir encore davantage. Ils s'interrogent sur eux-mêmes et sur leur relation au milieu. Qui sommes-nous ici sur ce territoire ? D'où venons-nous ? Que voulons-nous faire ensemble ? Quel est notre « projet d'environnement », notre projet social ? Que pouvons-nous faire ensemble ? Quelles sont nos valeurs communes ? On apprend à apprendre les uns avec les autres, les uns des autres. On apprend la démocratie en vivant une expérience démocratique. On s'exerce à la communication dialogique, celle qui respecte l'autre, qui reconnaît les valeurs qu'il porte et vise la construction de savoirs. On apprend à se mettre en projet, ensemble. On apprend la patience, la tolérance, la solidarité, l'authenticité. On apprend qu'il n'est pas si facile d'apprendre tout cela, que la déception est souvent au rendez-vous. Si certains apprennent malheureusement à se taire (sous l'effet de mesures d'intimidation), la plupart apprennent à ne pas se décourager. On apprend qu'on a tellement besoin les uns des autres.

## Comment apprend-on ?

On apprend généralement dans l'urgence, dans le chaos, dans le désordre. Par bribes, par juxtaposition d'informations parfois contradictoires. On reconstitue peu à peu les morceaux d'un gigantesque casse-tête, dont on apprendra que, de toutes façons, il manque des pièces. En l'absence d'une vision d'ensemble au départ, on se crée des petits « îlots de rationalité » (selon l'expression de Gérard Fourez[17]) qui nous procurent une première compréhension de certains éléments de la problématique. Les îlots forment bientôt un premier archipel. Mais il y a tout un continent à découvrir !

Au sein du groupe, on compte parfois sur un « éclaireur » plus averti ou plus courageux ; on se répartit la tâche aussi. Une dynamique s'installe souvent spontanément : tous se mettent aux aguets d'information à partager, et les courriels fusent. Les journaux et Internet sont des médias privilégiés. On puise aussi à la « bibliothèque » des autres groupes ou de la Coalition Santé et

---

17. Gérard Fourez, *Alphabétisation scientifique et technique*, Bruxelles, De Boeck-Westmael, 1994.

Environnement[18]. À force de lire sur le sujet, on devient plus compétent à mieux comprendre les textes, on peut faire des liens, on devient plus critique aussi.

Mais tout n'est pas écrit. Et puis, il faut traiter et interpréter les informations recueillies. Quant aux savoirs « fugitifs », ils se forgent ici, maintenant et entre nous : ils sont rarement notés, systématisés. On apprend donc ensemble, à travers les discussions de groupe (organisées ou, le plus souvent, informelles). On apprend de notre mémoire collective, de l'expertise spécifique de chacun des membres du groupe, de l'expérience des autres groupes et des *seniors* de la question porcine, qui donnent généreusement leurs temps. Les incidents critiques – ces incidents qui nous surprennent, nous dérangent, nous déstabilisent – deviennent des occasions privilégiées pour débattre entre nous. On apprend en se mettant en projet ensemble, souvent par essais et erreurs. On apprend en se donnant des mandats d'enquête et en discutant des résultats en vue de les interpréter.

Pour caractériser cette façon d'apprendre au cœur de l'action, cet apprentissage qui advient alors que les personnes vivent, travaillent et s'engagent dans l'action sociale, Griff Foley[19] propose l'expression « apprentissage incident ». Celui-ci prend place dans la lutte sociale, il est complexe, contre-hégémonique (il ne converge pas avec le savoir officiel) ; il est parfois contradictoire et sujet à débat ; il ne cache pas délibérément son lien avec des valeurs sous-jacentes. Il est lié à un contexte et à une culture spécifique, qu'il conforte et contribue à transformer aussi. L'apprentissage incident produit des « savoirs hybrides, hétéroclites, qui sont ancrés dans des systèmes de valeurs, des réseaux de sociabilité, des intérêts, des rapports de force, des expériences vécues[20]. » Un tel « apprentissage social » émerge de la confrontation de différentes visions du monde au sein de groupes qui travaillent ensemble à résoudre des problèmes qui concernent leur milieu de vie[21]. Il permet aux gens

18 http://coalitioncitoyenne.boutick.com/.

19 Griff Foley, *Learning in Social Action. A contribution to understanding informal education*, London, Zed Books, 1999, p. 4.

20. Marie-Rose Sénéchal et Florence Piron, *op. cit.*, p. 30.

21. Le récent ouvrage dirigé par Arjen E.J. Wals, *Social learning towards a sustainable word*, est consacré à l'apprentissage social en matière d'environnement.

d'avancer, de poursuivre leur projet. Il est cependant trop rarement clarifié : ceux qui construisent ce type de savoirs s'attardent peu à en prendre conscience, à le systématiser et à en témoigner. Il importerait pourtant de reconnaître ces savoirs comme un véritable patrimoine collectif !

## Pourquoi apprendre ensemble ?

Par les questions qu'ils posent et par les savoirs qu'ils construisent, les groupes de citoyens enrichissent la compréhension de la problématique et contribuent à la recherche de solutions, bien au-delà des solutions technologiques de surface visant à réduire les impacts d'une industrie qui s'avère dans l'ensemble insoutenable. Mais plus encore, en intégrant ces savoirs entre eux, les citoyens contribuent à construire la signification sociale de la problématique : l'industrie porcine, actuellement en grande difficulté, illustre à elle seule l'ensemble des dysfonctions de l'agriculture industrielle. Elle manifeste « la colonisation de notre monde par l'intrusion des système économique et politique[22] » là où il faut pourtant travailler ensemble à se définir, à clarifier ses croyances et ses valeurs, à reconstruire notre rapport à la terre, à la vie. La problématique porcine participe au « rétrécissement de l'espace de démocratie dans la société civile[23] ».

Il va sans dire que la signification « officielle » de la problématique est tout autre, comme en témoigne, à travers les solutions proposées, le récent *Plan d'action concertée sur l'agroenvironnement et la cohabitation harmonieuse*[24] : on y envisage le développement technologique (pour atténuer les effets de la production industrielle), l'aide financière de l'État à cet effet et l'éducation du public afin de contrer l'opposition des « citadins » installés en milieu agricole, eux qui ne comprennent pas les réalités de l'agriculture contemporaine. Ce à quoi veut contribuer la FPPQ, avec les fiches pédagogiques

22. Robert J. Hill, *op. cit.*
23. Robert J. Hill, *op. cit.*
24. Ministère de l'Agriculture, des Pêcheries et de l'Alimentation du Québec (MAPAQ) *2007-2010 Plan d'action concerté sur l'agroenvironnement et la cohabitation harmonieuse*, février 2007, p. 18-19. http://www.mapaq.gouv.qc.ca/NR/rdonlyres/909C6051-2A97-435E-9AA0-6578469510F4/0/Planconcerteagroenv.pdf.

qu'elle destine aux enseignants du primaire[25], dans l'espoir de convaincre les enfants et leurs parents du bien-fondé de l'industrie porcine. En aucun cas, le mode de production industriel n'est remis en question : on conçoit plutôt que les difficultés qu'éprouve actuellement le secteur porcin sont conjoncturelles et non structurelles.

À travers la lutte qu'ils mènent et les savoirs qu'ils construisent, les groupes de citoyens tentent de prendre le contrôle de la signification de la problématique qui, jusqu'ici, a été fabriquée et imposée par le pouvoir en place, mû par des intérêts économiques. Les citoyens deviennent des producteurs de culture, observe Robert J. Hill, non seulement au niveau local, mais aussi au sein de la société en général. Une culture, c'est une façon d'être, d'agir, d'interagir dans et avec le monde, en fonction d'une certaine vision du monde. Il s'agit ici d'une agri-culture, d'une culture du rapport à la terre, au vivant, à l'alimentation ; et aussi d'une culture de démocratie participative, d'équité sociale et de justice environnementale.

C'est ainsi que les luttes citoyennes dans le dossier porcin – comme dans toute autre lutte environnementale ou sociale – prennent tout leur sens et leur pleine valeur. Il s'agit de véritables chantiers d'éducation communautaire et populaire, où l'on apprend ensemble et à sa manière, de façon à s'engager et transformer le monde, à l'échelle initiale de son propre milieu de vie. Il importe d'en prendre conscience.

---

25. http://www.leporcduquebec.qc.ca/fppq/education-2.html.

## Postface

# Lulu et les dinosaures

Hugo Latulippe

De chef du gouvernement lors du Sommet agroalimentaire de Saint-Hyacinthe en 1998 jusqu'à son rôle de passeur de sapin pour le compte d'Olymel en 2007, Lucien Bouchard est en voie de devenir une sorte de mascotte de l'industrie porcine, un partenaire officiel de la faim du monde... des affaires. À tout le moins, on peut dire qu'il nous accompagne fidèlement, tel un prophète de malheur, au fil du drame qui a pour théâtre bien réel les campagnes du Québec.

Je me souviens... de ce sommet de Davos du lisier québécois. Lucien Bouchard, un cheptel de ministres du PQ, les barons du cochon, l'industrie et ses apôtres universitaires, les distributeurs et les *exportateurs de manger* et les lobbies agrochimiques s'étaient formellement engagés *à voir grand*.

Juste avant la courbe du millénaire, Lulu et les dinosaures promettaient de faire doubler la production de porcs usinés, convenant au passage, en modernes, qu'il fallait *assouplir certaines règles pour y arriver*. Ça, ça voulait dire casser le cou du ministère de l'Environnement, faire taire ses fonctionnaires les plus progressistes, et finir de vider ses lois de leur substance coercitive. À ce chapitre, le chemin parcouru est exemplaire. *Voir grand.* De l'américain *Think Big*. Idée chère à Elvis Gratton. (Avec le recul, en toute logique, on peut imaginer que Lucien Bouchard était à la veille de réinventer la lucidité. Était à la veille de s'emparer du sens même de l'un des plus précieux synonymes de « lumières » de la langue française.)

Dans le milieu de l'agriculture industrielle, en Iowa comme au Québec, on ne voit plus que grand. À cet effet, l'Union des producteurs agricoles élit et réélit un président depuis 14 ans (!) qui est lui-même propriétaire d'usines de porcs. Cet homme et sa suite, membres en règle du club des dinosaures optimistes, ont pris le contrôle de l'organisation et font maintenant ombrage à toute la profession agricole. Sous le couvert du fier mouvement syndical, sous le couvert du noble métier de paysan, ces dinosaures prétendent défendre l'avenir et la tradition des agriculteurs du Québec. Année après année, au congrès de l'UPA à Québec, ils parviennent à faire croire à leurs délégués qu'ils défendent l'intérêt du plus grand nombre.

Or, comme le montre éloquemment cet ouvrage, ce n'est pas seulement l'avenir de l'agriculture québécoise qui est maintenant sérieusement hypothéqué par le régime agricole dont Lulu et les dinosaures se sont fait chantres, « c'est l'avenir de notre pays, de notre patrimoine et notre identité profonde qui sont menacés ».

## Le boulet du monde agricole

Pourquoi ce gâchis ? Pour l'emploi ? Non. On le sait, ça aussi. La tendance n'est pas exactement à l'emploi dans la *shop à viande*. En fait, 98 % des porcheries du Québec opèrent sur un mode industriel (ce qui signifie qu'elles emploient des machines américaines couplées d'outils informatiques japonais plutôt que des travailleurs québécois). Actuellement, l'usine d'élevage type emploie un travailleur et demi. Et on travaille à l'éliminer.

À l'ère d'un Québec agricole qui n'a pas encore choisi le virage vers les produits de créneaux transformés et valorisés, vers les appellations contrôlées, vers les produits agricoles de haute qualité, vers les produits artisanaux, vers les espèces patrimoniales, vers le biologique, l'ambiance est assez morose dans le secteur. Le 31 janvier 2007, la radio de la SRC diffusait un reportage où l'on apprenait que les deux tiers des producteurs porcins du Québec avaient traversé un épisode de détresse psychologique dans les dernières années ! Pas étonnant lorsqu'on sait que les producteurs industriels sont endettés jusqu'au cou, finançant les banques, la Société générale de financement, les manufacturiers de machinerie lourde, les compagnies de béton et les comptes suisses des compagnies agrochimiques. Cela à même leur santé, leur équilibre, leurs familles.

Plus ça va, plus les autres agriculteurs réalisent que ces industriels du porc sont une plaie, un boulet, une tare pour le monde agricole. Mais jusqu'à maintenant, « ces autres » que je me permets d'appeler la majorité, ne sont pas parvenus à faire entendre leur dissidence en dehors de l'UPA. Trop risqué. Défier la machine industrielle et l'UPA des dinosaures, à en croire quelques producteurs qui ont eu le culot de le faire, « c'est pas de la tarte ! ». Il est souvent question, lorsque j'évoque la dissidence avec des amis producteurs, de fermes brûlées, de pneus crevés et de « jambes cassées ». On se croit à bonne distance du Texas, mais...

## Les néocurés

L'industrie porcine traverse crise sur crise depuis 25 ans. Chaque fois, ce sont tous les Québécois qui payent pour maintenir le rafiot à flot... jusqu'à la prochaine avarie. Sans assurances (de l'État) ni assistance (gouvernementale), c'est le naufrage immédiat. L'industrie porcine est un Titanic financier. Une aberration économique fondée sur l'appui inacceptable de notre ministère de l'Agriculture à un lobby corporatif puissant. Et cautionné, de surcroît, par des scientifiques et des chercheurs universitaires dont la pitance est partiellement assurée par les contrats que distribuent les industriels. Olymel n'est qu'un chapitre du chemin de croix. Qu'à cela ne tienne ! L'élite agricole, celle qui dirige l'industrie et qui ne met pas souvent le gros orteil dans une *shop à viande*, en redemande. « Il faut augmenter la productivité, la rentabilité... » On note dans le présent ouvrage « qu'il est remarquable que la quasi totalité des professionnels et experts agricoles – largement soutenus par une partie importante des milieux de la recherche agronomique et agroéconomique universitaire – appuie majoritairement une agriculture productiviste et industrielle... »

Aux questions des journalistes sur le récent fiasco d'Olymel, Lulu et les dinosaures répondent encore par l'évocation de multinationales québécoises plus compétitives sur les marchés internationaux. Tels des néolucides, ils rêvent d'usines plus productives, ils rêvent de rendements accrus et de performance, de croissance et de complexes industriels. *Lulu et les dinosaures* me font penser à Ford, qui s'obstine à mettre sur le marché des camions énergivores de trois tonnes. On apprenait dernièrement que le géant imperturbable avait fait une perte nette de 13 milliards de dollars américains en 2006. Tout ça parce que les actionnaires de Ford n'arrivent tout simplement pas à déchiffrer leur époque. Sans parler de leur lecture du monde, de ses écosystèmes et de la notion d'équilibre.

Comme d'autres, j'en suis venu à penser que c'est à nous, les urbains, de « renforcer » les vrais agriculteurs, les petits. C'est à nous les acheteurs de produits agricoles de dénoncer ceux qui poussent impitoyablement les familles de paysans québécoises vers le gouffre. De pointer du doigt ceux qui enlaidissent et détruisent nos campagnes. Il faut ramener à l'ordre le ministère de l'Agriculture du Québec, la Société générale de financement, les banques et les caisses populaires et, bien sûr, ces universitaires financés par « l'agrobusiness » et l'agrochimique, qui ne jurent que par l'optimisation de la génétique, qui travaillent à la création de nouvelles races « turbosupérieures » et à la transformation de l'agriculture en laboratoire. Loin de la vraie terre, loin du vrai air, loin de la vraie eau, loin du monde et des autres vivants.

Ces apôtres de la croissance perpétuelle rêvent d'une agriculture loin de la vie, aseptique, loin des bactéries et des virus, loin de la nature et de sa maudite logique biologique. Une agriculture enfin conforme aux planifications comptables et aux modèles des logiciels. Comme pour la forêt boréale, il devient pourtant de plus en plus évident qu'appliquer aux écosystèmes agricoles et aux animaux d'élevage la même logique économique, les mêmes schèmes de croissance-performance-productivité qu'aux usines de souliers est une maladie mentale qui pourrait mener les humains à leur perte. Cette maladie ne doit pas être enseignée impunément à l'université.

Pour moi, la science insensée que l'on pratique dans ces chaires agricoles de plus en plus aveugles aux applications écosystémiques de leurs recherches s'apparente à ce que le scientifique Carl Jung qualifiait de « médiocrité intellectuelle », caractérisée par un rationalisme éclairé, une théorie scientifique qui simplifie les faits et constitue un excellent moyen de défense, à cause de la foi inébranlable que l'homme moderne accorde à tout ce qui porte l'étiquette scientifique. *Roma locuta, causa finita* (Rome a parlé, la question est tranchée, le débat est clos).

Il faut libérer les agriculteurs du Québec de ces néocurés. Il faut combattre ce régime agricole. Ensemble.

## L'apocalypse des animaux

Je me souviens… De ce vétérinaire très connu dans le milieu qui avait voulu garder l'anonymat lors du tournage de *Bacon* (appelons-le Alphonse). Alphonse insinuait que ces médicaments vendus sous la pression des compagnies pharmaceutiques aux agriculteurs comme une nécessité absolue, assuraient une part du revenu des vétérinaires agricoles, bien plus que la santé des animaux. Alphonse prétendait que ses collègues touchaient une commission sur la vente de pilules, tant et si bien qu'ils avaient tendance à en vendre un peu beaucoup. Trop.

À l'époque, j'avais décidé de ne pas intégrer cette révélation au film par pudeur. Je trouvais ça trop capoté. Je me demandais encore : suis-je déraisonnablement de mauvaise foi ou y a-t-il bel et bien apparence de conflit d'intérêt ? Aujourd'hui, les faits sont clairs. Denise Proulx montre avec éloquence qu'il y a, au Canada et aussi au Québec – malgré la différence du système de distribution – un potentiel de conflits d'intérêt et d'abus, et surtout, que des experts mettent en garde Santé Canada des risques de résidus de médicaments dans le jambon de porcs usinés. Ce qui renforce une autre information transmise par le même vétérinaire que j'avais omise dans le montage final de *Bacon*. Alphonse disait que de plus en plus de producteurs industriels refusaient de manger ce qu'ils produisent. Pourquoi Alphonse ? Parce qu'ils savent ce qu'ils mettent dedans.

Ayant eu vent qu'Alphonse mentionnait publiquement ce genre de détail fâcheux, l'Ordre des médecins vétérinaires du Québec l'a d'ailleurs radié de la profession. Aux dernières nouvelles, Alphonse gagnait sa vie comme « conseiller spécial » auprès d'agriculteurs qui ont décidé de faire eux-mêmes le virage à la production bio.

Merci Alphonse. Merci pour ton courage. Je me souviens de toi. Je pense souvent à toi. Je connais personnellement des centaines de gens qui pensent comme toi, aujourd'hui. Le Québec a besoin d'une armée d'Alphonse.

## Les patriotes

*« Gagner sa vie, c'est savoir se nourrir sans rien appauvrir, sans déposséder. »*

Pierre Morency

J'ai de bons amis agriculteurs, paysans, artisans, restaurateurs. La plupart produisent et transforment des produits raffinés, issus de cultures biologiques, des produits avec une âme, une histoire, un lien avec le patrimoine agricole et historique du Québec. Cela sans aucun support spécifique du MAPAQ d'ailleurs. Le MAPAQ subventionne le béton pour l'agrandissement de fosses à lisier de porc jusqu'à hauteur de 80 %, mais ne reconnaît pas encore les rendements du bio.

Ces héros de l'agriculture qui font tous les sacrifices pour nous nourrir sainement sont pour moi les seuls descendants de notre tradition agricole. Ces gens-là bâtissent le Québec de demain sur leurs épaules, à leur corps défendant. Par conviction. Par respect pour leurs enfants. Par amour pour leur pays. Ces gens sont de vrais patriotes. Ces gens sont mes sœurs et mes frères. Ils ont toute mon admiration, mon respect et ma gratitude. Ils ont entrepris de faire – sans l'État – ce que les Européens ont commencé de faire il y a longtemps avec l'appui de l'Union et de leurs gouvernements. Serons-nous les derniers en Occident à opérer ce virage ?

Certains de mes amis ont pour clients réguliers des ambassadeurs étrangers, les grands chefs de la gastronomie montréalaise, le bureau du premier ministre, etc. D'autres écoulent leurs produits dans les marchés publics de Westmount et d'Outremont, du Plateau et de Notre-Dame-de-Grâce, quand ils n'exportent pas leurs produits à Toronto, à Boston et à New York.

Ce que ça veut dire ? Simple. Dans les franges les plus informées, les plus scolarisées et les plus riches de la société, on mange de plus en plus bio. Dans l'Occident entier, d'ailleurs. La croissance de ce secteur est phénoménale : 20 à 25 % par année. Peu de secteurs d'activité connaissent une telle croissance.

Encéphalopathie spongiforme bovine, grippe aviaire, fièvre aphteuse, hécatombes liées à l'eau contaminée en milieu agricole, infestations de cyanobactéries, syndrome du dépérissement post-sevrage, stérilité des animaux qui consomment des aliments génétiquement modifiés, les preuves de l'imminence de la déroute du secteur, dans sa forme industrielle, abondent. L'agriculture, c'est plus qu'un secteur économique, c'est notre garantie de santé présente et future. L'air que nous respirons, l'eau que nous buvons, la nourriture que nous mangeons constituent notre sang, notre chair, nos organes, nos os. Pourquoi tolérons-nous que les plus nantis se nourrissent du fruit d'une agriculture de très haute qualité, alors que le Québécois moyen continue de manger du bacon aux médicaments ? Ce n'est pas équitable. Ce n'est pas acceptable dans un pays qui souscrit à la *Déclaration universelle des droits de l'Homme*. L'accès à une saine alimentation est un droit. Comme l'a écrit le grand écrivain uruguayen Eduardo Galeano, « l'un des droits fondamentaux de l'homme est son droit à l'autodétermination alimentaire. Le ventre est une zone de l'âme. La bouche en est la porte. Dis-moi ce que tu manges et je te dirai qui tu es ». Le Québec de 2007 est un État passablement riche et moderne. Tous les Québécois doivent pouvoir manger des produits sains et de très haute qualité.

Pour cela, il faut que le ministère de l'Agriculture des Québécois commence dès maintenant à imiter ses homologues de l'Allemagne, du Royaume-Uni, de la France, de la Suède, de la Suisse, de l'Italie, et qu'il subventionne le virage de producteurs agricoles industriels vers le bio. Ça n'a rien de très compliqué. C'est même très simple. C'est un choix de société, point à la ligne. Le Québec doit soutenir ses agriculteurs dans cette transition. Il faut donner un coup de barre. Virer. Maintenant.

La Commission sur l'avenir de l'agriculture, qui poursuit ses travaux, apporte un vrai espoir. Un espoir que les petits agriculteurs, les passeurs du savoir ancestral, oseront parler devant les commissaires, qu'ils oseront défier l'édit du Vatican de Longueuil : l'omnipuissante UPA. Il le faut. C'est le temps.

Le poète Gérald Godin a dit : « Un peuple qui ne parle pas est un peuple foutu. »

## *Think bigger*

Cet automne, en tournant une séquence en avion, les fenêtres ouvertes, j'ai constaté que les oiseaux qui survolent la Beauce, la Montérégie et Lanaudière à 1 500 pieds d'altitude sont aussi affligés par l'odeur des installations porcines. Ça sent la mort jusque dans le ciel. De là-haut, j'ai vu des porcheries gigantesques en construction. *Big. Very big.* Plus grosses que tout ce que j'ai vu jusqu'à maintenant. Elles sont désormais cachées dans les forêts, comme des maladies honteuses, pour ne pas que vous et moi les voyions.

Ce qui ne fait qu'appuyer un « détail » que Denise Proulx met en lumière dans cet ouvrage et qui m'a passablement secoué. Contrairement à ce que la plupart des gens pensaient (dont moi !), depuis la création de l'Union paysanne et la sortie de *Bacon* en 2001, depuis le moratoire décrété par Québec... le cheptel de porc a connu une croissance. De fait, d'après les données de Statistique Canada, le moratoire n'a pas diminué substantiellement le nombre de porcs, qui s'est au contraire stabilisé autour de 4,2 millions de bêtes par trimestre sur le territoire du Québec. À l'heure où les Québécois ont l'impression que les choses ont changé, que l'industrie s'est ressaisie, le nombre d'abattages a plutôt atteint de nouveaux sommets, et cela, l'année même du moratoire !

Viendra le jour où Lulu et les dinosaures devront être jugés pour les dommages causés à nos écosystèmes, à notre agriculture, à notre santé et à notre économie.

## Un souhait

Quand le col bleu chatoyant du fleuve s'ouvre après Stadaconé et l'île d'Orléans, quand les oies blanches viennent se poser sur les mêmes battures *depuis des siècles, des millénaires*, quand la forêt boréale remplit l'horizon de vert foncé, quand les vallons du Kamouraska se marient amoureusement à la mer, quand le parc Lafontaine rougit devant les masses d'amoureux en octobre, je suis chez moi, je suis en moi, je suis sur le territoire que je défendrai ma vie durant comme mes ancêtres, et pour mes enfants.

J'aime ce pays et ses habitants. D'amour. J'y connais des arbres, des oiseaux, des bêtes, des montagnes, des fleuves. J'y ai surtout beaucoup d'amis. Le poète dirait « autant que mille Mexico ». Ça viendra. Courageusement disséminés aux quatre coins du territoire, ils recommencent le pays à tous les jours, en vert et contre tout. Merci à vous tous, mes amis, mon pays.

Comme eux, je suis convaincu que le jour où nous démantèlerons toutes les usines d'élevage de porc pour en faire des ateliers décents approche. Je souhaite simplement que ce ne soient pas les lois du marché qui nous dictent ce virage, mais l'usage de la raison.

MISTISSINI, MARS 2007

## En ce qui concerne la bibliographie

Vous avez pu lire les notes bibliographiques en bas de chaque page. Vous pouvez également consulter la bibliographie dans son intégralité sur notre site Internet :

www.ecosociete.org

## Annexe 1
# Notes biographiques des auteurs

**Simon Beaudoin**
Mettant à profit ses compétences de technicien en santé animale et de biologiste spécialisé en biologie moléculaire et biotechnologie, Simon Beaudoin termine des études à la maîtrise en sciences de l'environnement à l'Université du Québec à Montréal (UQAM). Il œuvre notamment, en tant qu'assistant de recherche au Centre de recherche interdisciplinaire sur la biologie, la santé, la société et l'environnement (CINBIOSE) et au sein du groupe de recherche Technosciences du vivant et société, à l'UQAM.

**Roméo Bouchard**
Après des études en philosophie, théologie, histoire et sciences politiques, Roméo Bouchard a été professeur et journaliste, avant de s'investir pendant 20 ans sur une ferme biologique à Saint-Germain-de-Kamouraska, où il a milité pour le développement de son village et fondé l'Union paysanne en 2001. Il est un des leaders de l'opposition aux porcheries industrielles depuis plus de 15 ans. Il est l'auteur de *Plaidoyer pour une agriculture paysanne* (2002) et *Y a-t-il un avenir pour les régions* (2006). Il a aussi dirigé l'ouvrage collectif *L'éolien, pour qui souffle le vent* (2007). Ces trois ouvrages sont publiés aux Éditions Écosociété.

**Véronique Bouchard**
Titulaire d'un baccalauréat en agronomie de l'Université Laval, Véronique Bouchard termine ses études à la maîtrise en sciences de l'environnement de l'Université du Québec à Montréal, où elle est également assistante de recherche à la Chaire de recherche du Canada en éducation relative à l'environnement. Elle a également une expérience d'assistante de recherche en comportement et bien-être animal sous la direction de Dan Weary (University of British Colombia). Sa recherche actuelle porte sur le potentiel éducatif des alternatives de mise en marché en agriculture au Québec.

**Jean-Pierre Brouillard**
Fils d'une famille d'agriculteurs depuis trois générations à St-Cyprien-de-Napierville, Jean-Pierre Brouillard détient une formation en informatique,

et il est aujourd'hui administrateur d'entreprises de technologie. En 1979, il a acheté la maison abandonnée d'une ferme et, comme beaucoup, il vit entouré de cultures de maïs pendant tout l'été. Se remémorant l'époque où son propre père labourait les champs de sa ferme avec l'aide d'un cheval, il constate que la vie a terriblement changé, et ne cache pas son inquiétude quand il regarde le verre d'eau et les aliments avec lesquels ses enfants se nourrissent. Jean-Pierre Brouillard s'identifie comme un citoyen qui recherche l'harmonie dans la cohabitation. Il a été élu conseiller municipal de Saint-Cyprien-de-Napierville en novembre 2005, à la suite de son implication pour bloquer l'expansion de la production porcine dans sa municipalité.

**Kim Cornellissen**
Résidante de Saint-Marc-sur-Richelieu, un milieu rural à forte agriculture industrielle, Kim Cornelissen est consultante en développement régional et international, et termine une maîtrise en études urbaines à l'Université du Québec à Montréal. Sa recherche actuelle porte sur le partenariat public-privé en développement durable entre la ville de Göteborg (Suède), le Groupe Volvo, Volvo Car Corporations et une quinzaine d'autres partenaires.

**Johanne Dion**
Native de la ville de Richelieu, Johanne Dion milite activement pour l'assainissement de la rivière Richelieu depuis 1985. Ses nombreux écrits et lettres d'opinion sur les questions environnementales ont été publiés dans divers journaux et revues. Son rêve est de pouvoir se baigner dans la rivière devant chez elle comme elle le faisait dans son enfance, sans craindre les effets de la pollution. C'est dans cette optique qu'elle a cofondé en 2005 le Comité richelois pour une meilleure qualité de vie (CRMQV). Johanne Dion est aussi bénévole pour le groupe Conservation de la nature, où elle milite pour la protection des frayères du chevalier cuivré. Elle a aussi participé à des travaux de restauration des berges de la rivière Richelieu avec conservation de la nature et Covabar à l'été 2006.

**Holly Dressel**
Née aux États-Unis, Holly Dressel est auteure de livres à succès sur l'environnement. Elle est aussi recherchiste pour la télévision, la radio et la presse écrite depuis plus de 25 ans. Elle est membre du conseil d'administration du Sierra Club du Canada, et a travaillé en étroite collaboration avec des groupes autochtones, dont les Cris et les Mohawks du Québec. Elle est engagée dans la protection de l'environnement au Québec, particulièrement en ce qui a trait aux fermes industrielles, la privatisation de l'eau, la gestion des forêts et autres. Holly Dressel vit avec sa famille sur une ferme biologique qui sert aussi de refuge à – au moins – un ours noir.

**Jacques Duchesne**
Citoyen de Marieville dans la MRC de Rouville, en Montérégie, depuis 30 ans, Jacques Duchesne est un professeur retraité de l'Université du Québec à Montréal, actif pendant plus de 35 ans au Département de linguistique et de didactique des langues, spécialisé dans les domaines de la formation des enseignants, de l'intégration sociale des personnes handicapées et

de l'alphabétisation. Il s'est aussi engagé activement dans le syndicalisme universitaire au sein du Syndicat des professeurs et professeures de l'UQAM depuis le début des années 1970.

**Jacques Dufresne**
Président de L'Agora, recherches et communications inc., éditeur de *L'Encyclopédie de la Francophonie* et de *L'Encyclopédie de L'Agora*, Jacques Dufresne détient un doctorat ès lettres (philosophie) de l'Université de Dijon, en France. Il a été professeur puis administrateur au cégep Ahuntsic où, en 1970, il a fondé la revue *Critère*, qu'il a dirigé pendant 10 ans. En 1984, il a fondé L'Agora, en collaboration avec Hélène Laberge. Jacques Dufresne prononce des conférences un peu partout au Québec, aux États-Unis et en Europe. Il a collaboré à des revues et journaux, dont *Le Devoir* et *La Presse*, pendant 15 ans. Il a écrit plusieurs ouvrages.

**Benoît Gingras**
Benoît Gingras est médecin-conseil à la Direction régionale de santé publique Chaudière-Appalaches, dans le domaine de la santé environnementale. Depuis la fin des années 1990, il a réalisé plusieurs études sur les risques sanitaires reliés à la production porcine dans diverses régions du Québec, pour le compte du ministère de la Santé et des Services sociaux et de l'Institut national de santé publique du Québec. Il a été membre du comité aviseur du gouvernement du Québec en matière de santé publique, en relation avec la question porcine.

**Hugo Latulippe**
Cinéaste engagé, Hugo Latulippe est impliqué dans le cinéma depuis le début des années 1990. Il a scénarisé et réalisé en 2001 le film *Bacon*, un documentaire portant sur la dérive de la production porcine dans certaines régions du Québec. Le film a ensuite donné naissance à l'ouvrage, *Bacon, le livre. Carnets de résistance*, un essai politique entourant la tournée de projections du documentaire à travers le pays. Il est président fondateur de la maison de production EsperAmos Films, qu'il dirige en association avec la productrice Josée Turcot. Hugo Latulippe prépare une série documentaire portant sur les grands enjeux socio-environnementaux au Canada, ainsi qu'un long métrage de fiction. Il est le récipiendaire de 10 prix, dont le Jutra du meilleur documentaire en 2005.

**Maxime Laplante**
Maxime Laplante est président de l'Union paysanne. Il est également paysan sur une ferme diversifiée et enseignant en mathématiques. Il a complété des études en bio-agronomie à l'Université Laval, des études en économie politique en Allemagne, et des études en pédagogie à l'Université Laval.

**Paul Louis Martin**
Historien et ethnologue, Paul Louis Martin a récemment quitté l'enseignement régulier à l'Université du Québec à Trois-Rivières. Il est auteur ou coauteur d'une douzaine de volumes en histoire de la culture matérielle, qui traitent plus particulièrement de nos rapports sociaux à la nature : la pêche et la chasse, les jardins d'ornement, les univers domestiques et les habitations

rurales, la production des paysages et la culture fruitière, etc. Il a aussi œuvré plusieurs années à la Commission des biens culturels du Québec, qu'il a présidée de 1983 à 1988. Ses travaux et son engagement social ont été récompensés de plusieurs prix nationaux. En novembre 2007, il a reçu du gouvernement du Québec le Grand prix dans le domaine du patrimoine, soit le prix Gérard-Morisset. Élu à la mairie de son village de Saint-André-de-Kamouraska en novembre 2005, il participe activement aux débats sur les enjeux de la région.

**Denise Proulx**

Denise Proulx est une journaliste spécialisée en environnement, en agriculture et en développement social. Elle a écrit des centaines d'articles et de chroniques à ce sujet, dont plusieurs en relation avec les questions de santé et d'économie. Elle est également impliquée dans sa communauté depuis près de 30 ans. Elle a été présidente fondatrice du Centre local d'écologie des Basses-Laurentides et, à ce titre, elle a représenté les ONG québécoises au Sommet de la Terre de Rio de Janeiro, en 1992. Elle est membre fondatrice du Regroupement national des conseils régionaux de l'environnement (RNCREQ). En février 2007, elle créait avec le RNCREQ l'agence GAÏAPRESSE, un portail quotidien en environnement et développement durable. Détentrice d'une maîtrise en sociologie, elle est chercheuse associée à la Chaire de recherche du Canada en éducation relative à l'environnement de l'UQAM.

**Lucie Sauvé**

Professeure titulaire au Département d'éducation et pédagogie de l'Université du Québec à Montréal, Lucie Sauvé est également titulaire de la Chaire de recherche du Canada en éducation relative à l'environnement, membre de l'Institut des sciences de l'environnement et de l'Institut de recherche en Santé et Société. Elle est responsable du programme court d'études supérieures en éducation relative à l'environnement, et codirige la revue internationale *Éducation relative à l'environnement – Regards, Recherche, Réflexions*. Son principal champ de recherche, qu'elle déploie en Amérique latine et au Québec, est celui de l'éducation relative à la santé environnementale, plus spécifiquement en lien avec les problématiques liées à l'alimentation. Elle se penche également sur l'apprentissage au cœur de l'action sociale.

**Louise Vandelac**

Louise Vandelac est professeure titulaire à l'Institut des sciences de l'environnement et au Département de sociologie de l'UQAM, et chercheuse au CINBIOSE, centre collaborateur de l'OMS et de l'OPS. Elle siège présentement au comité aviseur Saint-Laurent Vision 2000 et à la Commission des sciences naturelles et sociales de la Commission canadienne pour l'UNESCO, et notamment à son comité d'éthique. Préoccupée par les questions d'articulation entre démocratie, politiques publiques, santé, techno-sciences et citoyenneté, Louise Vandelac est cofondatrice et ex-présidente de la Coalition québécoise pour une gestion responsable de l'eau, Eau Secours!

## Annexe 2

# Liste des acronymes

| | |
|---|---|
| ASC | Agriculture soutenue par la communauté |
| ASRA | Assurance stabilisation des revenus agricoles |
| BAPE | Bureau d'audiences publiques sur l'environnement |
| CCAE | Club-conseil en agroenvironnement |
| CDMV | Centre de distribution de médicaments vétérinaires |
| CDPQ | Centre de développement du porc du Québec inc. |
| CIPQ | Centre d'insémination du porc du Québec |
| CMC | Centre météorologique canadien |
| CAAAQ | Commission de l'agriculture et de l'agroalimentaire québécois |
| CRAAQ | Centre de référence en agriculture et agroalimentaire du Québec |
| CRPQ | Centre de recherche sur le porc du Québec |
| CSRA | Compte de stabilisation du revenu agricole |
| CRSN | Compte de stabilisation du revenu net |
| CRSNG | Conseil de recherches en sciences naturelles et en génie du Canada |
| DRSP | Direction régionale de santé publique |
| DSP | Direction de la santé publique du Québec |
| EPA | Environmental Protection Agency (Agence de protection environnementale des États-Unis) |
| EPCRA | Superfund Law and Emergency Planning & Community Right-to-Know Act |
| FAO | Food and Agriculture Organisation / Organisation des Nations unies pour l'Alimentation et l'Agriculture |
| FDA | Food and Drug Administration (États-Unis) |
| FPPQ | Fédération des producteurs de porcs du Québec |
| GATT | General Agreement on Tariffs and Trade / Accord général sur les tarifs douaniers et le commerce |
| GES | Gaz à effet de serre |
| GIBV | Gestion intégrée par bassin versant |
| INRS | Institut national de recherche scientifique |
| INSPQ | Institut national de santé publique du Québec |
| IRDA | Institut de recherche en développement agricole |

| | |
|---|---|
| MAM | Ministère des Affaires municipales |
| MAMR | Ministère des Affaires municipales et des Régions |
| MAPAQ | Ministère de l'Agriculture, des Pêcheries et de l'Alimentation du Québec |
| MDDEP | Ministère du Développement durable, de l'Environnement et des Parcs |
| MRC | Municipalité régionale de comté |
| MSSS | Ministère de la Santé et des Services sociaux |
| OCA | Office du crédit agricole |
| OCDE | Organisation de coopération et de développement économique |
| OGM | Organisme génétiquement modifié |
| OMS | Organisation mondiale de la santé |
| PAA | Plan d'accompagnement agroenvironnemental |
| PAAGF | Programme d'aide à l'amélioration de la gestion des fumiers |
| PAEF | Plan agroenvironnemental de fertilisation |
| PATPQ | Programme d'amélioration des troupeaux porcins du Québec |
| PCSRA | Programme canadien de stabilisation du revenu agricole |
| PNUD | Programme des Nations unies pour le Développement |
| PIIA | Plans d'implantation et d'intégration architecturale |
| PT | Phosphore total |
| REA | Règlement sur les exploitations agricoles |
| RCI | Règlement de contrôle intérimaire |
| RPPEEPA | Règlement sur la prévention de la pollution des eaux par les établissements de production animale |
| SDPS | Syndrome de dépérissement en postsevrage |
| SGF | Société générale de financement du Québec |
| SIP | Site d'information planétaire |
| TPS et TVQ | Taxe sur les produits et services et Taxe de vente du Québec |
| UNESCO | United Nations Educational, Scientific and Cultural Organization / Organisation des Nations unies pour l'éducation, la science et la culture |
| UPA | Union des producteurs agricoles |
| UQCN | Union québécoise de conservation de la nature (maintenant nommé Nature Québec) |
| ZIP | Zone d'intervention particulière du lac Saint-Pierre |

## Annexe 3

# Liste de fermes qui produisent du porc biologique au Québec

Avec la collaboration de Johanne Belliveau

Ferme écologique Fay Cotton (Montérégie)
950, Saint-Grégoire, Farnham, J2N 1R6
Tél. : 450 296-4705
Courriel : fcotton@videotron.ca
http://pages.videotron.com/cottonma/

Producteur : Fay Cotton
Ferme Runaway Creek (Laurentides)
5, chemin Thomson Est, Arundel, J0S 1G0
Tél. : 819 687-3884

Viandes Biologiques de Charlevoix Inc. (Capitale-Nationale)
280, chemin Saint-Laurent, Baie-Saint-Paul, G3Z 2L4
Tél. : 418 435-6785
www.viandesbiocharlevoix.com

Producteurs : Damien Girard et Natasha McNicoll
Ferme Agrivert (Centre-du-Québec)
414, rue de l'Accueil, Chesterville, G0P 1J0
Tél. : 819 382-2875
Téléc. : 819 382-9975
Courriel : famille.b@videotron.ca

Producteur : Normand Beaudette
Alter-Native Bio (Montérégie)
277, chemin Bulwer, Martinville, J0B 2A0
Tél. : 819 835-0002
Courriel : alternativebio@sympatico.ca
http://www.alternativebio.com/contenu.php?mod=1&eid=86

Producteurs: Stéphanie Roy et Richard Cloutier
Ferme Grégorienne (Montérégie)
18455, Gauthier, Saint-Grégoire, G9H 1L9
Tél.: 819 233-3280
Courriel: gregorienne@hotmail.com

Ferme Rheintal (Centre-du-Québec)
845, rang du Petit Saint-Esprit, Sainte-Monique-de-Nicolet, J0G 1N0
Tél.: 819 289-2234
Téléc.: 819 289-2023
Courriel: guylainebuecheli@sympatico.ca

Producteurs: Hans et Guylaine Buecheli
Ferme Bio Rousseau (Bas-Saint-Laurent)
431, Principale, Saint-Gabriel-de-Rimouski, G0K 1M0
Tél.: 418 798-4183
Courriel: famille.rousseau@globetrotter.net

Producteurs: Jenny Litalien et Michel Rousseau
Ferme Charles A. Marois (Bas-Saint-Laurent)
199, route 132 Est, Saint-André-de-Kamouraska, G0L 2H0
Tél.: 418 862-2279
Courriel: charois@globetrotter.net

Producteur: Charles A. Marois
Ferme le Crépuscule (Mauricie)
1321, chemin Grande Rivière Nord, Yamachiche, G0X 3L0
Tél.: 819 296-1321
Courriel: info@fermelecrepuscule.com
http://www.fermelecrepuscule.com/

Producteurs: Jean-Pierre Clavet et Debbie Timmons
Ferme Marichel (Chaudière-Appalaches)
809, rang Bois-Francs, Ste-Agathe-de-Lotbinière, G0S 2A0
Tél.: 418 599-2057
Courriel: mariellemartino@hotmail.com
http://www.fermemarichel.com/

Productrice: Marielle Martineau
Ferme Odelil (Centre-du-Québec)
561, rang Haut-de-l'Ile, Sainte-Monique-de-Nicolet, J0G 1N0
Tél.: 819 289-2720
Courriel: odelil@infoteck.qc.ca

Producteurs : Hélène Rouillard et André Lemire
Ferme Mafa (Outaouais)
3, chemin Traverse Bernard R.R. 3, Gracefield, J0X 1W0
Tél. : 819 463-4029 ou 463 0440
Courriel : punk.dede@hotmail.com

Producteurs : Mario Tremblay et Andrée-Anne Tremblay
Ferme Fée et Fougère (Outaouais)
377, route 321 Nord, Ripon, J0V 1V0
Tél. : 819 428-1499
Téléc. : 819 428-7528
Courriel : feefougere@infonet.ca

Producteurs : Anne Mareschal et Harry Wubbolts
Ferme Saint-Joseph (Capitale-Nationale)
574, rang Saint Joseph Ouest, St-Alban, G0A3B0
Tél. : 418 268-8802
Courriel : fermest-joseph@globetrotter.net

Producteurs : Émilie Savard et Christian Caron
Productions maraîchères Clément Roy (Capitale-Nationale)
1189, 2e Rang, Donnacona, G0A 1T0
Tél. : 418 285-1881
http://www.geocities.com/productions_maraicheres/

Producteur : Clément Roy
La Jambonnière (Centre-du-Québec)
2, chemin Wotton, St-Rémi-de-Tingwick, J0A 1L0
Tél. : 819 359-3700
http://www.jambonniere.qc.ca/saucisse-jambon.html

Producteurs : Lyne Groleau et Marco Couture
Un producteur – distributeur
Boucherie Les Fermes Saint-Vincent
138, av. Atwater, Montréal, H4C 2G3
Yan Domingo, maître boucher/charcutier
No de kiosque au marché : Étal No 12
Tél : 514 937-4269
Courriel : diane.saint-vincent@sympatico.ca
http://www.saint-vincentbio.com

Un distributeur
Boucherie au Pignon Vert (Lanaudière)
290, rang de l'Église, Saint-Ligori, J0K 2X0
Tél. : 450 754-2764
http://www.piedterre.com/boutique/index.php?cPath=51

Les Éditions Écosociété

# De notre catalogue

## Vivre autrement :

écovillages, communautés et cohabitats

DE DIANA LEAFE CHRISTIAN

PRÉFACE DE JACQUES LANGUIRAND

Il n'est plus possible d'ignorer le changement majeur qui s'opère dans les consciences et dans le regard que les humains portent sur eux-mêmes, et sur leur mode de vie destructeur. Aujourd'hui, un nombre croissant de personnes cherchent un moyen de vivre en harmonie avec leurs valeurs et avec la nature. En plus des populaires coopératives d'habitation, saviez-vous qu'il y a un nombre croissant de projets d'écovillage ?

Mais... par où commencer ? Démarrer un projet de vie en commun n'est pas simple et la majorité des tentatives échouent. Les francophones ont longtemps attendu ce premier guide pour vivre autrement. Avec ce livre, le seul sur le sujet en français, vous ne partez pas les mains vides ; comme le dit Jacques Languirand : « si vous avez vraiment le goût de vivre autrement, vous avez entre les mains le livre qu'il vous faut [...] sa lecture devrait vous permettre d'envisager une telle entreprise avec de meilleurs outils et plus de confiance. » ? *Vivre autrement : écovillages, communautés et cohabitats* se base sur l'expérience de dizaines de pionniers-fondateurs pour proposer des outils concrets qui vous aideront à concevoir, organiser et poursuivre votre audacieux projet, en évitant les erreurs et les pièges pouvant mettre votre rêve en péril. Cette mine d'information recueillie par une icône du mouvement des écovillages démontre la viabilité de ces derniers.

DIANA LEAFE CHRISTIAN est depuis 1993 la rédactrice en chef du magazine *Communities* (http://communities.ic.org/), la plus importante ressource pour les communautés intentionnelles (des coopératives urbaines aux communes rurales) en Amérique du Nord. Elle donne des conférences et des ateliers de formation sur la fondation d'écovillages et de communautés intentionnelles. Elle est membre de l'écovillage Earthaven en Caroline du Nord.

ISBN 978-2-9232165-24-0 448 pages prix : 30 $

## Notre empreinte écologique

MATHIS WACKERNAGEL ET WILLIAM REES

Créer une conscience populaire, tel est le but ultime de ce livre qui nous offre un outil de planification pour mesurer le poids réel sur la Terre de l'entreprise humaine, poids auquel les auteurs ont donné le nom d'« empreinte écologique ». Cet outil permet de relever l'enjeu le plus important de notre époque : trouver le moyen de faire vivre tous les êtres humains adéquatement et équitablement, quel que soit le lieu sur Terre où ils vivent ? Des notions bien définies, des méthodes de calcul clairement expliquées, une foule d'applications pratiques, des exemples variés, voilà ce que chacun trouvera dans cet ouvrage pour éclairer ses choix et apprendre à bien vivre tout en réduisant sa propre empreinte ? « Pour que l'action politique soit efficace, il lui faut un solide appui de la population [...] À une époque où la « direction » politique semble tourner au vent de l'opinion publique, il est d'autant plus important de bâtir une solide compréhension des questions de durabilité », nous rappellent les auteurs.

MATHIS WACKERNAGEL a obtenu son doctorat en planification de l'université de la Colombie-Britannique. Il a collaboré avec le Conseil de la Terre du Costa Rica et coordonne le *Centro de Estudios para la Sustentabilitad* à Xalapa, au Mexique. Il dirige également le programme des indicateurs du groupe de réflexion *Redefining Progress*, à San Franscisco.

Le professeur William Rees est le directeur de l'école de planification communautaire et régionale de l'université de la Colombie-Britannique.

ISBN 978-2-921561-43-2 216 pages prix : 25 $

## Y a-t-il un avenir pour les régions ?

Un projet d'occupation du territoire ?

ROMÉO BOUCHARD

Avertissement : Ce livre peut causer des déménagements soudains en région éloignée de Montréal...

Les villes, moteur de l'économie du Québec, traînent des boulets freinant sans cesse leur développement : les régions. Du moins est-ce le sentiment de nombreux citoyens et politiciens québécois. Pourtant, de la recherche génomique et biomédicale au Saguenay-Lac-Saint-Jean au Festival de la chanson de Petite Vallée, en passant par les projets de parcs éoliens et les produits du terroir, chaque coin du vaste territoire du Québec a des richesses et un potentiel de développement unique. Le fossé qui se creuse chaque jour entre les régions périphériques et la région multiculturelle de Montréal constitue une menace pour l'identité, l'intégrité et le dynamisme du Québec. Cet essai dresse un bilan sans complaisance de 40 ans de politiques de développement régional et propose une véritable politique d'occupation du territoire. Il montre le Québec dans son étendue et sa diversité. Il est à parier que les lecteurs refermeront ce livre avec en tête des projets de voyage au Québec, de développement rural et d'entraide interrégionale.

ROMÉO BOUCHARD est auteur, journaliste, agriculteur biologique, enseignant, militant actif, co-fondateur et ex-président de l'Union paysanne. Ce diplômé de philosophie, de théologie, d'histoire et de sciences politiques est né au Lac-Saint-Jean et vit depuis de nombreuses années dans le Bas-du-Fleuve. Organisateur du Symposium de peinture de Saint-Germain-de-Kamouraska, collaborateur du Mouton noir, il est impliqué dans toutes les associations qui interviennent dans les problèmes de développement local dans son village, sa région, au Québec et même en Europe. Il est l'auteur de *Et le citoyen, qu'est-ce que vous en faites ?* (Éditions Trois-Pistoles) et *Plaidoyer pour une agriculture paysanne* (Éditions Écosociété).

ISBN 978-2-923165-22-6 224 pages prix : 22$

## Une société à refaire

Vers une écologie de la liberté

MURRAY BOOKCHIN

Murray Bookchin, fondateur de l'Institut d'écologie sociale du Vermont, est l'un des plus célèbres écologistes des États-Unis et du monde anglophone. Grand érudit, enseignant, militant et orateur remarquable, il a écrit de nombreux essais.

Dans cet essai à saveur anthropologique, sociologique, philosophique et historique, l'auteur démontre que l'exploitation sans vergogne du monde naturel est le résultat d'un ordre social fondé sur la domination. Les déséquilibres environnementaux menaçant la survie de la planète et de l'espèce humaine elle-même s'expliquent directement par des structures sociales que l'on tarde à remettre en question.

Aujourd'hui, c'est une question de survie ; il ne suffit plus de limiter notre impact sur l'environnement en diminuant les émanations toxiques, en consommant moins de papier ou en brûlant moins de pétrole. Il faut *refaire* une société écologique fondée sur une véritable démocratie, contrôlée à la base par les citoyens plutôt que par les prétendues élites.

ISBN 978-2-921561-02-0 300 pages Prix : 22$

Faites circuler nos livres.

Discutez-en avec d'autres personnes.

Inscrivez-vous à notre Club du livre.

Si vous avez des commentaires, faites-les-nous parvenir; il nous fera plaisir de les communiquer aux auteurs et à notre comité éditorial.

**Les Éditions Écosociété**
C.P. 32052, comptoir Saint-André
Montréal (Québec)
H2L 4Y5

Courriel: info@ecosociete.org
Toile: www.ecosociete.org

## NOS DIFFUSEURS

**EN AMÉRIQUE**

**Diffusion Dimédia inc.**
539, boulevard Lebeau
Saint-Laurent (Québec) H4N 1S2
Téléphone: (514) 336-3941
Télécopieur: (514) 331-3916
Courriel: general@dimedia.qc.ca

**EN FRANCE ET en Belgique**

**DG Diffusion**
ZI de Bogues
31750 Escalquens
Téléphone: 05 61 00 09 99
Télécopieur: 05 61 00 23 12
Courriel: dg@dgdiffusion.com

**EN SUISSE**

**Servidis S.A.**
Chemin des Chalets
1279 Chavannes-de-Bogis
Téléphone et télécopieur: 022 960 95 25
Courriel: commandes@servidis.ch

*Achevé d'imprimer en septembre 2007 par les travailleurs et les travailleuses de l'imprimerie Gauvin, Gatineau (Québec), sur papier contenant 100% de fibres post-consommation et fabriqué à l'énergie éolienne.*